나무의 긴 숨결

DER LANGE ATEM DER BÄUME

Der lange Atem der Bäume
Wie Bäume lernen, mit dem Klimawandel umzugehen – und warum der Wald uns retten wird, wenn wir es zulassen
by Peter Wohlleben

나무의 긴 숨결

나무와 기후 변화 그리고 우리

초판 1쇄 인쇄일 2022년 4월 15일 **초판 1쇄 발행일** 2022년 4월 20일

지은이 페터 볼레벤 | **옮긴이** 이미옥
펴낸이 박재환 | **편집** 유은재 | **마케팅** 박용민 | **관리** 조영란
펴낸곳 에코리브르 | **주소** 서울시 마포구 동교로15길 34 3층(04003) | **전화** 702-2530 | **팩스** 702-2532
이메일 ecolivres@hanmail.net | **블로그** http://blog.naver.com/ecolivres
출판등록 2001년 5월 7일 제201-10-2147호
종이 세종페이퍼 | **인쇄·제본** 상지사 P&B

ISBN 978-89-6263-237-8 03480

책값은 뒤표지에 있습니다. 잘못된 책은 구입한 곳에서 바꿔드립니다.

나무의 긴 숨결

페터 볼레벤 지음 | 이미옥 옮김

나무와 기후 변화 그리고 우리

에코리브르

들어가는 말

숲의 운명과 인류의 운명은 서로 분리할 수 없을 정도로 연관되어 있다. 이는 비유적인 의미가 아니라 말 그대로다. 어쩌면 당신의 귀에 암울하고 무섭게 들릴지도 모르겠지만, 실제로는 큰 희망이 있다. 나무는 너무나 효율적으로 사회 공동체를 형성함으로써 적어도 현재의 기후 변화를 여러 가지 방법으로 극복해낼 수 있다. 이뿐만이 아니다. 나무는 온실가스를 우리의 대기권에서 몰아내기 위해 우리가 할 수 있는 최고의 선택이며, 어떠한 기술적인 조치보다 더 훌륭하다. 게다가 나무는 해당 지역의 기온을 상당히 많이 떨어뜨리고 심지어 비의 양도 눈에 띄게 늘어나게끔 해준다.

나무는 이와 같은 일을 우리를 위해서 하는 게 아니라, 자신들을 위해서 한다. 나무 역시 너무 덥거나 너무 건조한 것을 좋아하지 않으며, 우리와는 반대로 기온을 다시 내려가게 할 수 있다. 너도밤나무, 참나무 또는 가문비나무는 그러기 위해 필요한 능력을 동일하게 타고나지는 않는다. 그래서 나무들은 오랜 세월을 거치면서, 변화를 올바르게 다루는 법을 배워야만 한다. 이 거대한 식물은 인간과 마찬가지로 개별적으로 매우 상이하기 때문에 모든 나무가 성공하지는 못한다. 따라서 모든 나무가 똑같이 신속하게 배우지도 못하고, 올바른 결정을 내리지도 못한다.

이 책과 함께 숲을 따라 걷는 여행을 하면서 나는 여러분에게, 나무가 학습하는 모습을 어떻게 관찰할 수 있는지 보여주려고 한다. 또한 여름에 너도밤나무나 가문비나무에서 떨어지는 낙엽이 왜 문제가 되지 않는지, 그리고 전략을 잘못 선택한 나무는 어떻게 알아볼 수 있는지도 보여주려고 한다.

이렇듯 나무가 지닌 비밀스러운 삶의 암호를 해독하려는 연구는 현재 상당한 수준에 와 있다. 그럼에도 이러한 연구는 통찰의 길을 가는 와중에 연구를 마무리하는 모양새를 취하고 있다. 이로 인해 대부분의 종을 아직 발견하지 못했다는 이유로 지금까지 박테리아나 균류 같은 미세 생물의 역할은 별로 관찰하지 않았던 게 사실이다. 하지만 나무한테 이런 작은 미생물은 우리 인간의 장내 세균처럼 매우 중요하다. 장내 세균이 없다면 우리는 아마 더 이상 살 수 없을 것이다. 이와 같은 숨겨진 세계로부터 환상적인 새로운 사실을 발견할 수 있다. 이러한 사실은 모든 나무가 그 자체로 이미 하나의 생태계라는 것과 함께, 모든 나무는 셀 수 없이 많은 놀라운 생명체가 살고 있는 하나의 행성과 유사하다는 것을 보여준다.

또한 전체적으로 보면 놀라움을 금치 못할 것이다. 즉, 숲은 공기의 흐름을 적절하게 만들어내고, 이 공기의 흐름은 구름에 포함되어 있는 물을 수천 킬로미터 떨어진 대륙까지 끌고 가서 그곳에 비를 내리게 한다. 이런 비가 내리지 않는다면 이 지역은 그야말로 사막이 되었을 게 분명하다.

따라서 나무는 인간이라는 종이 전 세계 기후에 불러온 변화로 인해 발생한 고통을 수동적으로 겪는 존재가 아니다. 오히려 나무는 자신의 환경을 적극적으로 만들어가며, 뭔가 통제 안 될 것 같은 위험이 생기면 이에 반응한다.

나무가 그와 같은 변화에 성공적으로 적응하기 위해 무엇보다 필요한 것이 두 가지 있다. 바로 시간과 휴식이다. 숲에 개입하는 그 어떤 행위도 이 같은 생태계를 퇴보시키며, 나무 스스로 새로운 균형을 이루고자 하는 것도 방해한다. 수십 년 전부터 숲을 산책하다 보면 벌목으로 인해 황폐하게 드러난 모습을 볼 수 있다. 이는 현대의 임업이 얼마나 숲을 해치고 있는지 직접적으로 보여준다. 그러나 아직 희망은 있다! 우리가 손을 대지 않고 내버려두는 숲은 또다시 신속하게 본래의 모습으로 돌아오곤 한다. 인간은 절대 숲을 만들 수 없다. 잘해봐야 대규모 농장이나 만들 수 있다는 사실을 우리는 알아야 한다. 우리는 숲이 다시 자신의 모습을 되찾도록 도울 수 있다. 어느 정도 겸허한 자세로, 숲에서 비켜 있음으로써 말이다. 그리고 자연엔 자생력이 있다는 낙관주의를 견지하면 미래에는 무엇보다 나무로 가득한 숲, 녹색이 다시 돌아올 것이다!

차례

1부

나무의 지혜

OI

나무가 오류를 범하면

나무는 건조하고 바짝 마른 여름이 되면 커다란 문제에 봉착한다. 그늘로 도망갈 수도 없고, 시원한 물도 마실 수 없으며, 신속한 반응도 감행하기 어렵다. 나무는 너무나 느리기 때문에 올바른 전략을 선택하는 것이 그만큼 더 중요하다. 그러나 무엇이 올바른 전략이며, 나무가 착오를 일으키면 어떤 일이 일어날까?

아이펠(Eifel) 고원에 위치한 우리의 '숲 아카데미'는 베르스호펜(Wershofen)의 노르트 가(街)에 있는데, 이 거리 왼쪽엔 마로니에가 줄지어 서 있다. 이들 마로니에는 2020년 가물었던 여름에 유럽의 많은 나무처럼 행동했다. 바로 8월에 미리 서둘러서 가을처럼 잎을 물들이기 시작한 것이다. 그렇지 않아도 몇 년 전부터 마로니에는 어려움이 많았다. 2000년이 시작되기 바로 직전에 잎을 파먹는 나방이 북쪽으로 번지면서 베르스호펜의 마로니에들도 침범했다.

이렇듯 작고 담갈색을 띤 나방은 마로니에의 고향인 그리스와 마케도니아에서 유래했다. 수입된 많은 나무처럼 마로니에도 베르스호펜이라는 동네에서 지금까지 목가적인 삶을 살아왔다. 독일은 약간 추워서 이런 나무한테 완벽한 생태계가 될 수는 없었다. 그럼에도 마로니에는 독일에서 늘 기분 좋게 자랐다. 그때까지만 해도 그들을 갉아먹던 벌레가 새로운 서식지까지 따라오지 못했고, 나방 없이 사는 대신 겨울에 약간 더 추운 상태에서 무탈하게 지낼 수 있었다.

그러나 40년 전 상황이 변하기 시작했다. 이때부터 날개 있는 곤충, 곧 유시류(有翅類)가 먹이를 좇아 북쪽으로 날아와 베르스호펜에 정착했다. 곤충의 애벌레는 잎의 길〔혹은 갱도(坑道)〕을 쭉 따라가면서 먹어댄다. 이렇게 잎을 먹을 수 있도록 나방은 잎사귀 표면에 알을 낳고, 부화된 애벌레는 잎사귀에 구멍을 낸다. 갈색의 작고 구불구불한 선은 나방의 새끼가 잎의 어떤 부분을 즐겁게 먹고 있는지를 잘 보여준다. 애벌레가 잎에 붙어 있으면 배고픈 새들한테 발각되지 않고 살 수 있으므로 당연히 즐거울 것이다. 잎의 구멍 난 부분은 말라버리고—나방은 알을 처음 낳고 연달아 두 번째로 알을 낳는 경우가 많으므로—계속해서 애벌레들이 파먹으면 잎은 여름이 지나면서 점점 더 훼손된다.

노르트 거리의 나무 잎사귀는 무더운 날이 지속된 후 가뭄이 닥쳤을 때 이미 망가진 상태였다. 그와 같은 상황에서 마로니에는 다른 모든 나무와 동일하게 반응한다. 우선 광합성을 중지하고 기다린다. 건조한 기간이 얼마나 지속될지 나무는 우리와 마찬가지로 잘 모른다. 따라서 지레 놀라지 않는 게 좋다.

우선 나무는 수천 개의 작은 입, 그러니까 잎 밑부분에 있는 아주 작은 구멍을 닫아버린다. 이 구멍으로 나무는 우리처럼 숨을 쉬는데, 호흡을 하면 수증기(김)를 상실한다. 수증기는 주변의 온도를 식혀주며, 녹색의 거인도 뜨거운 여름날을 견디기 위해 바로 이와 같은 효과를 적극적으로 이용한다. 물론 뿌리가 공급할 수분이 더 이상 없다는 신호를 보내면, 잎에 있는 수많은 입이 닫힌다. 하지만 잎이 호흡을 하지 않으면 광합성도 더 이상 진행되지 않고 이산화탄소의 공급도 멈춰 햇빛의 도움으로 생산하던 포도당도 더 이상 만들지 못한다. 이제 나무는 원래 다가올 겨울을 위해 비축해두었던 저장품을 먹고살아야 한다.

그럼에도 최소한의 증발이 잎사귀·뿌리와 줄기에서 일어나는데, 이렇게 해도 건조함이 지속되면 두 번째 조치가 뒤따른다. 잎사귀 일부를 떼어버리는 것이다. 이때 마로니에는 잎사귀가 있는 다른 나무들처럼 위에서 아래로 작업을 진행한다. 우선 뿌리에서 가장 멀리 떨어져 있는 잎사귀가 떨어진다. 바로 나무 꼭대기 부분에 있는 잎이다. 더 이상 보급품이 들어오지 않기 때문에 나무는 이제 절약 모드를 취해야 한다. 나무 꼭대기까지 보급품을 운반하려면 에너지가 너무 많이 들기 때문이다. 이런 조치로도 충분하지 않고 하늘에서조차 비 한 방울 내리지 않으면, 잎은 단계적으로 떨어져 8월인데도 나무가 완전히 헐벗는다.

마로니에들은 이미 좀나방으로 인해 훼손된 상태이기 때문에 그렇게 할 수도 없었다. 갉아먹혀서 갈색으로 변한 부분이 많은 잎은 제한적이지만 당분을 만들어 나무가 굶어 죽지 않도록 했다. 여기서 나무가 자라는 고도를 고려해야 하는데, 노르트 거리는 해발 약 600미터의 아이펠 고원에 있어 식물의 생장 기간이 매우 짧다. 나무가 생명을 이어갈 뿐만 아니라 겨울과 이듬해 봄에도 충분할 만큼의 포도당을 생산해야 하지만 시간이 부족하다. 예전 고향과 멀리 떨어진 조건에서 살고 있는 마로니에가 이와 같은 과제를 해결하기란 매우 힘들다. 그리고 지난 2년에 이어 세 번째로 건조한 여름은 흙에 저장해두었던 마지막 물조차 모두 써버리게 만들었다.

나무는 정상적인 상황에서 그와 같은 조건에 처하면―내 담당 구역에 있는 너도밤나무가 그러하듯―겨울이 오기 전이라도 미리 9월까지 휴지 상태를 취하고 모든 잎을 떨어뜨릴 수 있다. 그러면 나무는 죽어 있는 것처럼 보이지만, 이듬해 봄이 되면 다시 살아나서 전년도에 하지 못했던 일을 하려고 시도한다. 마로니에 역시 이렇게 할 수 있다. 하지만 이미 2020년 8월에 잎을 다 떨어뜨린 다음 잔뜩 불안한 상태라 그와 같은 전략을 너무 일찍 추진했다고 볼 수 있다.

8월 31일, 날씨를 다스리는 신이 나타났다. 아이펠 고원 북쪽에 있는 일부 지역의 하늘이 어두워졌다. 이곳에 몇 시간 동안 비가 내려 1제곱미터당 60리터의 물을 남겼다. 완전히 말라버린 땅에 이 정도 물은 충분하지 않지만, 그래도 고원 가장 위쪽에 있는 구역은 다시 축축해졌다. 나는 이 물이 나무들한테 그나마 잠깐 숨 돌릴 틈을 주었으면 하는 희망을 품었다. 며칠 후 잎이 하나도 없던 마로니에가 (처음엔) 어처구니없는 반응을 보여 나를 당황시켰다. 꽃을 피우기 시작한 것이다. 당분이 너무 적게 남아 있으면 원래 번식을 위해 부차적인 에너지를 낭비해서는 안 된다. 가을이 되어도 번식의 결과가 나오지 않기 때문이다. 꽃이 수분된다 하더라도, 겨울까지 시간이 얼마 남아 있지 않아 씨와 열매를 만들 수 없다.

나는 산림 안내원들과 함께 숲 아카데미 건물로 돌아가는 길에 그들로부터 그와 같은 현상에 대해 들었다. 우리는 이를 좀더 자세히 관찰한 뒤에 마침내 발견했다. 나무는 꽃과 함께 보드라운 잎사귀도 만들어냈다. (이것이 수수께끼 같은 사건의 답이었다.) 마로니에는 엄청나게 배가 고팠던 것이다! 나무는 늦여름 가지에 돋아난 신선한 잎사귀를 통해 제대로 당분을 흡수했고, 그걸 조직에 가득 저장할 수 있었다. 이때 나무는 오직 가지의 잎눈만 트게 했는지, 아니면 꽃을 포함해 모든 싹을 트게 했는지 구분할 수 없었던 게 분명하다. (우리가 발견한 것이 바로 그와 같은 현상이었다.)

나는 우리가 발견한 현상을 페이스북에 올리기 위해 핸드폰으로 동영상을 찍어 토론의 주제로 제공했다. 그런데 다른 곳에서도 모든 마로니에가 동일한 전략을 따르고 있었다. 인터넷을 검색해보니 이미 작년 가을에 꽃을 피웠다는 마로니에도 있었는데, 그에 대한 일부 설명은 나한테 설득력 있게 들리지 않았다. 요컨대 기후 변화로 인한 스트레스, 좀나방으로 인한 병충해, 그리고 나무의 존재를 위험한 순간까지 몰고 간 박테리아 때문이라고 했다. 죽기 전에 다시 한번 번식하기 위해 나무들이 가을임에도 불구하고 또다시 꽃을 피웠다는 설명이었다.[1]

이런 설명은 처음엔 논리적으로 들릴지 모르지만, 나무가 계절을 예측하지 못한다는 조건을 전제한다. 가을의 꽃은 당연히 어떤 열매도 맺지 못한다. 겨울까지 몇 주 남지 않아 시간이 충분하지 않기 때문이다. 그런 바보짓을 하는 나무는 추가적으로 에너지를 낭비하고, 이로써 궁핍은 더욱 가중된다. 수십 년 전부터 연구한 결과에 따르면, 나무는 낮의 길이와 온도에 따라 행동한다고 한다. 우리가 달력 없이 살아갈 수 있듯 나무도 1년 동안 정확하게 어떤 방향으로 나아가야 할지 알고 있다. 바로 여기에서 매우 독특한, 다음과 같은 설명이 등장한다. 마로니에가 1년 동안의 달력을 뒤죽박죽 혼동하고 있다는 것이다.[2] 수분 흡수를 못 하고 이로써 광합성도 중단해야 하는 여름의 건조한 기간이 나무를 너무나 혼란스럽게 만들어 가을의 빗방울에 다시 봄이 온 줄 착각한다는 설명이다.

이런 결론은 그야말로 터무니없다. (여기서 진화가 할 말이 있기 때문이다.) 만일 마로니에가 그렇게 쉽게 혼동에 빠진다면, 적어도 20년에 한 번은 여름의 가뭄이 일어나는 자연 현상에도 불구하고 나무는 어떻게 3000만 년 이상을 살아남을 수 있었겠는가? 매번 그처럼 터무니없이 에너지를 소모하는 생명체는 위기가 발생했을 때 너무나 약해져 생명을 잃을 게 분명하다.

그게 아니다. 마로니에가 그렇게 행동하는 이유는 바로 굶주림 때문이다. 즉, 신선한 잎(꽃도 포함해서)을 돋아나게 하는 것으로는 충분하지 않으며, 에너지를 소비한 책임을 끝까지 따져봐야 한다. 잎을 만드는 행위엔 힘이 필요하다. 원래는 더 이상 존재하지 않는 힘이다. 그것은 다시 한번 태양을 향해 뻗어서 달콤한 식량을 생산하기 위해 나무가 동원하는 마지막 저장품이다. 하지만 잎을 돋아나게 하는 것으로는 충분하지 않다. 이듬해 봄을 위해 마련해둔 싹을 사용하는 것이기 때문이다. 원래 시기보다 너무 일찍 사용해서 다음 해에 잎사귀 하나 없는 나무가 되지 않으려면, 마로니에는 또다시 새로운 싹을 만들어내야 한다. 이렇게 하더라도 모든 게 해결되는 건 아니다. 싹과 잎은 항상 신선한 가지에서 돋아나는 까닭에 마로니에는 신선한 가지 또한 만들어내야 한다.

여기서 확실한 사실은, 여름에 이미 잎이 다 떨어지고 가을에 너무 배가 고파서 당황한 나무는 잎 (그리고 자발적으로 피지 않은 꽃) 외에 가지와 싹까지 생산해내야 한다는 것이다. 나무가 겨울을 날 수 있을 만큼 넘치는 당분을 만들고 많은 에너지를 돌려받을 수 있다면, 잎이나 가지를 생산하는 일은 해볼 만하다. 그러나 계절은 유감스럽게도 절망한 나무의 바람과는 반대로 흘러간다. 9월이면 이미 낮의 길이가 더 짧아지고, 이로써 광합성을 할 수 있는 시간도 더 짧아지기 때문이다. 게다가 몇 주가 지나면 저기압 지역에서는 전형적으로 많은 비가 내린다. 이 비는 흙을 적셔주지만 태양을 가리기도 한다. 이것으로 충분하지 않은 것처럼 기온도 떨어지고, 밤에 첫서리까지 내린다.

노르트 거리에 있는 대부분의 마로니에는 일반적으로 행동했으나 경악에 빠진 몇몇 나무는 예외였다. 예외에 속한 마로니에는 당분이 충분하지 않은 까닭에 용감하게 신선한 잎을 돋아나게 함으로써 가을이라 알록달록한 모습을 띤 대다수 다른 마로니에와는 반대로 행동했다. 그리고 잎사귀가 너무 늦게 떨어졌는데, 12월 중순 첫 서리가 내린 뒤였다! 순전히 통계적으로 계산하면, 그와 같은 나무는 모두 겨울에 살아남지 못하고 봄에 잎을 만들기 전에 죽고 만다. 그 직전에 1년 중 가장 힘을 많이 쓰는 사건이 생기는데, 물이 나무줄기 안으로 들어오고 이어서 싹을 틔우는 일이 그것이다. 이즈음이면 쇠약해진 많은 나무의 운명이 결정된다.

베르스호펜에서 자라는 마로니에의 경우는 해피 엔드로 끝이 났다. 이들의 싹은 연초에 솟아올랐고, 있는 힘을 다해 새로운 잎을 만들어낸 뒤 마침내 조용히 에너지를 축적할 수 있었다.

마로니에가 가을에 꽃을 피우고 잎이 돋아나는 현상을 거의 모든 지역에서 관찰하는 동안, 너도밤나무 숲에서는 그런 현상을 발견하지 못했다. 그러나 이론적으로 보면 마로니에처럼 너도밤나무에도 그와 같은 경우가 있으리라 추측할 수는 있다. 그 숲에서 왜 그런 일이 생기지 않았는지 원인을 생각해보면, 아무래도 너도밤나무는 서로 간에 연결망이 훨씬 잘 짜여 있기 때문일 수 있다.

너도밤나무는 땅 밑에 얽혀 있는 뿌리를 통해 다른 너도밤나무한테 용해한 당분을 전달하는 방식으로 지치고 굶주려서 곤궁에 처해 있는 동료를 도와준다. 아마 곤궁에 빠진 너도밤나무는 새로운 잎도 만들어내지 못하고 광합성도 하지 못한 채 공동체만 믿고 있을 것이다. 반대로 마로니에는 자연 서식지로부터 멀리 떨어져 어느 독일 마을의 길거리에서 홀로서기를 해야 하고, 가족의 도움 없이 살아남기 위해 안간힘을 써야만 한다.

활엽수가 가뭄에 분명하게 반응하는 반면, 침엽수는 은밀하게 반응한다. 가을에 침엽수가 낙엽 또는 잎을 눈에 띄지 않게 떨어뜨리는 것 역시 놀랄 일이 아니다. 이때 침엽수는 항상 가장 오래된 잎부터 떨어뜨린다. 소나무의 경우 항상 연도(年度)가 연결되어 있는 3개의 잎을 떨어뜨린다. 즉, 나무 꼭대기에서 올해 생긴 잎 한 개, 이어서 작년에 생긴 잎 중 하나, 마지막으로 재작년 잎 하나를 떨어뜨리는 것이다. 가문비나무는 잎을 심지어 6년까지 유지하지만, 그 이상은 아니다. 그런 뒤에 잎은 쓸모를 잃고 떨어진다. 우리 눈에는 아름다운 가을의 단풍색이지만, 나무한테는 그렇지 않다.

이처럼 잎을 떨어뜨리는 행위는 활엽수에서처럼 매우 적극적인 과정이며, 침엽수 역시 활엽수처럼 가뭄에서 비롯된 스트레스에 물이 필요하다는 반응을 보인다. 우선 침엽수는 광합성을 중단한 다음, 증발하는 면적을 줄이기 위해 잎을 떨어뜨린다. 나는 가물었던 지난 몇 년 동안 우리 산림지기가 가꾸는 정원에서 이런 장면을 잘 관찰할 수 있었다. 우리는 최소한 모든 것이 마르지 않도록 집 주변에 조성된 화단에 물을 주었다. 접시꽃뿐 아니라 양념에 사용하는 채소들이 이런 물로부터 이득을 보았고, 화단 주변에 있던 나무들 역시 물을 흡수할 수 있었다. 2020년 8월 더위가 기승을 부린 시기에 140년 된 소나무들은 건강해 보였다. (물론 모두가 그렇지는 않았다.) 물 공급을 받는 좁은 면적의 가장자리에 위치하지 않으면, 수령과 무관하게 잎을 시기보다 일찍 떨어뜨려야 한다. 가지에 달려 있는 잎이 2년생인지 3년생인지는 시각적으로 확연하게 차이가 난다. 이런 두 가지 잎이 달려 있는 오래된 나무는 이미 손상을 입은 것처럼 보인다. 이처럼 소나무가 자라는 정원은 나에게 자유로운 공기를 들이마실 수 있는 실험실이고, 이런 자연의 실험실에서 나는 나무를 보며 배울 수 있다.

지금까지 우리는 땅 위에서 벌어지는 일에 주의를 기울였다. 하지만 가뭄 시기에는 땅 밑에서도 중요한 과정이 일어난다. 그것도 뿌리에서 말이다. 어쩌면 뿌리는 나무의 가장 중요한 기관일지 모른다. 나무 꼭대기에는 식물의 (일종의) 뇌 같은 역할을 하는 세포들이 있다.[3] 이들 꼭대기 세포는 어둠 속에서 탐색을 하며 성장하고 최소 20개의 다양한 매개 변수를 관리한다. 여기엔 습기만 포함되는 게 아니다. 중력 또한 고려하는데, 이 부드러운 조직체는 결국 땅에 머물러야 하며 위로만 성장하는 것이 아니기 때문이다. 뿌리는 빛 감지 장치를 방해하는데, 언뜻 보면 이런 센서는 필요하지 않은 것처럼 보인다. 땅 밑은 항상 어두운 상태이니 말이다. 그러나 경사진 곳에서 뿌리는 비스듬하게 성장할 수 있고, 실수로 땅 밖으로 뻗어나갈 수도 있다. 그러면 센서가 밝기를 인식해서 가능한 한 신속하게 뿌리를 땅 밑으로 거둬들이는 게 좋다. 뿌리가 이와 비슷하게 위태로운 반응을 할 때는 독극물을 마주칠 경우다. 뿌리가 그처럼 위험한 흙 성분과 부딪히면, 문제 되는 부분을 빠르게(뿌리라는 것을 고려해서) 회피해서 성장한다. 또한 뿌리는 여러 가지 감각을 혼합해 언제 꽃을 피워야 하는지, 가지에 얼마나 많은 잎을 만들어내야 하는지 같은 문제를 결정해서 나무가 행동하게끔 한다.[4]

건조한 여름에 뿌리가 주의 깊게 조절하는 것은 무엇보다 습기다. 뿌리는 줄기를 거쳐 잎들한테 당분의 생산과 물 소비를 중단하기 위해 작은 입을 닫아야 한다는 신호를 보내기 시작한다.

이런 과정이 어떻게 이뤄지는지는 스위스 과학자들이 발견했다. 이들은 실험실에 있는 너도밤나무를 가뭄 상황에 놓고 조사했다. 이러한 실험을 통해 과학자들은 뿌리가 정말 잎의 작용을 조절하는 걸 발견했다. 땅이 건조해지자 뿌리는 당분의 소비를 줄였는데, 더 이상 위쪽으로 물을 보내면 안 되고 보낼 수도 없으니 놀라운 일도 아니다. 뿌리가 더 이상 달콤한 액체를 받아들일 수 없기 때문에 나무 위쪽의 조직에서는 당분이 막혀 있는 상태가 만들어지고, 그리하여 잎은 영양분 생산을 그만둔다. 벌어져 있는 구멍을 닫고 영업을 중단하는 것이다. 그럼에도 나무는 계속 살아 있고 저장해둔 영양분을 소비한다. 이때 나무는 산소를 들이마시고 이산화탄소를 내뱉으므로, 가뭄 스트레스를 겪고 있는 여름의 숲은 결코 산소의 보고가 아닌 셈이다! 가뭄이 지나가고 나면 놀라운 일이 생긴다. 즉, 잎은 보통 때보다 더 많은 이산화탄소를 받아들이고 이로써 아주 많은 당분을 생산해낸다. 나무는 아마도 할 수 있는 한 최고의 속도로 다시금 영양분을 섭취한다. 이렇게 많이 섭취함으로써 가뭄 시기에 부족했던 영양분을 보충해 다시 균형을 이루려는 것이다.[5]

하지만 가뭄 시기에 뿌리에서는 무슨 일이 일어날까? 뿌리는 흙 속에서 움직이기 위해 끊임없이 앞으로 나아가야 한다. 이 목적을 위해 보통 잎에서부터 영양분이 끊임없이 땅속에 있는 부드러운 조직으로 흘러 들어간다. 그러나 광합성이 중단되거나 잎이 완전히 떨어지면, 뿌리는 굶주릴 수밖에 없다. 이는 매우 위험한 일인데, 생겨난 지 얼마 되지 않은 어린뿌리가 죽으면 이어지는 우기에도 물을 잘 빨아들일 수 없기 때문이다. 그 밖에도 나무가 온전히 서 있질 못하는데, 나는 2018년 말에 그런 모습을 관찰할 수 있었다.

바람은 잦아들었으나 비가 계속 내리던 어느 날, 나는 숲 아카데미 부근에 있는 장소로 가기 위해 외출 준비를 했다. 내가 문 옆에 있는 고무장화를 막 신었을 때, 특이하게 부러지는 소리를 들었다. 모퉁이를 둘러보자 140년 된 거대한 소나무가 천천히 기울면서 장작더미 위로 쿵하고 떨어졌다. 나는 그곳으로 달려가 넘어진 나무의 밑동을 살펴보았다. 생겨난 지 얼마 되지 않은 뿌리의 훼손이 심각했다. 건조한 여름이 나무의 건강 상태만 해친 게 아니라, 똑바로 서 있도록 하는 안정성도 망가뜨렸던 것이다.

이렇듯 불행한 일이 발생하기 전에 거대한 나무들은 저장해놓은 비상 식품을 모두 동원하고 아주 오래전에 비축해둔 것까지 사용한다. 핀란드·독일·스위스 출신 연구원들이 그와 같은 사실을 확인했다. 이들 연구 팀은 우선 탄소 분석을 통해 가장 어린 나무뿌리의 나이를 조사했다. 식물 조직에 있는 탄소의 나이는 방사성 원소의 함유량에 따라 확정된다. 대기 중 탄소 원자의 아주 작은 덩어리는—좀더 상세하게 말하면—1조 분의 1의 탄소도 우주의 빛에 의해 ^{14}C-원자로 바뀐다. 이 원자의 반감기는 5730년이다. 대기 중에 ^{14}C가 지속적으로 생성되면, 반대로 식물의 조직에서는 더 이상 ^{14}C를 만들지 않는다. 식물 조직에서는 광합성을 통해 만들어졌다가 서서히 파괴된다. 그러면 식물의 탄소에서 차지하는 ^{14}C의 양은 지속적으로 줄어든다. 하나의 조직이 얼마나 오래되었는지는 정상적인 탄소와 ^{14}C-탄소의 비율이 말해준다. 이와 같은 분석을 통해 알아낸 숲속 가장 어린 나무뿌리의 평균 나이는 11~13년이었다.

약간 복잡하게 들리는가? 그렇다 해도 문제는 없다. 뿌리의 나이는 이보다 훨씬 더 간단하게 측정할 수 있기 때문이다. 뿌리를 잘라보면 된다. 뿌리도 지름이 점점 성장해야 하므로 줄기처럼 나이테를 만든다. 그런데 이러한 나이테를 계산해보니 놀라운 결과가 나왔다. 뿌리는 ^{14}C-방법으로 계산한 것보다 훨씬 더 어렸다. 고작 3~4년밖에 되지 않았다. 나이테는 나이를 절대 속이지 않는다. 이러한 차이가 나타난 원인은 뿌리의 저장 조직에 있는 몇 년 된 저장품 때문일 것이라고 연구자들은 설명했다. 이런 저장 성분은 식물의 조직만큼이나 나이를 먹었을 테고, 만일 실제로 새로운 뿌리를 만들기 위해 비상 저장품을 사용했다면, 분자시계(分子時計)보다 몇 년 앞설 수 있다.[6]

나무가 저장 물질을 보관한다는 사실은 이미 언급했지만, 이런 저장품을 사용하기 전까지 10년간 조직에 숨겨둔다는 사실은 나도 처음 알았다.

연구원들은 새로운 뿌리를 그와 같이 오래 저장해둔 영양분으로 만드는 것은 비상시의 전략일 수 있다고 추측했다. 건조한 시기에도 완벽하게 성능을 발휘하기 위해 새롭고 부드러운 뿌리는 계속 성장해야 한다. 가뭄 때문에 당분을 전혀 만들 수 없다면, 오래전에 저장해둔 비상 식품을 이용하는 나무가 유리하다.

우리 정원에 있던 오래된 소나무는 새로 난 뿌리가 말라버렸기 때문에 쓰러질 수밖에 없었다. 어쩌면 이 소나무는 저장 조직에 충분한 비상용 영양분을 비축해두지 않았고, 그리하여 땅 밑에서 뿌리가 자랄 수 없었을 것이다. 또한 이 소나무는 살림을 제대로 배우지 않았을지 모르며, 비상시를 고려하지 않고 당분을 탕진했을지도 모른다. 마지막으로, 건조한 여름이 그토록 자주 반복되는 일은 아이펠 고원 같은 곳에서는 매우 이례적인 일이며, 여기에 익숙해지기 위해 나무는 살아남으려고 안간힘을 써야 했을 것이다.

나무는 올바른 전략을 통해 혹독한 삶으로부터 배울 수 있다. 심각한 실수를 하지 못하도록 동료 나무가 보호해줄 수도 있다. 특히 어미가 그렇게 해준다. 이것을 조금 더 상세하게 관찰하기 위해 다시 한번 건조한 해였던 2020년의 베르스호펜 구역을 살펴보기로 하자. 이번에는 어느 정도 자연적인 조건에서 살아가는 너도밤나무 한가운데로 들어갈 것이다.

02

1000년 동안 배우기

평생 학습은 현대 교육 정책의 발명품이 결코 아니다. 나무는 이미 수백만 년 전부터 그렇게 하고 있다. 수천 년 동안 살 수 있는 생명체의 경우 학습은 살아남기 위해 매우 중요하다. 짧게 살다가 죽는 생명체는 자주 그리고 수많은 후손을 번식할 수 있고, 유전자 변이를 통해 변화한 환경에 신속하게 적응할 수 있게끔 작용한다. 심지어 대장균(Escherichia Coli) 같은 미생물은 적절한 조건이 되면 20분마다 2배로 증식하지만,[7] 나무는 오로지 그렇게 할 수 있으면 좋겠다는 꿈만 꿀 따름이다. 품종에 따라 나무는 극단적인 경우 몇백 년이 지나서야 수분을 할 수 있을 만큼 성숙해지기도 하는데, 자작나무나 포플러같이 매우 탄탄한 나무가 최초로 꽃을 피우려면 5년 정도는 지나야 한다.

숲에서는 세대가 바뀌기 전에 일단 자리부터 만들어야 한다. 다시 말해, 어미 나무는 죽으면서 임관층(林冠層: 식물 군락의 윗부분—옮긴이)을 열어두는데, 이곳을 통해 빛과 빗물이 아무런 방해도 받지 않고 땅으로 침투한다. 그제야 어린 나무는 스스로 성장할 수 있는 기회를 갖는다. 내 고향의 전형적인 숲은 너도밤나무로 형성되어 있으며, 세대교체가 이루어지는 기간은 300~400년이다. 변화하는 기후에 맞게 유전적 특징도 바뀌려면 아주 오랜 세월이 흘러야만 한다.

하지만 우리가 경험을 통해 알고 있듯 유전적 돌연변이만이 변화하는 환경에 적응할 수 있는 유일한 방법은 아니다. 인간은 지난 수천 년 동안 유전적으로 거의 변하지 않았지만, 그럼에도 비교적 짧은 시간 안에 우리의 전반적 삶을 완전히 바꾸어놓았다. 우리의 조상은 경험치를 쌓았고, 변화에 대처하는 법을 배웠다. 그들은 유전적으로 적응했을 뿐 아니라, 자신들의 태도를 통해서도 적응했다. 이렇게 해야만 인간이라는 종은 얼음같이 차가운 북쪽에서는 물론 불타는 사바나에서도 거주할 수 있다. 오랫동안 사는 생명체가 살아남을 수 있는 열쇠는 바로 배우고 습득한 지식을 전수하는 데 있다. 나무는 바로 이와 같은 태도를 정확하게 실천하고 있으며, 내년 여름에는 당신도 나무가 그렇게 하는지를 직접 체크해볼 수 있을 것이다.

숲 아카데미가 있는 구역에서 자라는 오래된 너도밤나무 숲은 2018년과 2019년 지극히 무더웠던 여름에도 안정적인 모습을 보여주었다. 경제적 목적으로 주변에 들어선 대규모 농장의 가문비나무와 소나무가 말라 죽거나 오래된 활엽수가 8월에 이미 잎사귀를 떨어뜨린 반면, 손대지 않은 보호 구역은 전혀 달랐다. 막강한 수관(樹冠: 나무 꼭대기—옮긴이)들 아래에서는 영원히 꺼지지 않을 것 같은 미광(微光)이 흘러나왔다. 이곳은 몇 달 동안 비가 내리지 않았지만 여전히 쾌적할 만큼 촉촉하고 서늘했다.

그러나 2020년 세 번째 이어진 여름 가뭄으로 그 같은 모습은 바뀌고 말았다. 7월까지만 하더라도 전년과 비슷했지만, 8월에 덮친 열기는 숲이 더 이상 버틸 수 없게끔 만들었다. 산비탈에 위치한 숲 전체가 황갈색으로 물들고, 사흘 동안 낙엽이 엄청나게 떨어졌다. 한여름에 나무에서 수백만 장의 낙엽이 떨어진 숲을 돌아다니다니 숨이 막히는 것 같았다. 이 시기에 나는 처음으로 너도밤나무 숲의 미래를 걱정하기 시작했다. 특히 숲이 자리 잡기에 매우 유리한 구역인 북쪽 경사지에 있던 나무들의 훼손이 심했다. 바로 이곳에서 증상이 분명하게 드러났다.

북쪽 경사지는 남쪽 경사지에 비해 하루 중 땅에 햇빛 닿는 시간이 짧다. 나무의 그늘 때문만은 아니다. 산 전체의 그늘에 위치하고 있기 때문이다. 그래서 기온도 더 낮다. 이런 상황에서 물은 더 천천히 증발한다. 그늘과 서늘함. 그러면 너도밤나무와 참나무는 제대로 쾌적하게 느낄 수 있다. 성장에서도 차이가 난다. 북쪽 경사지에서 자라는 나무는 열기와 건조함이 광합성을 방해하는 남쪽에서 자라는 나무에 비해 2배는 더할 수 있다. 간략하게 말하면, 북쪽 경사지는 나무들한테 낙원이다. 혹은 적어도 그때까지는 낙원이었다.

반대로 남쪽 경사지는 나무의 욕구와 연관 지어봤을 때 늘 궁지에 몰려 있는 구역이다. 남쪽 경사지는 마치 거대한 태양전지처럼 비스듬하게 해의 방향을 향해 있고, 그리하여 하루 종일 따뜻한 복사열을 받아들인다. 이곳에 내린 비는 나무 꼭대기에서뿐만 아니라 땅에서도 훨씬 빨리 증발하고, 이 구역에서 자라는 너도밤나무와 참나무의 기운은 한층 일찍 떨어진다. 광합성을 통한 당분 생산에 성공하는 날도 북쪽 경사지에 있는 동료 나무들에 비해 훨씬 적다. 또 이렇게 말할 수도 있다. 남쪽 경사지에서 자라는 나무는 기후 변화가 진행되는 가운데 북쪽 경사지 나무들이 앞으로 알게 될 기온과 증발 비율을 미리 알고 오늘날 체험하고 있다고 말이다.

그럼에도 이곳 남쪽에서는 나무의 스트레스, 그러니까 잎의 갈색 색조에서 나타나는 스트레스가 상당히 약하게 나타났다. 남쪽 경사지의 나무는 2020년에도 상처가 없지는 않았지만, 적시에 위급 상황을 대처해 그걸 차단했다. 나무는 이렇듯 위급 상황 모드로 바꿈으로써 물도 절약할 수 있고, 이를테면 의식이 몽롱한 상태로 들어간다.

반대로 북쪽 경사지에서는 재해가 닥치는 걸 보지 못한 나무들한테 뜨거운 여름날이 덮쳤다. 가뭄이 한창이던 2019년 이곳 그늘에 있던 흙의 습기는 충분했고, 이런 사정은 2020년 7월까지 바뀌지 않았다. 그러나 마지막 저장품이 돌연 바닥나고 말았다. 이처럼 갑작스럽게 바닥이 난 이유는 완전히 성장한 너도밤나무는 더운 여름날 하루에만 500리터의 물을 증발시킬 수 있기 때문이다. 적시에 물의 증발에 제동을 걸지 못한 나무들은 보급품도 없이 위에서부터 뿌리까지 갑자기 먼지 휘날리는 흙만을 지탱하고 있어야 했다. 뿌리는 심각한 가뭄을 인지하기는 했지만, 전략을 바꾸기엔 너무 늦었다. 이제 소중한 습기를 절약하는 것도 불가능하고, 오로지 긴급 상황에서 사용하는 비상용 브레이크만이 도움을 줄 뿐이다.

북쪽 경사지에서 자라는 나무들이 바로 그와 같은 비상용 브레이크를 사용했다. 엄청난 낙엽은 증발하는 면적을 급격하게 줄이기 위한 조치였다. 상황이 얼마나 드라마틱했는지 변화하는 속도만 봐도 알 수 있었다. 고작 사흘 만에 대부분의 잎사귀를 떨어뜨린다는 것은 나무한테는 최고의 속도다. 가을에 떨어지는 낙엽과 한번 비교해보자. 처음에는 광합성을 가능케 하는 녹색 색소인 엽록소를 서서히 줄이면서 시작한다. 엽록소는 분해되고 다가올 내년을 위해 가지와 줄기 그리고 뿌리에 저장된다. 이렇게 함으로써 녹색은 이듬해가 되어도 시간을 들여 새롭게 생산할 필요가 없다. 녹색을 줄임으로써 지금까지 숨어 있던 노란색 색소가 잎에 나타난다. 모든 중요한 영양분을 빼버리면 나무는 잎을 분리하기 위해 코르크로 이루어진 층을 형성하고, 그런 다음 잎을 땅으로 떨어뜨린다. 이러한 전반적 과정은 몇 주에 걸쳐서 차츰차츰 이뤄졌으며 11월에 완성되었다.

이와 반대로 2020년 8월의 비상시 낙엽 투척은 그야말로 나무가 경악에 빠져서 보인 반응이었다. 우선 너도밤나무는 정해진 대로 가을에 일어나는 과정과 동일하게 일을 진행시키려 했다. 하지만 이런 과정이 너무 느리고 점점 과도하게 많은 물을 증발시킨다는 사실을 신속하게 알아차렸다. 이와 같은 과정을 나무가 적시에 통제하지 못하면, 말라 죽는다.

그래서 너도밤나무는 속도를 올렸다. 갈색(그래서 아무런 의미도 없는) 잎만 떨어뜨리는 데 그치지 않고, 노란색과 심지어 녹색 잎도 떨어뜨렸다. 녹색 잎이 떨어지는 것은 너도밤나무가 지극히 위험하다는 표시다. 잎 안에 포함된 소중한 영양분을 거두는 대신 떨어뜨리는 나무는 위험하게 살아갈 수밖에 없다. 이듬해 봄이 되면 이런 나무는 겨울잠에서 깨어나고 새로운 잎을 만들어내기 위해 마지막 저장품이 필요하다. 만일 질병이나 가뭄이 닥치면, 에너지를 모두 소비해버린 나무는 죽어버린다. 따라서 너도밤나무는 지극히 위험한 긴급 상황에서만 녹색 잎을 떨어뜨린다.

나무들이 매우 조급하게 서둘렀지만 북쪽 경사지에서는 무질서 속에서도 약간의 질서가 엿보였다. 제일 먼저 나무 꼭대기에 있던 잎이 떨어졌고, 그런 다음 아래쪽에 있는 가지의 잎에 이르기까지 차근차근 그 뒤를 따랐다. 이와 같은 전략은 대부분의 나무한테 성공을 가져다주었다. 바람이 북쪽으로 불면 축축한 공기가 아이펠 고원의 산으로 몰려오기 때문이다. 구름이 산등성이 위로 올라오면서 엄청난 양의 비가 내렸다. 이로써 목말랐던 나무의 갈증이 해소되었다. 그리하여 나무는 남아 있던 잎을 떨어뜨리지 않고 심지어 지체하기도 했다. 이는 굶주린 나무가 보여주는 전형적인 행동이다. 나무는 당분을 조금 더 섭취해 다가올 겨울을 대비하고 저장하기 위해서 10월이 아니라 11월에 가지에 남아 있던 잎을 떨어뜨린다.

가뭄 스트레스로 인해 숲에서 일어나는 상황은 멀리서 보면 흔히 실제보다 더 드라마틱하다. 나무 꼭대기에 있는 외부의 잎은 우선 녹색에서 갈색으로 변해 너도밤나무와 참나무는 멀리서 보면 전반적으로 매우 황량한 모습이다. 반대로 만일 당신이 이런 숲을 산책한다면, 놀랍게도 매우 생동적으로 보인다. 나무 아래로 산책할 때는 숲 내부의 잎이 주로 보이며, 이런 잎은 아직 녹색이고 싱싱하다. 8월에 모든 잎이 땅바닥에 떨어져 있을 경우에는 그야말로 위험 단계에 있다고 보면 된다.

베르스호펜 북쪽 경사지에 있는 대부분의 나무는 이와 같은 충격을 잘 견뎌낼 것이다. 무엇보다 나무는 물을 잘 배분하는 법을 배웠다. 이들은 남은 생애 동안 물을 잘 조절해 아껴 마시고, 겨울에 내린 강수(降水)를 땅에 저장해둔다. 그리고 이듬해 봄이 되어도 물을 완전히 소비하지 않을 것이다. 나무의 이와 같은 태도 변화는 줄기의 지름이 느리게 성장하는 것에서 측정할 수 있다. 비록 앞으로 가뭄이 전혀 발생하지 않더라도, 나무는 트라우마 같은 체험을 하고 난 뒤 채택한 자신들의 새로운 전략을 유지할 것이다. 물론 알 수 없는 일이긴 하지만…….

새로운 경험을 바탕으로 한 태도의 변화를 학습이라고 부르며, 학습이란 나이 들어가는 생명체가 살아남기 위해 가장 중요한 전략이다.

하지만 식물은 훨씬 더 복잡하게 배울 수 있다. 따라서 나무와도 분리해야 하는데, 우선 완두콩을 살펴보기로 하자. 깍지 있는 열매인 이 식물은 너도밤나무나 참나무와 비교할 때 실험실에서도 아주 간단하게 다룰 수 있다는 큰 장점을 갖고 있다. 연구원들이 인위적으로 만들어놓은 세계인 실험실에서 이 작은 식물은 그야말로 믿을 수 없는 비밀을 드러낸다. 오스트레일리아 시드니 출신 여성 식물학자 모니카 갤리아노(Monica Gagliano)는 완두콩을 개처럼 훈련시켰다. 러시아 의학자 이반 페트로비치 파블로프(Iwan Petrowitsch Pawlow)의 역사적인 실험에 대해서는 다들 알고 있을 것이다. 그는 개의 행동을 연구했다. 개한테 사료를 주자 침을 흘리기 시작했다. 그냥 종을 울렸을 때는 아무 일도 일어나지 않았다. 파블로프는 종을 울린 다음에 사료를 주었다. 그러자 종만 울려도 개는 침을 흘렸다. 심지어 사료를 제공하지 않아도 마찬가지였다. 이런 과정을 조건화라고 부르며, 두 가지 전혀 다른 자극이 동일한 과정에서 연결되는 것을 의미한다. 완두콩 또한 그와 같은 조건화를 할 수 있다!

그러기 위해 모니카 갤리아노는 식물이 배가 고프도록 어두운 곳에 두었다. 그런 뒤 식물한테 가끔씩 파란 불빛을 비춰주었다. 빛은 광합성을 위한 에너지이며, 완두콩은 제대로 굶주린 상태였다. 그래서 완두콩은 빛이 나오는 곳을 향해 잎을 벌렸다. 이 과정은 집에서 식물을 키우는 사람이라면 잘 알고 있을 테다. 이것만으로는 이례적인 사건이 아니다. 물론 완두콩이 어둠 속에서 잎을 중립적인 위치로부터 움직였다는 사실은 특이하지만 말이다. 이어서 갤리아노는 공기를 불어넣은 다음 빛을 비춰주는 방법을 시도했다. 그리고 이 실험의 마지막 단계로 완두콩에 빛을 비춰주지 않은 채 공기만 불어넣었다. 그러자 식물의 잎이 공기가 흡입되는 쪽으로 향했는데, 그곳에서 곧 빛이 들어올 거라고 기대하는 듯했다. 이 식물은 광합성과는 아무런 관련도 없는 자극을 빛에 부속시킬 수 있었다. 이는 달리 표현하면 완두콩이 연결 또는 연상하는 능력을 갖고 있다는 뜻이다. 모니카 갤리아노의 견해에 따르면, 이와 같은 능력은 많은 식물한테서 찾아볼 수 있다고 한다.[8] 갤리아노의 실험 결과를 통해, 우리의 녹색 생명체는 지금까지 우리가 추측했던 것보다 훨씬 복잡하게 배울 수 있다는 사실이 드러났다. 변화에 적응하는 완두콩의 능력 역시 생각보다 훨씬 막강하다. 이제 다시 나무한테 관심을 돌리도록 하자.

나무가 얼마나 오랫동안 배우는지는 이페나크(Ivenack)—메클렌부르크포르포메른(Mecklenburg-Vorpommern)주에 속한 작은 마을(수령 1300년의 참나무가 있는 곳으로 유명—옮긴이)—부근에 있는 사례에서 특히 잘 드러난다. 로부르참나무(*Quercus robur*)는 줄기가 짧고 두꺼우며, 가지는 튼튼하고 마디가 굵다. 이들의 나이는 500~1000년으로 독일에서 가장 오래된 나무에 속한다. 그중 지극히 인상적인 참나무의 줄기는 지름이 3.49미터에 이르고 부피는 180세제곱미터인데, 이는 독일의 평균적인 나무에 비해 360배에 달한다.[9]

산림 감독관들은 오래된 나무는 면역력이 없다고 간주한다. 오래된 나무는 흔히 내부에 박테리아가 침범해 망가져 있기 때문에 그 가치를 평가절하하기 일쑤다. 그러면 제재소에서 활용하는 게 더 이상 불가능하다. 이와 관련해 공직에 있는 산림 감독관의 통상적 의견을 들어보면, 오래된 나무는 열기와 건조함에 특히 잘 버티지 못하고, 따라서 일찌감치 베어내 어리고 생동적인 나무로 대체해야 한다고 한다. 그러나 이런 의견은 공개적인 반대를 받지 않은 채 두껍고 소중한 줄기를 베어버리자는 광고 차원의 동화에 지나지 않는다. 실제로 우리의 숲에서 오래된 나무를 발견하기란 어렵다. 공원에서만 볼 수 있다. 이런 곳에서는 산림학이 작동하지 않으며, 사람들은 나무를 그 자체로 좋아한다.

그럼에도 이페나크의 참나무는 기후 변화에 앞서 이미 혹독한 삶을 살았고, 그만큼 문화적인 지역에는 숲을 조성할 환경이 전혀 갖추어져 있지 않다. 이곳의 참나무는 제대로 된 숲에 서식하는 동료 참나무와 비교할 때 조금 더 짧은 삶을 살아야만 할 것이다. 그런데 이들 참나무가 고향에 있는 참나무보다 기록을 세울 만큼 오래 사는 걸 보면, 뭔가 배우는 태도와 연관이 있는 게 분명한 것 같다.

연구원들은 가장 오래된 나무 가운데 표본을 골라서 상세하게 검사했다. 우리 인간의 경우처럼 나무도 내부를 망가뜨리지 않고 들여다보려면 컴퓨터 단층 촬영이 좋은 활용 수단이다. 그와 같은 검사를 통해 이 거대한 나무가 얇은 외벽에 이르기까지 썩고 텅 비었다는 사실이 드러났다. 외부 두께의 지름은 대략 3.5미터였다. 건강한 나무가 겨우 6~50센티미터임을 감안하면 운반하기에도 힘들 정도였다. 나무는 이렇듯 남아 있는 나머지를 가지고서 폭풍을 견디고, 물을 나무 꼭대기까지 끌어올리고, 영양분을 뿌리까지 전달해야 한다. 참나무는 가뭄이 심했던 2018년에도 당당해 보였는데, 이제 걱정해야 할 온갖 이유가 생겼으니 놀랍지 않은가? 게다가 오래된 나무들은 야생의 무플런양(mouflon)과 다마사슴(dama)이 떼를 지어 똥을 누는 야생 공원에서 자라고 있다. 그 때문에 질소를 포함한 비료가 과도해지는데, 이것이 나무에 미치는 영향은 없다.[10]

안드레아스 롤로프(Andreas Roloff) 교수가 주도하는 그룹이 세 번째 여름 가뭄이 들었던 2020년에 걱정스러운 나머지 가장 오래된 참나무들에 대한 조사를 수행했다. 결과는 신속하게 나왔다. 나무에는 아무런 문제도 없었다! 롤로프 교수의 소견에 따르면, 잎과 가지도 이 정도 나이를 먹은 나무들한테는 적절했다.

좀더 상세한 사항을 관찰하기 위해 밧줄을 던져 로부르참나무 꼭대기에서 표본으로 사용할 가지들을 얻었다. 놀랍게도 페트라에아참나무(*Quercus petraea*)에 속해야 하는 잎 몇몇은 전혀 다른 종들의 것이었다. 그뿐만이 아니었다. 페트라에아참나무에서 볼 수 있는 열매 외에 심지어 보통 피레나이카참나무(*Quercus pyrenaica*)에서 발견되는 잎도 있었다. 다양한 종의 참나무들이 나무 한 그루에 함께 있다고?

이미 오래전부터 임학(林學) 세계에서는 페트라에아참나무나 로부르참나무는 없으며, 산지(産地)에 따라 상이하게 보이는 한 가지 종만 있다는 이론이 회자되고 있다.

로부르참나무는 열매에 기다란 자루가 달려 있어 이름도 그렇게 부른다. 〔독일 이름은 '자루'라는 뜻의 Stiel에 참나무(Eiche)가 더해져 Stieleiche이다—옮긴이.〕 로부르참나무의 잎은 페트라에아참나무의 잎과 약간 달라 보이지만, 무엇보다 둘을 구분해주는 것은 이들이 서식하는 위치에 있다. 페트라에아참나무는 언덕과 산이 있는 건조한 땅에서 자라는 반면, 로부르참나무는 몇 달이든 홍수가 나도 견딜 수 있고 태어날 때부터 강가의 활엽수 숲 같은 낮고 깊숙한 장소에서 편안함을 느낀다. 적어도 지금까지 임학 전문 세계에서는 그렇게 알려져 있다. 하지만 이 둘의 잎과 열매의 차이점은 바깥 숲에서 보면 그다지 분명하지 않다. 두 종류의 참나무는 기꺼이 서로 혼합되어 있으며, 어린 나무들도 두 종 가운데 중간 형태에 속하는 온갖 특징을 갖고 있다.

이페나크 참나무에 대한 연구는 전혀 다른 고민을 안겨준다. 어쩌면 이페나크의 참나무는 두 종류가 아니라, 각각의 기후에 적응하기 위해 다양한 형태를 만들었을 뿐인 한 가지 종류일 수도 있다. 유전자 검사를 해보니, 수명이 아주 긴 이페나크 참나무의 조상은 빙하기 이후 에스파냐에서 들어왔다는 게 밝혀졌다. 우리가 사는 이곳이 또다시 더 따뜻하고 더 건조해지면(원래 고향인 에스파냐에서처럼), 아마도 잎 모양을 바꿔 이런 변화에 적응하는 일이 생길 것이다. 이 말의 타당성을 증명해주는 근거로는 2018년 이후 2019년과 2020년에 지극히 건조했음에도 불구하고 참나무가 삶을 회복했다는 걸 들 수 있다.[11] 달리 표현하면, 어쩌면 오래된 나무들은 자기 조상이 살았던 고향을 기억하는지도 모른다!

또 다른 가능성을 꼽자면, 우리가 바로 새로운 종의 탄생을 목격한 장본인이라는 것이다. 그러나 이 경우에 목격자란 상대적인 의미로 쓰인다. 그 과정이 수천 년도 더 걸릴 수 있기 때문이다. 어쩌면 토종 참나무는 새로운 종인 로부르참나무와 페트라에아참나무로 분할되었을 수도 있다. 이런 말은 약간 독특하게 들릴 수 있지만, 어디를 가나 혼합된 형태가 등장하기 때문이다. 참나무는 바람을 이용해 수분하며, 꽃가루는 수 킬로미터 떨어진 나무로 날아간다. 이렇게 해서 끊임없이 두루 섞이는 일이 벌어진다. 만일 결과를 지속적으로 파기해버린다면, 어떻게 새로운 종류가 만들어질 수 있겠는가?

우리 고향에 사는 동물의 세계에서도 비슷한 장애물을 안고 있어 비교해볼 만한 사례가 있다. 바로 새로운 종을 탄생시켰다고 알려진 까마귀다. 까마귀는 멀리까지 날아갈 수 있고 다른 지역에 사는 까마귀와 혼합될 수 있지만, 그럼에도 특별한 색으로 변한 종이 분리되었는데 바로 송장까마귀(*Corvus corone*)다. 유전자 검사를 해보니, 까마귀와 송장까마귀는 한 종에 속하며 둘은 닥치는 대로 짝짓기를 할 수 있다고 한다. 그럼에도 둘은 상이한 영역에서 출현한다. 베르스호펜 주변에 있는 우리 고향의 숲에는 송장까마귀가 전혀 없다. 반면 엘베(Elbe)강 동쪽에는 오로지 송장까마귀만 나타나고 까마귀는 한 마리도 찾아볼 수 없다.

두 가지 색깔의 까마귀가 섞여서 짝짓기를 하더라도, 혼합된 색이 나타나는 경우는 매우 드물다. 우리는 닭과 염소에서도 비슷한 현상을 관찰할 수 있다. 색깔이 비슷한 동물은 서로 강하게 끌린다. 그래서 송장까마귀는 자체적인 개체군으로 간주할 수 있고, 미래에는 어쩌면 자체의 종으로 발전할 수도 있다.

이처럼 끌리는 느낌은 참나무의 경우엔 작동하지 않는다. 사실 꽃가루는 어떤 암꽃에 내리고 싶은지, 또는 내리고 싶지 않은지를 구분할 수 없기 때문이다. 이제 남아 있는 설명으로는 나무가 서식하는 곳과 기후 변화에 대한 적응력이라고 할 수 있다. 적응을 했기에 꽃과 열매 같은 외모가 바뀌었다고 설명할 수도 있다. 하지만 나에게 두 종류라고 하는 이론은 그다지 설득력이 없다.

그 밖에도 이페나크 참나무에 대한 조사는 완전히 다른 결과를 얻어냈다. 요컨대 가장 오래된 나무조차도 다른 환경 조건에 맞출 수 있다는 것이다. 나의 영화 〈나무의 비밀스러운 삶(Das geheime Leben der Bäume)〉을 본 사람이라면, 나무는 배울 수 있고 습득한 지식을 오랫동안 저장할 수 있다는 사실을 잘 알고 있으리라 본다.

만일 나무가 1000년 동안 배운다면, 어리고 금방 심은 나무에 비해 여름의 가뭄에 어떻게 반응할지 훨씬 더 잘 알아야 한다. 따라서 연구 결과는 숲에서 자라는 나무는 나이를 더 먹을 수 있도록 내버려둬야 한다는 주장을 변호한다.

평생 동안 배우는 사람은 몇 가지 지식을 쌓아둔다. 인간의 경우에는 책과 컴퓨터에 저장해두거나 이보다 훨씬 과거인 선사 시대에는 구두로 전해주었다. 그렇다면 나무는 어떻게 할까? 죽을 때 나무가 축적한 경험도 모두 사라져버릴까? 사람들은 오랫동안 그렇게 생각했다. 젊은 여성 과학자가 이러한 의문을 품고 확인할 때까지, 나무도 역시 자신의 지혜를 다음 세대에 물려준다는 사실을 확인할 때까지 말이다.

03

지혜는 씨앗에 숨어 있지

숲에서는—좀더 잘 표현하면—산림을 경영할 때는 너무나도 분주할 경우가 많다. 사람들은 어떻게 산림에 기후 변화와 열기 그리고 가뭄의 시기를 준비하라고 할 수 있을까? 나무는 배울 수 있다. 하지만 이들의 유전적 적응력을 고려하면 유감스럽게도 극단적으로 천천히 배운다. 유전자가 변화함으로써 특징이 바뀌는 돌연변이는 다음 세대에 가서야 나타날 수 있다. 그러나 자연적인 숲에서 다음 세대는 나무가 나이 들어 죽은 다음에야 비로소 탄생한다. 종류에 따라서 이 기간은 600년이 걸릴 수도 있다. 엄청나게 빠른 속도로 진행하고 있는 기후 변화의 시대에는 느려도 너무 느리다.

많은 동물—예를 들면 토끼—은 이런 관점에서 보면 확실히 뛰어나다. 암컷 토끼는 새끼를 배고 있는 동안 또다시 새끼를 임신해 엄청나게 빨리 증식할 수 있다. 토끼는 1년에 서너 번 새끼를 낳음으로써 유전적 편차와 적응에 잘 맞출 기회가 있다. 그러나 유전자 돌연변이는 목적에 맞게 진행되지도 않고, 그래서 변화에 특별히 효율적이지도 않다. 변화라고 생각했지만 번식 과정에서 유전자 코드를 잘못 읽은 결과일 수도 있다. 따라서 대부분의 돌연변이는 그 어떤 역할도 하지 않으며, 한다고 해도 완전히 다른 방향으로 갈 수 있다. 하나의 과정에서 우연히 적응을 더 잘하는 나무가 나오려면 1000년이 걸릴지도 모른다. 그렇다면 우연을 차단하고 과정의 속도를 올리는 게 훨씬 더 낫지 않을까? 적어도 우리 인간은 그렇게 한다. 우리는 구두나 문서로 돌연변이가 아니라 습관의 변화에 적응해야 하는 다음 세대에 경험을 전달한다. 나무는 전통적 의미의 문자도 보유하고 있지 않다. 그럼에도 나무는 후손을 위해 정보를 기록한다. 바로 자신들의 유전자에 말이다. 나무가 어떻게 그렇게 할 수 있는지 살펴보기 전에 과거로 잠시 돌아가 제2차 세계대전 이후의 시기를 잠시 들여다보자.

몇십 년 전만 하더라도 과학계에서 유전자 변화는 경험을 통해서가 아니라 오로지 돌연변이를 통해 가능하다는 의견이 지배적이었다. 이런 경험은 다음 세대에 구두로 또는 교육을 통해 전달될 수 있었다. 그러나 제2차 세계대전으로 인해 이런 견해가 바뀌었다. 1944/1945년 겨울에 많은 네덜란드인은 독일의 억압으로 생필품이 부족해 굶주려야만 했다. 추측하건대 임신한 여자들은 이러한 경험을 태어나지 않은 아이의 신진대사에 '영양 부족'이라고 프로그래밍해 전달했을 것이다. 전쟁 이후 식량이 넘쳐날 정도였지만 어머니 배 속에서 전쟁을 겪었던 그룹은 훗날 심각한 건강 문제를 안게 되었다. 그들은 보통 네덜란드인에 비해 과체중일 경우가 많았고, 그 밖의 다른 현대병에 걸리는 경우도 많았다.[12]

우리의 외모와 기능을 결정하는 것은 유일하게 유전자만이 아니라는 사실은 우리 신체의 개별 세포가 보여준다. 이러한 세포에는 이미 완전한 인간에 대한 설계도가 촘촘하고도 왜곡된 상태로 존재한다. 이 같은 DNA는 2미터 길이로 뻗어 있고, 여기에 각각의 신체 부위에 부분적으로 필요한 많은 정보는 분자의 차원에 맞춰진다. 여러분의 손에 있는 세포는 뇌에 있는 세포와 다른 형태다. 하지만 신체는 성장할 때나 부상을 치료할 때 어떻게 거기에 딱 맞는 세포 형태를 만들어내도록 할 수 있을까? 여기에서 후생유전학(後生遺傳學)이 등장하는데, 유전자 가운데 어떤 부분을 켜거나 끌지 결정하는 모든 과정을 말한다. 우리의 DNA는 마치 한 권의 사전이라고 생각할 수 있는데, 이 사전 안에는 우리의 신체 구조와 기능에 대한 전반적 지식이 저장되어 있다. 후생유전학적 과정은 지금 읽어야 할 페이지를 찾아보는 데 도움을 주는 책갈피와 같다.

유전자 코드에 들어 있다가 이 코드를 바꾸는 메틸 분자의 도움을 받으면 책갈피를 끼워놓을 수 있다. 이 같은 변화는 자신이 겪은 경험을 통해 영향을 받으며, 네덜란드에서 겨울에 굶주렸던 사람들이 그와 같은 사례를 보여준다.

뮌헨 공과대학의 과학자들이 아주 오래된 포플러나무를 통해 보여주었듯 나무들 역시 경험을 계속 전달할 능력이 있다. 330년 넘게 오래된 나무는 가뭄이나 온도 같은 환경의 변화에 지속적으로 적응했으며, 이는 나무의 유전자에 분명하게 기록되어 있다. 하지만 오래된 포플러나무의 유전자가 변했다는 사실을 어디에서 알 수 있을까? 아주 간단하다. 서로 멀리 떨어진 가지에 달려 있는 잎을 조사해보면 된다. 가지는 매년 점점 길어지고, 이로써 나이를 더 먹는다. 가장 오래된 부분은 줄기 가까이에 있고, 가지는 줄기에서 밖으로 뻗어나가며, 가장 어린 잎은 나무 꼭대기에 있다. 포플러나무가 수백 년이 지나는 동안 배우고 그들의 유전자도 후생유전학적으로 변한다면, 가장 두드러지게 변화한 것은 가지 끝에 있을 가능성이 많다.

연구원들은 다음과 같은 사실을 입증했다. 즉, 가지에 달린 잎이 서로 멀리 떨어져 있으면 있을수록, '책갈피'와 연관 지어볼 때 그만큼 서로 많은 차이가 났다. 연구 대상인 포플러나무에서 세대가 바뀌며 나타난 돌연변이와 비교할 때, 변화는 많게는 1만 배까지 더 빨리 진행되었을 수도 있다. 게다가 나무가 이렇게 수집한 새로운 것(또는 경험)을 바로 이어지는 자손한테만 전달하는 게 아니라, 많은 세대를 거치면서까지 전달한다는 사실은 잘 알려져 있다.[13] 나무는 해마다 늘어나기 때문에 매년 자손한테 새롭게 적응된 특징을 물려줄 수 있다.

큰 나무의 후손인 어린 나무가 자기 어미로부터 배우는지 여부를 사람들은 어떻게 발견해낼까? 그와 같은 조사는 비용이 많이 들긴 해도 복잡하지는 않다. 숲과 눈〔雪〕 그리고 지형을 탐구하는 스위스 연구 기관 소속 연구원들은 이런 조사를 위해 2003년부터 숲 속 여러 곳에서 자라는 소나무들을 선별해 물을 주었다. 이로써 나무들은 부족함 없이, 오히려 응석받이로 자랄 가능성이 많았다. 10년이 지난 뒤 연구원들은 숲의 일부 구역에서 물을 대주는 일을 그만두었다. 그런 다음 응석받이 소나무의 씨와 물이 부족해 건조한 환경에서 지내야 했던 소나무의 씨를 채집해 비닐하우스에 뿌렸다. 그러자 항상 물을 주었던 어미 나무로부터 채취한 후손은 별도로 물을 공급받지 않은 소나무의 어린 후손보다 건조한 상태를 훨씬 못 견뎠다. 이는 나무가 자신의 지식을 바로 다음 세대에 물려준다는 사실을 입증하는 최초의 증거였다.[14]

비슷한 실험을 위해 나무는 조금 더 여행을 해야만 했다. 거친 노르웨이 지방에서 자란 가문비나무가 멀리 떨어진 오스트리아까지 왔다. 나무는 성장하며 어린 후손을 생산해냈다. 이 경우에도 나무의 학습 효과가 다음 번 세대한테 전달된다는 사실이 드러났다. 이 가문비나무 묘목이 노르웨이에서 자라는 동료들처럼 서리에 견디는 능력을 보여주었던 것이다. 배움은 정반대 방향으로도 작동한다. 남쪽으로 많이 이동해 심은 노르웨이 가문비나무는 북쪽보다 따뜻한 기후에 적응했다. 묘목은 어미 나무처럼 추위에 대한 내성이 더 이상 없었다.[15]

확인되지 않은 의심이 하나 있는데, 오랫동안 살며 여러 세대로 이어지는 나무의 변화는 어쩌면 영원히 지속될지 모른다는 게 그

것이다. 나무의 어미는 마지막 숨을 쉴 때까지 배우기 때문에 이들의 싹은 최신 전략을 장착한다. 어린 싹은 처음부터 시작할 필요도 없고, 모든 실수를 직접 경험할 필요도 없다. 이는 바로 후생유전학 덕분이라고 할 수 있다. 그러니 어미 나무의 나이가 많은 것은 결코 단점이 아니며, 오히려 엄청난 장점으로 작용할 수 있다. 나이를 많이 먹으면 먹을수록 그만큼 더 현명해지고, 어린 후손은 더욱더 적응을 잘할 수 있기 때문이다. 어린 나무는 어미가 수백 년 동안 쌓은 경험으로부터 이득을 얻는데, 여기서 다시 새끼를 잘 낳는 토끼에게로 시선을 돌려보자. 토끼는 잘해야 10년을 살 수 있으며, 그만큼 후생유전학적 능력을 후손에게 적게 전달한다. 이 점에 있어 나무한텐 분명한 장점이 있다.

나무가 살아가면서 배우는 것을 우리는 외부로 뻗어 있는 가지의 끝부분에서 가장 잘 확인할 수 있다. 오래된 나무한테서 나온 가장 최근의 후손 안에는 지금까지 살면서 얻은 그 나무의 지식이 집약되어 있다. 이페나크의 참나무는 놀랍게도 1000년이나 되었다. 로부르참나무(습기가 많았을 수 있다)를 페트라에아참나무(건조했을 수 있다)로 변하게 만들었다는 걸 암시하는 놀라운 잎들의 변화를 상층에 있는 나무 꼭대기의 가지들에서 다량으로 발견할 수 있다. 이들은 나무에서 가장 어린 부분이다. 이런 가지에서 자라난 열매가 비교적 오래된 가지에서 성장하는 열매에 비해 가뭄에 더 잘 적응하는 어린 나무를 만들어낼지 여부를 밝혀낸다면 정말 흥분될 것 같다. 현재 진행되는 연구에 의하면 그럴 가능성이 있는데, 그렇다면 나무는 지금까지 추측한 것보다 더 빨리 기후 변화에 적응할 수 있다는 사실을 증명하는 셈이다. 적응 속도가 충분한지 아닌지는 우리에게 달려 있다. 환경 파괴를 지속함으로써 변화를 가속화시키는 우리 말이다.

너도밤나무와 참나무는 서늘하고 촉촉한 것을 좋아한다. 그래서 우리는 가뭄이 지속되는 여름날을 걱정스럽게 바라본다. 그러나 앞으로 살펴보겠지만, 그것이 중요한 문제는 아닐지도 모른다.

04

겨울에 충분한 수분 빨아들이기

습기도 충분하고 바람도 잔잔한 상태. 이런 날씨면 나는 나무 걱정을 전혀 하지 않는다. 겨울에 바람이 사납게 몰아치면 불안한 마음으로 구부러진 나무 꼭대기를 바라보며 너무 많은 나무가 쓰러지지 않기를 바란다. 여름에 덥고 건조하면 그러잖아도 잔뜩 목이 말라 있는데 엎친 데 덮친 격으로 나무좀의 습격까지 받는 가문비나무를 생각한다. 따뜻한 계절이 돌아와 뇌우를 동반한 날씨가 많은 비를 뿌리면 생각이 많아진다. 활엽수는 겨울의 폭풍에 잘 대처하게끔 최적화해 있고, 그래서 적시에 잎을 떨어뜨림으로써 바람 맞는 면적을 줄여 항상 푸른 침엽수처럼 쉽게 쓰러지지 않는다. 그런데 뇌우와 함께 짧지만 격렬하게 세찬 돌풍이 불면 상황이 달라진다. 이제 잎이 많이 달려 있는 너도밤나무와 참나무도 예상 밖으로 완전히 휘어진다. 활엽수가 쓰러지거나 부러지면 대부분 그와 같은 날씨 탓이다.

당신도 알다시피 산림 감독관은 늘 걱정을 달고 살아야 할지 모른다. 적어도 여름 가뭄과 관련해 내가 하는 걱정은 취리히 국립 공과대학의 연구 팀이 약간 덜어주었다. 연구원들은 스위스의 숲 182곳에서 너도밤나무, 참나무, 가문비나무가 여름 동안 사용하는 물이 어느 계절에 빨아들인 것인지를 조사했다. 여기서 즉흥적으로 이렇게 말할 수도 있다. “당연히 여름이겠지. 아니면 언제란 말인가?” 하지만 놀랍게도 수분을 빨아들인 시기는 주로 겨울이었다! 이때 결정적으로 중요한 것은 따뜻한 달에 내린 비의 양이 아니라 오히려 추운 계절의 강수량이다.

그러나 결과에 대해 우리가 깊이 생각해보기 전에 전혀 다른 의문이 등장한다. 사람들은 어떻게 그것을 알아낼 수 있을까?

우선 겨울비와 여름비의 차이를 연구해야 한다. 이를 위해 과학자들은 땅속에 침투계(浸透計)를 집어넣는데, 이 장치는 120센티미터 깊이까지 들어가 물을 채집할 수 있다. 겨울 강수는 여름 강수와 다른 화학적 기호를 가지며, 겨울과 여름의 땅 구조 또한 다르다. 하지만 나무가 어느 계절의 수분을 사용하는지는 어떻게 알아낼까? 아주 간단하다. 나무 꼭대기에 있는 가지에서 물의 기호를 조사하면 된다. 물론 그렇게 간단한 일은 아니다. 기술자가 헬리콥터에 매달려 나무 꼭대기의 표본을 채취해야 하기 때문이다. 실험실에서 조사한 결과는 이러하다. 즉, 너도밤나무와 참나무는 여름에도 겨울의 물을 마시는 반면, 가문비나무는 어느 계절의 물이든 상관하지 않았다.

여름에는 비가 덜 내려서 나무가 겨울의 물을 더 많이 이용하는 것이라고 생각할 수도 있다. 과학자들이 조사한 스위스의 숲은 그와 같은 경우에 해당하지 않았다. 이곳에서는 연간 강수량 중 대략 58퍼센트가 따뜻한 달에 내린다. 그 밖의 상이한 나무 종류들 사이에서는 차이가 전혀 나지 않았다.

과학자들은 조사 대상인 활엽수와 가문비나무의 차이를 이렇게 설명했다. 즉, 너도밤나무와 참나무는 좀더 깊은 지층에 있는 매우 정교한 땅 구멍에서 습기를 빨아들이는 반면, 가문비나무는 보다 넓은 구멍에서 많은 물을 마신다. 그것도 동일한 숲에서 말이다. 이로써 땅속 깊이 뿌리내린 나무라 할지라도, 많은 산림 감독관이 생각하는 것처럼 물을 마실 때 심하게 방해를 받지는 않는다는 사실을 알 수 있다. 그 밖에 겨울 강수와 여름 강수를 어떻게 구분하는지 또한 매우 쉽게 설명할 수 있다. 요컨대 여름비는 식물에 의해 즉시 흡수 및 증발하는 데 반해, 겨울 강수는 아주 천천히 지극히 작은 구멍까지 침투하며 이 작은 구멍들을 완전히 흠뻑 적실 때까지 스며든다.[16] 이 시기에 나무는 모두 겨울잠을 자는 중이라 물을 전혀 소비하지 않는다. 흙에 따라 1제곱미터당 많게는 200리터까지 물을 흡수해 저장할 수 있다.[17]

이처럼 새롭게 얻은 통찰과 더불어 두 가지 측면이 훨씬 더 중요해진다. 만일 우리가 고향의 활엽수 숲이 잘 지내는지 알고 싶다면, 겨울 강수량을 좀더 주의 깊게 관찰해야 한다. 겨울 강수량은 어쩔 수 없이 감소할 텐데, 기후 변화로 인해 겨울이 지속적으로 줄어들 것이라는 단 한 가지 이유만으로도 그러하다. 환경부의 보고에 의하면, 1961년부터 추운 날이 대략 14일 정도 줄어들었다.[18]

또 다른 딜레마는 심할 경우 70톤에 달할 정도로 무거운 곡물 수확 기계들이 숲을 돌아다녀 지질의 공기를 파괴한다는 점이다. 이런 육중한 기계가 지나가면 예민한 땅은 압축된 스펀지처럼 반응한다. 일반 스펀지와 반대로 땅은 더 이상 이전 상태로 회복하지 않으며, 앞으로도 결코 원상을 회복하지 못한다. 수확 기계가 지나간 곳에는 물도 스며들지 못하고, 그리하여 나무는 겨울에 더 이상 물을 마실 수 없다.

정상적이고 훼손되지 않은 땅에서는 겨울에 저장한 물이 가뭄 시기에도 상당량의 수분을 제공하고, 나무는 이렇게 제공되는 수분을 여름 내내 이용할 수 있다.

이제 우리는 완전히 새로운 시각에서 가을에 떨어지는 낙엽을 볼 수 있다. 지금까지 사람들은 낙엽이 떨어지는 주요 원인은 나무가 받는 심각한 부담을 방지하기 위해서라고 생각했다. 축축한 눈이 바로 그 부담으로 작용한다고 여겼다. 수분을 잔뜩 머금은 눈은 전부 물이 되어 잎에 흡수되고, 그러면 잎이 달린 가지에 엄청난 하중으로 작용할 수 있다는 것이다. 나무한테 이런 하중은 지나치게 부담을 주어 두꺼운 가지가 부러지거나 심지어 나무 전체가 쓰러질 수도 있다. 게다가 잎이 없는 나무는 격렬한 돌풍이 불어도 바람 닿을 면적이 거의 없으므로 훨씬 잘 견딜 수 있다.

그러나 최근에 이루어지고 있는 연구 결과는, 낙엽이 떨어지는 또 다른 원인으로 차단(interception)을 제시한다. 나무에 매달려 있는 강수는 사실 양으로 따지면 엄청나다! 이 물은 땅에 도달하지 않고 잎에 의해 곧장 공기로 증발한다. 그러면 나무한테는 이득이 되지 않는다. 적어도 여름에 한층 강력한 비가 내려야만 나무의 갈증을 해결할 수 있기 때문이다. 이는 겨울에 잠을 자는 동안 잎이 전혀 필요하지 않으므로 얘기가 된다. 빗방울은 아무런 방해도 받지 않고 곧장 지표에 도달할 수 있다.

여름에는 전혀 다른 모습을 띠는데, 여름의 숲은 가장 많은 물을 상실하기 때문이다. 땅 1제곱미터당 상층부에 많게는 27제곱미터의 잎 또는 침엽을 발견할 수 있다.[19] 이러한 잎의 층이 축축해져야 물이 지면까지 내려간다. 이때 나무 종류에 따라 큰 차이가 있다. 활엽수 숲이 적어도 겨울에는 침엽수 숲에 비해 더 많은 빗물을 지면으로 흘려보낸다는 사실은 상당히 논리적이다. 여름 동안 모든 나무는 비슷한 양의 강수를 나무 위에 담고 있는 반면, 겨울이 되면 상당한 차이가 난다. 너도밤나무와 참나무 같은 활엽수는 비가 오면 거의 멈추지 않고 곧장 지면으로 물을 흘려보낸다. 하늘을 향해 비스듬하게 뻗어 있는 가지에 떨어진 빗물은 마치 깔때기처럼 줄기로 흘러가고, 여기에서 급류를 이루며 나무껍질을 거쳐 뿌리까지 내려간다. 항상 녹색을 띠고 있는 가문비나무와 소나무의 경우는 완전히 다르다. 이들은 여름과 전혀 차이가 없다. 추운 겨울에도 강수량의 30~40퍼센트가 나무 위에 달려 있기 때문이다. 이와 반

대로 이런 계절에 발가벗은 활엽수의 경우는 보유하고 있는 물이 8퍼센트를 넘지 않는다.[20]

남아 있는 물은 어떻게 될까, 하는 의문이 든다. 물은 가지·침엽과 잎에 의해 곧장 공기 중으로 증발하고, 이는 나무가 서식하는 숲에는 전혀 도움이 되지 않는다. 상승한 수증기는 다른 장소로 이동해 새로운 비구름을 형성하고, 그곳의 숲에 비를 뿌려주기 때문이다. 이는 숲의 전반적 생태계에는 아무런 역할도 하지 않지만, 지역적으로는 중요한 역할을 한다. 한 그루의 나무한테는 결국 마지막으로 지면에 떨어지고, 이로써 자신의 뿌리까지 도달하는 것만이 중요하다. 침엽수 숲에서는 이와 같은 경우가 비구름이 나무에 내려앉는 숲에 비해 3분의 1가량 적다. 그렇다면 가문비나무와 소나무는 왜 그런 '바보 짓'을 하고, 겨울에도 가지에 잎을 달고 있을까? 물이야말로 생명을 유지할 수 있게 해주는 불로장생의 영약으로 1위에 올라 있는 까닭이다! 그 원인은 침엽수의 고향인 이 지구의 북쪽 지대에 있다. 이곳에서는 여름이 짧고 겨울이 길다. 봄이 되어야 비로소 잎을 만들어내고 가을에 다시 떨어뜨리는 나무는 광합성을 통해 당분을 생산할 시간이 별로 없다. 따라서 이런 추운 곳에서는 항상 준비 상태를 유지해야 한다. 요컨대 나무는 온도가 적절해야 잎을 떨어뜨린다는 얘기다.

빗물은 뿌리에 도착하기 위해 지면에 두껍게 쌓여 있는 낙엽을 통과해야 한다. 우리 고향에서 자라는 나무의 잎은 쉽게 분해되는 이점이 있다. 달리 표현하면, 땅에 사는 생명체는 입맛을 다시며 떨어진 유기 물질에 달려들어 놀라운 속도로 먹어치운다. 우리 고향의 숲이 먹어치우는 잎사귀와 나뭇가지는 매년 1헥타르당 5톤에 달하고, 동일한 면적에 떨어지는 낙엽의 수는 수백만 장이나 된다. 너도밤나무 한 그루만 하더라도 50만 장의 잎을 떨어뜨리며, 많게는 10센티미터 두께의 층으로 쌓일 수 있다.[21] 땅이 어떤 상태인지에 따라 이런 낙엽은 1~3년 동안 먹이로 있다가 결국은 가루 모양의 부식토로 변한다. 이 부식토는 땅에서 물을 저장하는 중요한 역할을 한다. 잎이 리사이클되어 마침내 나무한테 물탱크 같은 역할을 하는 것이다.

가문비나무와 소나무만 단조롭게 심어놓은 농장의 경우에는 이러한 기능이 잘 작동하지 않는다. 침엽수의 잎은 신맛이 나서 땅에 사는 생명체의 입맛을 돋우는 게 아니라 오히려 떨어지게 만든다. 물론 나는 고향에 사는 땅속 생명체는 송진이 가득 포함된 이런 영양분을 섭취한 적이 별로 없어 그럴 수 있다고 생각한다.

빗물은 가문비나무와 소나무의 두꺼운 층에도 불구하고 지면에 도달하지만 이어서 다음 방해물과 대면한다. 떨어져서 몇 년이 된 침엽은 흔히 두꺼운 양탄자를 형성한다. 나 역시 이런 침엽 양탄자가 방수 효과를 하는 바람에 오랜 기간 동안 가뭄을 겪은 뒤 물이 침투하도록 내버려두지 않고 오히려 방울져 흘러내리게 하는 광경을 자주 봤다. 여름 가뭄이 늘어나자 그토록 많은 대규모 농장에서 자라던 나무들이 죽어가는 것도 결코 놀랄 일이 아니다. 가문비나무는 너도밤나무나 참나무와 반대로 여름 강수에 의존하기 때문이다.

어떤 숲이 지하수 위에 있느냐는 상당히 중요한 질문이다. 깊은 곳에까지 도달한 물은 전반적인 과정이 일어나고 난 뒤에 남은 것이다. 많은 양이 나무 위에서 증발하거나 지면을 따라 흘러가고, 또 많은 양이 부식토와 땅에 침투해 이곳에 저장된다. 여기에서 성장하는 나무한테 필요한 물의 양은 매우 중요하다. 나무 한 그루가 더운 여름날 하루 동안 마시는 물은 많게는 500리터에 달한다. 그러므로 지하수는 나무의 식탁으로부터 고작 부스러기에 불과한 찌꺼기나 몇 방울 정도의 물을 얻는 데 불과하다. 사용하고 남은 물을 어떻게 하는지는 나무마다 매우 다르다. 자연적인 너도밤나무 숲은 대규모 소나무 농장과 비교하면 그야말로 많이 베푸는 편이며, 침엽이 달린 동료들에 비해 3~5배나 많은 물을 흘려보낼 수 있다.[22]

침엽수 가운데 예외적인 것으로는 낙엽송을 꼽을 수 있다. 이 나무는 유럽의 산에 서식하며 가을에 활엽수와 함께 잎을 떨어뜨리는 유일한 토종 침엽수다. 흔히 이것을 가문비나무나 소나무와 함께 대규모 농장에 식목하곤 하는데, 이런 곳에 심어서는 안 된다. 그럼에도 낙엽송은 약간 많은 점수를 받을 수 있다. 한편으로 겨울에 헐벗은 나무는 활엽수와 마찬가지로 폭풍이 불어도 잘 견딜 수 있으며, 다른 한편으로 너도밤나무나 참나무처럼 11월부터 4월까지 내리는 강수를 거르지 않고 곧장 땅으로 흘려보낼 수 있다. 나는 낙엽송의 이러한 특징이 우연이라고 믿지 않는다. 낙엽송은 태어날 때부터 습기 많은 곳을 터전으로 삼으며, 따라서 소나무에 비해 더 많은 물을 필요로 한다. 낙엽송이 활엽수와 비슷한 전략을 이용하게 된 원인은 진화 과정에서 그럴 수밖에 없었던 것 아닐까?

가을이 다가와 잎이 서서히 물들면, 당신도 나무가 아직 얼마만큼 건강한 상태인지 직접 예측해볼 수 있다. 잎의 색깔만 유심히 살펴보면 된다. 적어도 몇몇 나무 종은 잎의 색깔만으로도 다른 동료 나무에 비해 얼마나 건강한지 알려준다.

05

벌레를 막으려는 빨간색 잎

2020년 10월에 눈에 띄는 일이 벌어졌다. 가을이 되면 떨어지는 낙엽의 알록달록한 색의 향연이 보통 때와 달리 그렇게 화려하지 않았다. 녹색, 노란색, 갈색은 예년처럼 볼 수 있었다. 무엇보다 노란색은 늘 그렇듯 구름을 뚫고 반짝이는 햇빛처럼 명랑하게 빛났다. 그러나 우리의 말들이 뛰어노는 목장에서 자라는 벚나무와 화려한 배나무는 보통 더 많은 색깔을 보여주곤 했다. 오렌지색부터 심홍색까지 그야말로 불꽃놀이를 연상케 하는 장관이었다. 특히 벚나무는 8월 말부터 잎을 떨어뜨리기 시작하는데, 이때쯤이면 벌써 배가 불러서 가게 문을 닫아야 하기 때문이다. 습기 많고 따뜻한 해에 벚나무는 다른 나무들에 비해 더 빨리 당분을 저장할 수 있는 것 같다. 저장 조직이 가득 차면 광합성을 하는 게 더 이상 아무런 의미도 없다. 2020년 여름에는 상황이 전혀 달랐다. 잎의 변색과 포만의 흔적을 찾을 수 없었다. 단지 여기저기에 갈색으로 변한 잎이 보였을 뿐이다. 이 나무들은 주변의 숲 전체와 마찬가지로 가뭄에 고통을 당하고 있었던 것이다. 벚나무가 보통 때처럼 8월 말이 아니라 10월 말에 다른 모든 활엽수와 함께 녹색에서 노란색으로 바뀌었다. 이는 그제야 잎에 저장해두었던 영양분을 다 흡수했다는 의미였는데, 나는 이런 모습을 보고도 전혀 놀라지 않았다.

가을에 잎이 노란색으로 변하는 것은 결코 적극적인 과정이 아니다. 나무가 겨울잠을 준비하는 동안에 일어나는 과정일 따름이다. 이때 나무는 엽록소를 분해해서 천천히 가지, 줄기, 뿌리로 잡아당긴다. 이 엽록소는 이듬해에 다시 새로운 잎을 만드는 데 쓰이기 전까지 겨울 동안 저장된다. 가을에 녹색이 사라지면 노란색 카로티노이드(carotinoid)가 드러난다. 이 노란색 카로티노이드는 갑자기 생긴 게 아니라, 이미 잎 속에 들어 있었지만 녹색 색소에 의해 가려져 보이지 않았을 뿐이다.

빨간색은 전혀 다르다. 나무는 우선 이 색을 만들고 나서 적극적으로 펌프질을 해 잎들한테 보내야 한다. 빨간색은 차선의 진행 방향과 반대로 나아가는 운전자 같은 색깔이다. 연구자들은 오늘날까지도 왜 나무가 이와 같은 수고를 하는지 그 원인을 알아내기 위해 노력하고 있다. 겨울이 예정보다 일찍 닥칠 수 있는 위험한 순간에 빨간 색소를 만드는 행위는 많은 에너지와 시간이 필요한 일이다. 나무는 다른 색소를 만들어 잎한테 내보내는 대신, 오히려 가능한 한 빨리 자신에게 남아 있는 유용한 성분을 안전하게 가지와 줄기로 보내기 위해 온 힘을 다해야 한다. 막강한 첫 추위가 몰려오면, 너도밤나무와 참나무는 어쩔 수 없이 겨울잠에 들어가야 하기 때문이다. 이때까지 해결하지 못한 모든 과제는 이제 내버려둬야 한다.

일반적으로 통용되는 설명은 이러하다. 즉, 나무는 마치 자외선을 쬐면 점차 어두워지는 우리의 피부와 비슷하게 잎을 보호하는 일종의 햇빛 차단제를 생산한다는 것이다. 하지만 하필이면 잎이 떨어지기 바로 얼마 전에 햇빛으로부터 보호를 해야 한다고? 연구자들은 녹색의 엽록소가 분해 및 회수되면, 특히 민감해질 수밖에 없을 것이라는 가설을 세웠다.[23] 세포는 여전히 살아 있고, 그러면 나무는 잎에 남아 있는 마지막 영양분을 가능한 한 신속하게 끌어와서 세포를 구해야 한다. 그런데 손상당한 조직은 살아날 수 없을 것이다.

또 다른 설명은 최소한 논리적으로 보이긴 한다. 즉, 빨간색 색소는 잎을 갉아먹으려는 곤충을 깜짝 놀라게 하는 게 목적이라는 것이다. 나무는 빨간색으로 자신이 아직 건재함을 보여주고 아마 이렇게 말할 것이다. "이것 봐, 기생충들아! 가을인데도 나는 아직 이렇게 힘이 넘쳐나고, 그래서 잎사귀를 빨갛게 염색할 수 있다고. 그러니 이곳에 눌러앉을 생각일랑 말아. 내년에 내가 독성 물질로 너희를 막아낼 테니까!" 그러니 자신을 빨간색으로 물들인 나무는 허풍쟁이일 수 있다. 그러나 이렇게 간단한 문제는 아니다. 잎사귀를 먹는 진딧물 같은 곤충에겐 이와 관련해 하고 싶은 말이 있기 때문이다. 이들 곤충의 눈엔 빨간색을 감지할 수 있는 수용체가 없다. 그래서 빨간색을 인식하지 못한다. 다시 말해, 곤충은 빨간색을 볼 수 없다. 그럼에도 나무가 빨간색을 선택한 것은 그게 모종의 역할을 한다는 의미인데, 이에 관해서는 잠시 후에 더 많이 얘기할 것이다.

나무처럼 곤충도 겨울을 준비한다. 많은 곤충은 아주 간단하게 준비를 마친다. 바로 죽는 것이다. 그러나 죽기 전에 한 번 알을 낳는다. 금방 태어난 어린 후손이 이듬해에 먹이를 찾아 멀리 가지 않아도 되게끔, 곤충의 어미는 알을 적절하다고 여겨지는 나무껍질 틈 사이에 낳는다. 나무는 독성 띤 성분을 잎에 저장함으로써 기생충의 습격을 막을 수 있다. 물론 그렇게 하려면 나무가 건강해야 한다. 병든 나무가 얼마나 공격을 잘 받는지는 대규모 농장에 심어둔 가문비나무와 소나무를 보면 알 수 있다. 침엽수가 스트레스를 받아서 자신을 뚫고 들어오는 걸 더 이상 방어하지 못하면, 나무좀은 나무의 이런 상태를 그야말로 냄새로 잘 알아차린다.

나무좀하고 가문비나무와 비슷한 한 쌍은 진딧물하고 사과나무다. 어쩌면 당신도 정원에서 이런 일을 목격했을 수 있다. 봄이 되어 마침내 보드라운 잎이 등장하는가 싶었는데, 모든 잎이 금세 발톱처럼 안으로 구부러지는 현상이다. 안을 들여다보면 그 원인을 알 수 있다. 진딧물이 빨대 모양의 주둥이로 쿡 찔러서 달콤한 즙을 빨아먹기 위해 이 보드라운 조직을 이용하는 것이다. 강력한 병충해는 싹의 성장을 방해하고, 그러면 사과나무는 높이 자라기 위한 수고를 해야 한다. 불구가 되어버린 어린 싹이 가지에 달려 있을 수 없으면 나무는 지극히 쇠약해져버린다. 이것으로 끝이 아니다. 게다가 이 초대받지 않은 손님들은 바이러스, 균류 또는 박테리아 병원균을 옮길 수도 있다. 간단하게 말해서 진딧물은 나무한테 진정한 의미에서 재앙이다. 이 작은 해충이 나무에서 멀리 떨어져 있다면 좋을 텐데 말이다. 그렇지 않은가?

건강한 사과나무는 그렇게 할 수 있는 것처럼 보인다. 이들은 잎이 떨어지기 전에 빨갛게 물들인다. 가을에 잎이 붉게 물드는 다른 많은 활엽수의 경우에도 비슷한 현상을 관찰할 수 있다. 장기간 과학자들이 실시한 조사에 의하면, 기본적으로 가을에 빨간색 낙엽이 달리는 모든 종류의 나무는 특히 많은 진딧물을 퇴치한다고 한다. 이는 공진화(co-evolution, 共進化) 현상 때문인 것으로 보인다. 먹고 먹히는 관계가 공통적으로 발전하고 피해와 방어가 함께 진화한 결과인 것이다.

다시 한번 언급하지만, 진딧물은 빨간색을 볼 수 없다. 그럼에도 진딧물이 빨간색으로 물들인 나무를 공격하는 횟수가 적다는 자료들이 있다. 게다가 진딧물의 후손은 가을에 노란색 잎이 달려 있는 같은 종의 나무에서 자랄 때와 달리 빨간색 잎이 달려 있는 나무에서는 건강하지 못하다.[24]

빨간색 잎을 가진 나무는 경고를 하지 못한다. 비록 인간은 경고하는 것처럼 느끼더라도 말이다. 우리가 세상을 진딧물의 눈으로 관찰하면, 해결책이 나올 수 있다. 진딧물은 가을에 자기 새끼가 가장 좋은 조건에서 자랄 수 있는 나무를 물색한다. 녹색 잎과 노란색 잎은 눈에 잘 띄며 매력적인 신호로 보여 이런 나무의 줄기와 가지에 알을 낳고 싶게 만든다. 따라서 빨간색은 결코 경고색이 아니라 위장색인 것이다! 우리 인간에게 특별히 눈에 띄는 것이 진딧물의 눈에는 단지 파란색과 녹색이 혼합된 것이며 눈에 띄지도 않고 그냥 사라진다.[25]

하버드 대학의 식물학자 마르코 아르체티(Marco Archetti)는 진딧물과 나무의 관계를 다시 한번 정확하게 들여다보고 싶어 사과나무에 있는 진딧물의 건강 상태를 조사해보기로 했다. 사과나무는 야생으로도 자라나고 또한 사람이 키우는 경우도 많으므로 연구하기에 장점이 매우 많다. 야생에서 자라는 사과나무는 수천 년 동안 진딧물과 함께 사는 데 적응해왔고, 이로부터 사람의 손에 의해 자라는 품종과는 다른 자체적인 전략을 개발할 수 있었다. 우리 인간은 수확량에 관심을 갖기에 크고 예쁘고 맛있는 나무만 재배한다. 그래서 진화상 발전해야 한다는 압박감을 진딧물이 아니라 인간에 의해 받는다. 이렇게 사과나무는 우리 인간이 원하는 것에 적응하게 되는데, 이러한 도태 기준은 문화 지형에서 살아남기 위해 중요한 요소이기 때문이다. 이때 다른 특징, 특히 우리가 지금까지 몰랐던 관계는 무시당한다. 사람이 재배하는 사과나무가 진딧물을 막아내기 위해 빨간색을 띠는 것은 과거에 전혀 중요하지 않았다. 지금껏 정원사들이 이런 사실을 어떻게 전혀 모를 수 있었을까. 사과나무 재배가 수천 년 전부터 이뤄져오는 동안 가을의 빨간색이 많은 재배종한테서 사라져버렸다.

연관성의 근거를 확실하게 얻기 위해 아르체티는 봄에 진딧물의 생존율을 검사했다. 가을에 녹색 잎을 달고 있는 사과나무에서 진딧물은 61퍼센트 살아남았고, 노란색을 띤 나무에서는 55퍼센트 살아남았다. 그런데 빨간색을 띤 나무에서는 그 수치가 29퍼센트까지 떨어졌다.

만일 빨간색이 훌륭한 방어 전략이라면, 왜 모든 사과나무가 이를 선택하지 않는 것일까? 아르체티에 의하면, 사람들이 재배한다는 조건 외에 또 다른 특징이 이런 의문에 대한 설명을 제공한다. 진딧물이 옮기는 무서운 부란병(腐爛病) 같은 질병에 대한 예민함이 그것이다. 특별히 병에 잘 걸리는 품종은 질병을 옮기는 곤충을 강력하게 방어해야 하는 반면, 튼튼한 종은 진딧물이 급습하더라도 그럭저럭 잘 견딜 수 있다. 아르체티가 북아메리카에서 자라는 사과나무를 조사해보니 바로 이런 사실이 드러났다. 즉, 사람이 재배하는 사과나무임에도 불구하고 질병에 예민한 재배 품종은 빨간색으로 변색되었다.[26]

2020년 10월로 돌아가보자. 길고도 혹독했던 여름이 지나자 독일의 많은 지역에서 나무의 빨간색 잎을 거의 찾아볼 수 없었다. 벚나무·사과나무 또는 야생의 블랙손(blackthorn) 같은 덤불도 녹색에서 노란색으로 바뀌었지만, 살짝 오렌지색을 띠는 경우조차 매우 드물었다. 빨간 색소를 만드는 것이 적극적이고도 힘든 과정이라는 사실을 안다면, 그런 장면을 보더라도 더 이상 놀라워할 필요가 없다. 다가올 봄까지 잘 견뎌내기 위해 진딧물의 공격을 막는 일이 매우 중요하긴 하지만, 그것보다 우선 저장해둔 영양분으로 버텨야 하는 긴긴 겨울이 기다리고 있다.

활엽수는 겨울잠에 들기 전 연어를 너무 적게 잡아먹어서 지방층이 지나치게 얇아진 회색곰과 비슷한 상황에 처한다. 다가올 겨울을 버티지 못할 수도 있다는 두려움에 빠진 나무는 가을에 저장해둔 소량의 에너지 가운데 약간이라도 투자해서 색깔 변색에 사용할 수는 없다. 진딧물에 대한 방어는 나무가 새로운 잎을 만들어 놓은 다음에야 비로소 맞이하는 문제다. 새로운 잎을 만든 나무는 금방 당분을 생산한다. 초대받지 않은 손님들이 이 잎을 갉아먹더라도 나무는 하루하루 생존할 기회가 더 많아진다.

스위스에서 진행한 최신 연구는 뒤바뀐 현상, 그러니까 나무가 당분을 일찌감치 배불리 섭취하는 현상에 대해 언급하고 있다. 취리히 공과대학의 연구원들이 활엽수가 기후 변화로 인해 태도를 바꾸고 있다는 사실을 보여주었다. 활엽수가 예전보다 더 이른 시기에 낙엽을 떨어뜨린다는 것이다. 지금까지 과학자들은 기후 변화와 따뜻해진 가을로 인해 낙엽이 2~3주 더 늦게 떨어질 것이라고 예상했다. 그런데 데보라 차니(Deborah Zani)가 이끄는 연구 팀이 밝혀냈듯 상황은 완전히 반대로 진행되었다. 차니는 다가올 10년 동안 나무들이 화려한 낙엽을 평년에 비해 3~10일 더 일찍 떨어뜨릴 것이라고 내다보았다. 기후 온난화로 인해 다음 해에 2주 정도 일찍 잎을 생산하고, 그에 맞게 잎이 더 일찍 노령화하는 게 원인이라고 한다.

노령화? 나는 이 말을 믿지 않는다. 내가 북쪽 경사 지역에서 직접 관찰했듯 가물었던 여름이 지난 뒤에도 많은 나무가 특별히 오랫동안 잎을 떨어뜨리지 않고 있었기 때문이다. 물이 부족한 시기에는 당분을 생산할 수 없다. 그래서 나무가 10월에도 여전히 배를 곯았다고 해서 절대 놀라운 일은 아니다. 10월 말에 들어서야, 심지어 11월 초에야 태양이 돛을 달고 출발했지만 잎은 별다른 문제없이 몇 주 동안 자신의 기능을 최대한 발휘했다.

내가 생각하기에 이 연구가 보여준 또 다른 증거는 사실에 훨씬 더 근접해 있다. 차니와 그의 팀은 나무가 땅과 경계를 이루는 곳에 있는 이산화탄소를 제한적으로 흡수한다는 사실을 지적했다.[27] 내가 이를 달리 표현해보겠다. 나무가 이듬해 봄에 보통 때보다 2주 더 일찍 잎을 만들면, 이 계절의 끝 무렵에 영양분 섭취하는 일을 보다 더 일찍 그만둘 거라는 게 논리적인 해석이다. 당분을 저장 조직에 비축해두어야 하고, 그러다 보면 언젠가는 당분이 가득 차게 된다. 나무는 우리처럼 필요에 따라 외부로 팽창하는 지방층을 만들 수 없다. 따라서 배가 완전히 부르면 영양분의 흡수를 중단할 시간이 됐음을 의미한다. 그렇게 하려면 간단하게 잎의 밑부분에 있는 작은 구멍만 닫아버리면 그만인데, 무엇 때문에 이 시점에서 겨울잠을 기다려야 한단 말인가? 따라서 보통 때보다 며칠 더 일찍 낙엽을 떨어뜨리면 된다. 적어도 여름에 갈증 때문에 힘들지 않았다면 말이다.

떨어뜨린다는 말이 나왔으니 이런 얘기도 하고 싶다. 2020년 8월 더위가 기승을 부릴 때 우리의 오래된 너도밤나무 구역을 돌아다니던 내게 또 다른 변화가 눈에 띄었다. 지난가을 떨어진 오래된 낙엽들이 두꺼운 층을 이루며 땅을 덮고 있었다. 예전만 하더라도 이런 주제엔 그다지 신경을 쓰지 않았지만, 땅이 점점 건조해지자 나는 규칙적으로 테스트를 해보았다. 땅의 습기가 얼마나 오랫동안 갈 수 있는지 알아보기 위한 검사였다. 당신도 집에 있는 정원이나 숲에서 직접 이런 테스트를 해볼 수 있다. 부식토를 살살 파서 옆으로 밀어놓고 엄지와 검지로 흙을 약간 집는다. 그런 다음 작은 쟁반이나 판에 올려놓고 꾹꾹 눌러본다. 이때는 흙에 충분한 습기가 있다. 만일 손가락 사이로 흙이 잘게 부스러지면 뿌리가 이미 너무 건조하다는 뜻이다.

나는 잠시 그토록 많은 오래된 낙엽이 썩지도 않은 채 왜 땅에 쌓여 있는지 궁금했지만, 이내 비료를 생각했다. 이 낙엽들은 내부가 충분히 축축해야만 분해된다. 논리적이다. 물이 없으면 균류와 박테리아가 일을 할 수 없을 테니 말이다. 사람은 식품을 오래 보존하기 위해 건조시키곤 하는데, 이것이 세상에서 가장 오래된 방법인 데는 다 까닭이 있다. 가뭄이 지속되자 오래된 낙엽들한테도 그와 같은 일이 발생했다. 오래된 낙엽은 나무한테 장점으로도, 단점으로도 작용한다. 가뭄이 지속되는 동안 두꺼운 낙엽 층은 땅이 건조해지는 속도를 늦추어주는 반면, 비가 내릴 때는 아쉽게도 아주 미세한 빗줄기가 땅에 도달하는 것을 방해한다. 빗방울은 우선 잎을 적시고, 그 밖에 모든 것을 적시고 나서야 땅으로 흘러든다.

겨울을 포함한 반년 동안의 강수량만 중요한 것은 아니다. 겨울 동안 제대로 추운 것도 나무한테는 매우 중요하다. 그렇지 않으면 봄이 되어 일사불란하게 잎을 만들어내지 못한다. 너도밤나무와 참나무가 가장 배고픈 이 계절에 새로운 잎을 만들어내지 못하면, 이것이 나무한테는 또 다른 부담으로 작용한다.

06

아침 형과 늦잠 형

많은 사람은 이미 이렇게 해봤을 것이다. 가을에 숲으로 산책을 갔다가 떡갈나무나 너도밤나무 열매의 어린 식물을 가져와 화분에 넣고 창가에 진열해둔 경험 말이다. 그러나 이 식물은 거실에서 오래 살지 못한다. 그 이유는 진정한 겨울을 맛보지 못하기 때문이다. 많은 동물처럼 나무도 추운 계절에는 쉬어야 한다. 잠을 자기 위해 나무는 짧은 낮 시간과 추위도 필요하다. 그렇지 않으면 겨울잠은 시기보다 일찍 닥친 죽음으로 이어질 수 있다. 화분에 심은 어린 식물은 외부에서 자라야 오래 살아남을 수 있다.

하지만 자유로운 야생의 땅에서도 기온이 점점 올라가고 있다. 겨울은 점점 늦게 닥치고 더 일찍 끝난다. 따라서 나무의 수면 시간은 지속적으로 줄어든다는 말이 논리적으로 들리지 않는가? 게다가 우리는 이미 4월에 거의 여름 같은 날씨를 경험한다. 유명한

노래 '5월이 왔네. 나무들이 활짝 펼치고 있어'에서 '5월'이라는 단어를 바꿔야 할 것 같다. 보드라운 녹색 잎이 몇 주 전에 이미 가지에 등장한다. 예전보다 따뜻해진 가을을 고려한다면, 독일 기상청의 보고대로 식물의 휴식 기간은 대략 2주나 짧아졌다.[28]

이것은 물론 사람들이 처음 추측했던 것처럼 나무한테 장점으로 작용하지 않는다. 나무는 4월에 광합성을 활발하게 할 수 있기 때문에 배고픔을 보다 일찍 잠재울 수 있다. 그러나 이 계절에는 기후 변화에도 전혀 영향을 받지 않는 날씨상의 위험이 웅크리고 있는데, 바로 늦은 서리다. 지난 2020년처럼 5월 중순까지 맑은 밤의 기온이 영하로 떨어지는 일이 규칙적으로 일어나곤 한다. 그러면 금방 돋아난 잎은 대부분 얼어 죽고, 이는 나무한테 건강상 끔찍한 타격을 입힌다. 나무는 이제 마지막 남은 저장품을 이용해 다시 한 번 싹을 틔워야 한다. 만일 이 시기에 나무가 병들면, 균류와 박테리아를 방어할 기력이 더 이상 남아 있지 않다.

겨울이 따뜻하면 할수록 일찌감치 등장한 싹이 죽어버릴 위험은 더욱더 커진다. 1월에도 너무 따뜻한 날이 많아 두루미가 에스파냐로 되돌아가곤 한다. 그러다 2월이 되어 막강한 추위가 몰려오면 두루미는 또다시 남쪽으로 날아가야 한다. 나무는 이처럼 왔다 갔다 하는 방식으로 왕래할 수 없다. 결국 나무는 인내하며 기다리는 수밖에 없다. 너도밤나무는 기온만 믿지 않고 늘어나는 낮 길이가 최소 13시간이 될 때까지 기다린다. 그런 다음 신선한 잎을 만들어낸다. 늦서리에 대한 두려움이 겨울잠을 자고 난 뒤에 나무를 괴롭히는 굶주림보다 더 큰 것 같다. 독일에서 이 정도의 낮 길이는 4월 23일에야 볼 수 있다.[29] 봄에 숲으로 산책을 갈 때, 당신 집 앞에서 자라는 너도밤나무가 이와 같은 시간표를 잘 지키고 있는지 유심히 관찰해보길 바란다.

나무한테 필요한 추위와 관련한 주제로 다시 돌아가자. 토종 나무는 겨울 추위라는 자극이 없으면 가을과 봄 사이에 겨울이 있고, 그렇게 또다시 반년이 지나갔다는 사실을 모른다. 어쩌면 나무도 우리 인간과 비슷할지 모른다. 우리도 어둠 속에서 깨어나면 시계를 보지 않고서는 몇 시인지, 그리고 다시 누워도 되는지 모를 수 있다.

너도밤나무와 단풍나무는 기온이 섭씨 4도 이상에 달해야만 늦은 봄에 정확하게 싹을 틔운다. 이러한 조건이 조성되지 않으면, 나무는 겨울잠에서 제대로 깨어나지 못하고 여전히 겨울이 지나가길 기다린다. 극단적인 경우에는 많은 가지에서 더 이상 싹이 돋아나지 않을 수도 있다.[30] 따뜻한 겨울이 보통 때보다 일찍 싹을 돋게 한다는 일반적 상식과는 정반대 효과를 낼 수 있다.

겨울 추위는 나무한테 영향을 줄 수 없지만, 여름 기온은 전혀 다른 것으로 보인다. 오랫동안 지속되는 건조한 기간과 동반해서 몰려오는 더위는 너도밤나무나 참나무가 그리워하는 일이 전혀 아니다. 이들 나무한테는 따뜻한 계절에도 낮은 기온이 의미가 있다. 여기저기에 햇살이 뜨겁게 비치거나 많은 비가 오더라도 결코 섭씨

25도를 넘지 않으면 나무한테는 꿈에 그리던 여름이 될 수 있다. 우리 인간은 이미 유용한 일기 예보를 통해 싸우고 있지만(적어도 3일 이상을 내다보기 위해), 나무는 단박에 역습을 한다. 지역의 날씨를 직접 만들어낼 수 있다면 무엇 때문에 일기 예보가 필요하겠는가? 물론 혼자서는 그렇게 할 수 없다. 지역의 날씨를 직접 만들어내려면 숲에 있는 모든 나무라는 거대한 공동체가 함께 작업을 해야만 한다. 이것이 어떻게 작동하는지 나는 자연 숲 보호 지역으로 지정되어 있는 '하일리겐할렌(Heiligen Hallen)'에서 경험했다. 나는 이 보호 지구에서 이 문제를 연구하는 전문가 한 사람을 만났다.

07

냉난방 장치 숲

나는 영화 〈나무의 비밀스러운 삶〉을 촬영하는 동안 나무와 기후 변화에 대한 주제와 관련해 감탄을 연발할 수밖에 없었다. 촬영 팀과 나는 에베르스발데(Everswalde) 단과대학에 근무하는 피레 이비슈(Pierre Ibisch) 교수를—다정다감한 남자로, 아이펠 고원에 있는 나의 산림 감시 구역에서 본 적이 있어 이미 대단한 분이라는 걸 알고 있었다—하일리겐할렌에서 만났다. 이곳은 건물이 아니라, 독일에서 가장 오래된 너도밤나무 숲 가운데 하나다. 이곳에서 자라는 몇몇 너도밤나무는 수령이 300년 이상 되었으며, 사소하게 사람들이 개입한 경우를 제외하고는 150년 전부터 그 어떤 나무도 베어내지 않았다. 일단 숲으로 들어가면 원시림 분위기가 방문자를 에워싸는데, 중부 유럽에는 이런 숲이 존재하지 않는다. 쓰러진 거대한 나무는 균류가 풍기는 향긋한 냄새를 공기 중에 남기고, 셀 수 없이 많은 어린 활엽수는 희미한 빛을 받으며 아주 천천히 성장한다. 아마도 한때는 중부 유럽과 서부 유럽에서도 이런 모습을 볼 수 있었으리라!

피레 이비슈는 나를 비롯한 촬영 팀과 함께 보호 구역을 돌아다녔다. 우리는 곳곳에서 작은 기적들을 보고 놀라지 않을 수 없었다. 가령 부러진 거대한 너도밤나무에서 가느다란 가지가 높이 뻗어 있었다. 4미터가량 되는 이 이쑤시개 같은 가지에서 새롭게 보드라운 나무가 생겨났는데, 여기에 달려 있는 잎과 그 안에서 만들어진 당분을 통해 늙은 나무와 특히 오래된 뿌리가 생명을 유지했다.

그런가 하면 완전히 썩어 길쭉한 언덕처럼 보이는 나무줄기도 있었다. 몇 주 전부터 비가 오지 않아 경작지는 먼지가 풀풀 날릴 정도로 건조했으나 나무의 표면은 여전히 촉촉했다. 피레 이비슈는 나한테 나무를 만져보라고 권했다. 부스러지는 성분은 마치 스펀지 같았다. 내가 손으로 누르자 부패한 나무에서 물이 흘러나왔다. 이처럼 오래된 소규모 너도밤나무 숲이 습기로 가득 차 있었는데, 지난겨울의 가뭄을 고려하면 작은 기적이라 해도 과언이 아니었다.

보호 구역 입구에서 전문가와 첫 대화를 나눌 때 나는 감탄하지 않을 수 없었다. 내가 보는 앞에서 피레 이비슈는 나무 식탁 위에 지도를 펼쳐놓았다. 지도에는 베를린 성문 앞에 있는 다양한 지형이 표시되어 있었다. 일반 지형학 지도에서처럼 초원, 경작지, 숲, 호수와 거주지가 각각 다양한 색으로 칠해져 있었다. 또 다른 지도에는 동일한 지형이 무지개 색으로 칠해져 있었다. 피레 이비슈가

두 번째 지도는 온도를 표시한 것이라고 설명해주었다. 색깔은 일상적으로 사용하는 파란색부터 녹색·노란색·오렌지색 그리고 빨간색으로 구분했는데, 파란색에서 빨간색 쪽으로 갈수록 온도가 높아지는 걸 표시한다고 했다.

이 지도는 15년 동안 인공위성으로 측정해 만든 것이다. 여름에 속하는 6~8월에 인공위성이 지면을 훤히 잘 관찰할 수 있도록 구름 없는 날에 측정해 총 470일간의 자료가 탄생할 수 있었다.

항상 오후 12시에 하늘을 나는 스파이, 즉 인공위성이 베를린 상공에 있을 때 지표면의 온도를 측정했다. 2017년에 이러한 측정을 끝마쳤는데, 더 높은 온도를 기록한 혹독한 여름이 닥치기 전이었다. 그럼에도 측정 결과는 전율을 일으킨다. 온도를 기록한 지도를 보면, 더위는 기후 변화로 인해 유발되었을 뿐 아니라 자연에 있는 숲의 파괴, 지형의 변화, 숲에 건설한 대규모 농장과 경작지 그리고 거주지로 인해 대대적으로 발생했다는 사실을 알 수 있다.

지도에 베를린은 심홍색으로 표시된 반면, 주변 호수들은 진한 파란색이었다. 15년 넘게 베를린의 여름날 오후 온도는 약 섭씨 33도를 기록했는데, 어떤 지역의 물 표면은 섭씨 19도를 넘지 않았다. 이는 전혀 놀랄 일이 아니다. 이런 말이 진부하게 들릴 수 있겠지만, 아스팔트와 시멘트는 온도가 쉽게 올라간다. 특히 큰 강에 비하면 훨씬 빨리 올라간다. 물론 도시와 시골의 온도 차이를 측정하는 것이 주요 목표는 아니었다. 여름 동안 주변에 있는 숲은 어땠는지가 훨씬 더 흥미로웠다. 색깔로 온도를 표시한 지도를 봤을 때 처음엔 호수와 숲이 잘 구분되지 않았다. 서늘한 색깔로 표시한 점들은 활엽수 숲이었는데, 그 조사 결과를 다시 한번 직접 확인해야 할 정도였다. 너도밤나무와 참나무는 강처럼 행동할 수 있었다! 숲이 지형의 온도를 낮추어준 것이다. 베를린 같은 도시와 오래된 숲의 온도 차이는 약 섭씨 15도에 달했다.

초원과 경작지가 있는 들판은 여전히 많게는 섭씨 10도까지 더 따뜻하지만, 무엇보다 나를 놀라게 한 것은 대규모 소나무 농장이었다. 조사 결과에 의하면, 황량한 단종 재배 농지는 진정한 의미의 숲을 결코 대체할 수 없다는 사실이 밝혀졌다. 농장의 온도는 오래된 활엽수 숲과 비교했을 때 많게는 섭씨 8도까지 높았다. 또한 이 침엽수림은 잎에 강수를 더 많이 보유하고 있어 밑에 있는 땅은 훨씬 더 건조했다.

휴식을 제공하는 작은 숲이 주변 지역의 기후에 얼마나 유용한지는 함바흐(Hambach) 숲에서도 볼 수 있다. 이곳은 독일에서 가장 유명한 숲 가운데 하나인데, 에너지 전환기의 상징이 되었기 때문이다. 갈탄을 노천 채굴하는 기계가 숲에서 불과 몇 미터 떨어지지 않은 곳까지 근접해 있어 숲의 종말이 확실한 것처럼 보였다. 한때 나무들이 40제곱킬로미터 정도 가득 차 있었지만 이제 2제곱킬로미터가량만 남아 있을 뿐이다. 마지막 남은 나무들에 대한 벌채는 환경 운동가와 행동주의자들의 반대와 뮌스터(Münster) 상급행정법원[31]의 잠정적인 조치로 연방 정부와 주 정부 간 합의를 통해 마침내 중단되었다.

장차 이 숲을 구할 수 있을까? 숲 아랫부분에는 300미터 넘는 거대하고 깊은 채광지(採鑛地)가 마치 하품을 하듯 입을 떡하니 벌리고 있다. 이곳에서는 여름이 되면 뜨거운 바람이 위로 올라가고, 이로 인해 막강한 소용돌이를 일으킨다. 이 소용돌이는 활엽수 숲에서 오래된 나무들이 힘들게 만든 서늘하고 축축한 공기를 빼앗는다. 아무런 방해도 받지 않고 구덩이 위로 불어오는 폭풍은 계속해서 숲 가장자리에 있는 나무를 쓰러뜨려 결국 숲의 면적을 더 줄어들게 만든다. 나무로 인해 지역의 기후에 좋은 영향을 미치는 숲은 더 이상 존재하지 않는다. 함바흐 숲은 더운 여름날에 푹푹 찌는 노천 채굴장처럼 농업의 사막 지대에 놓여 있는 셈이다.

오래된 숲에 여전히 기회는 있는 것일까? 이 질문에 대답하기 위해 그린피스는 피레 이비슈 교수에게 지역의 기후를 조사해달라고 의뢰했다.[32] 조사 원칙에 대해서는 이미 당신도 알고 있다. 인공위성을 통해 측정한 각 지표면의 온도를 색깔별로 표기한 지도다. 덧붙여서 생태학적 연구도 수행했다. 그 결과 극단적으로 무더웠던 2018년 여름에 숲과 구덩이 사이의 온도 차이가 많게는 섭씨 20도까지 났다! 그처럼 작고 아직 그다지 훼손되지 않은 숲이 그만큼 기후를 서늘하게 만드는 힘이 있다면, 숲은 우리로부터 상당한 존중을 받을 만하다.

그럼에도 오래된 나무의 미래는 장밋빛이 아니다. 굴삭기가 점점 더 가까이 다가오면서 땅을 집어삼키고, 숲 가장자리에서는 나무가 더위로 죽어가고 있다. 서늘한 효과는 숲 가장자리에 이르러서는 마치 알프스에 부는 건조한 열풍을 만난 것처럼 꺼져버린다. 이와 동시에 엄청난 양의 습기도 몰고 온다. 쉽게 말해서 함바흐 숲에는 끊임없이 건조한 바람이 불고 있다.

이러한 드라마는 다음과 같은 사실을 상상해보면 더욱 분명해진다. 노천에서 갈탄을 채굴하느라 땅에서는 더 이상 물이 나오지 않는데, 성장한 너도밤나무는 매일 최대 500리터의 물을 잎을 거쳐서 공기로 발산할 수 있다. 거대한 펌프로 작업하는 노천 채굴은 완전히 건조한 곳에서 이루어지며, 골짜기의 밑바닥은 지하 수원(水源) 아래에 위치하고 있다. 그렇지 않으면 지하 수원이 그야말로 거대한 구멍으로 밀어닥쳐 홍수를 일으킬 수도 있기 때문이다.

그래서 전문가들은 오래된 숲을 구하기 위해 함바흐 숲 주변에 일종의 완충 장치 역할을 할 수 있는 식물을 심으라고 추천한다. 적어도 어린 나무들은 주변에서 올라오는 열기를 줄여주고, 공기 속의 습기를 올려줄 수 있다. 그러면 오래된 숲이 스트레스를 더 적게 받을 수 있다는 것이다.

그린피스의 사진들이 보여주듯 거주지 주변에 심은 그와 같은 완충 장치는 우리 인간에게도 축복이 될 수 있다.[33] 환경보호론자들은 열 감지 사진기를 통해 쾰른시의 사진을 찍었는데, 이 대도시는 우리의 숲 아카데미가 있는 곳에서 차로 1시간 떨어져 있으며 라인강의 저지대에 위치한다. 이곳에서도 베를린 및 함바흐 숲에서와 비슷한 결과가 나왔다. 푹푹 찌는 여름이면 건물과 아스팔트가 빨간색으로 빛난다. 반대로 공원에 있는 나무는 짙은 파란색을 띠고 마치 호수처럼 보인다. 이는 온도가 어떤 상태인지 보여준다. 녹색의 초원에서 측정한 온도는 많게는 섭씨 20도까지 내려간 상태! 이는 도시에 더 많은 나무가 필요하다는 확실한 증거다.

그 밖에 숲은 우리에게 또 다른 선물을 해준다. 대기 흐름에 관한 장에서 곧 살펴보겠지만, 숲은 더 많은 비가 내리도록 한다. 예전에 이처럼 냉장고 역할을 하는 자연에 관해 산림청이 통찰력을 가지고 주변에 알려주었기에 희미하지만 작은 희망은 존재한다. 그 덕분에 당시 라인란트팔츠(Rheinland-Pfalz)주의 환경부 장관이던 울리케 회프켄(Ulrike Höfken)은 2021년 말까지 오래된 너도밤나무의 벌목을 일시적으로 정지한다고 발표했다.[34]

08

중국에 비가 오면

숲은 지역의 기후를 형성할 뿐 아니라, 대륙 전체에 영향을 준다. 이때 증발을 통해 서늘한 효과를 내는 물이 매우 큰 역할을 한다. 그러나 흐르는 물도 나무로부터 지대한 영향을 받는다.

우선 나무는 지층을 통과해 지하수에 도달하는 물의 양을 줄여준다. 일부는 나무에 매달려 있고, 그 밖에 훨씬 더 많은 물은 유기 물질을 생산한 후 증발함으로써 더위를 식혀주는 작용을 한다. 나무의 종류에 따라 매년 1제곱미터당 많게는 700리터의 물을 저장한다.[35] 비교하자면, 독일에서 가장 건조한 지역 가운데 한 곳인 마그데부르크(Magdeburg) 인근에는 매년 500리터/제곱미터의 비가 내린다. 이곳의 나무는 물 소비를 억제함으로써, 다시 말해 조금 덜 마심으로써 다른 곳에서보다 더 천천히 성장해 숲을 유지할 수 있다.

숲은 지형을 마르게 하는, 물의 파괴자일까? 결코 그렇지 않다. 증발하는 물은 단순히 사라지는 게 아니기 때문이다. 증발한 물은 리사이클되어 다른 지역으로 흘러간다. 이는 또한 공기를 통해 가능하다. 공기의 흐름은 물을 증기 형태로 함유하고, 따라서 정상적인 강에 비하면 상당히 묽고 엷은 상태이지만 흐르는 건 마찬가지다. 이것은 러시아 과학자들의 연구로 밝혀졌다. 이들 과학자는 중국에서 내리는 비가 어디에서 비롯된 것인지를 조사했다. 그들이 품었던 이 같은 의문은 처음엔 상당히 독특하게 들릴 수 있는데, 기본적으로 강수는 가장 근처에 있는 바다에서 나오기 때문이다. 바다에서 증기가 올라와 구름을 형성하고, 구름은 바람의 도움을 받아 대륙 안으로 이동한다. 구름은 이곳에서 비로 내리고, 물은 중력에 따라 강과 바다로 다시 흘러간다. 이렇게 순환이 이뤄진다. 그러니 땅에서 자라는 식물한테 중요한 것은—강과 바다로 돌아가고 증발로 인해 잃어버린 양만큼—공기에서 최소한의 물을 공급받는 것이다. (그렇지 않으면 모든 것이 말라버려 사막화한다.)

어디에서든 그 같은 과정이 당연하게 일어나는 것은 아니라는 사실을 발견한 사람은 러시아 출신 과학자 아나스타시아 마카리에바(Anastassia Makarieva)와 빅토르 고르시코프(Victor Gorshkow)였다.[36] 이들의 설명에 의하면, 보통 강수량은 바다와 떨어진 거리에 따라 기하급수적으로 줄어든다. 바다와 몇백 킬로미터만 떨어져도 구름은 이미 비를 만드는 데 다 쓰인다. 그러면 강수가 고갈되어 식물이 더 이상 살아갈 수 없다. 숲이 존재하지 않는다면 최소한 그렇게 된다. 그런데 대규모 숲이 있다면 전혀 다르다. 숲은 축축한 공기를 대륙 안으로 불어넣는다. 연구 팀이 그야말로 생물적 펌프라고 부를 정도로 강력하게. 심지어 바다에서 수천 킬로미터 떨어져 있는 대규모 산림 지역에서도 강수량이 줄어들지 않는다는 사실을 확인할 수 있다.

이것이 어떻게 작동하는지 두 과학자는 다음과 같이 상상했다. 숲은 엄청난 양의 물을 잎을 통해 증발시킨다고 말이다. 숲 1제곱미터당 나뭇잎의 면적은 많게는 27제곱미터까지 되며, 나무는 이렇듯 수많은 작은 입을 통해 습기를 내보낸다. 오래된 너도밤나무 한 그루는 더운 여름날에 많게는 500리터의 습기를 만들어내며,[37] 이것은 숲을 서늘하게 냉각해주고 증기가 되어 대기로 흩어진다. 대규모 숲이 강력한 기화(氣化) 능력을 발휘함으로써 기단(氣團)이 늘어나게 하고, 이처럼 늘어난 공기의 양은 저기압 지역을 만들어낸다. 저기압 지역은 주변보다 압력이 적고, 그 때문에 이 지역의 공기가 계속해서 흘러나온다. 바꿔 말하면, 숲은 바다로부터 신선한 공기를 흡입한다. 바다와 멀리 떨어져 있어도 마찬가지다. 이처럼 축축한 바다 공기는 숲을 거쳐 위로 올라가고, 조금 더 식은 다음 나무 위에 비로 떨어진다. 과학자들에 의하면, 그와 같은 수분의 양은 나무가 호흡을 통해 내보낸 습기의 양보다 더 많다고 한다.

이해득실을 따져보면 나무의 물 소비는 더 많은 물을 만들어낼 수 있다. 그런데 시베리아의 숲은 정반대 증거를 보여준다. 나무 위에서 물을 적극적으로 증발하는 것은 오로지 여름에만 관찰할 수 있다. 연구 팀은 모든 것이 꽁꽁 얼어붙고 나무도 잠을 자는 겨울에는 물을 길러내는 숲의 펌프 역할이 멈춰버리는 현상을 발견할 수 있었다고 보고했다.[38]

반대로 나무를 베어버리고 가령 풀을 기르는 농장이나 농업용 농장으로 숲을 대체할 경우, 비가 많게는 90퍼센트까지 줄어들 수 있다. 이런 이론은 지극히 명쾌하게 들리며, 실제로도 관찰할 수 있다. 아마존 지역에서는 지난 2000년 이후 가뭄이 계속해서 나타나고 있다. 이는 해안에 있는 숲이 사라지고 지속적으로 벌목을 함으로써 우림 지역이 전반적으로 줄어들고 있는 현상과 맞아떨어진다. 바꿔 말해, 만일 사람들이 바다 근처에 있는 펌프를 파괴하면, 내륙에 비가 더 이상 오지 않아도 놀랄 일이 아니라는 얘기다. 또한 독일의 오래된 숲에서 나타나는 서늘한 효과와 늘어나는 비의 양 역시 이와 같은 주장을 뒷받침해준다.

하지만 숲의 펌프 효과에 대한 또 다른 강력한 증거가 있다. 뤼트 판데르 엔트(Ruud van der Ent)가 이끄는 네덜란드 델프트(Delft) 공과대학 팀은 자연 순환에서 물의 재활용에 대해 연구했다.[39] 그런데 연구원들은 단순한 사실이지만 난관에 봉착했다. 공기 중에서 증발하는 물은 언젠가 다시 비가 되어 내려야 한다. 이런 사실은 논리적으로 들리지만, 수리학(水理學) 연구 팀은 이를 전혀 고려하지 않았다. 전문가들 세계에서, 증발한 물은 원칙상 상실된 것으로 여겨지고, 새로운 강수가 외부에서 들어와야 한다고 알려져 있다. 그러나 생태계에서 물은 보다 광범위하게 전달된다는 사실이 논리적일 뿐 아니라, 우리의 녹색 폐의 역할을 이해하는 데 지극히 중요하다. 자연에서는 우리 사회에서 볼 수 있는 원자재 소비보다 훨씬 탁월하게 작동하는 거대한 재활용이 일어나고 있다. 여러 차례의 증발과 이에 따른 강수를 통해 습기는 식물에 의해 계속 재활용된다. 물론 숲을 대대적으로 벌목하지 않는 조건에서 그러하다.

러시아와 네덜란드 출신 과학자들의 연구를 종합하면, 숲은 지금까지 우리 지구의 수자원 관리와 관련해 그야말로 과소평가되었음이 분명하게 드러난다. 바람은 구름을 바다에서 대륙으로 몰고 간다. 숲은 이와 같은 기류 시스템(저기압 지역을 만들어냄으로써)에 영향을 줄 뿐 아니라, 항상 공기에 습기를 풍부하게 공급한다. 지금까지 많은 산림 감독관이 기후 변화와 관련해 나무는 주로 생물학적으로 이산화탄소를 저장하는 역할만 한다고 인정했다. 그것도 살아 있는 형태가 아니라 오히려 죽은 형태로 말이다. 집을 짓거나 가구를 만드는 데 들어가는 모든 나무는 환경 보호에 성공한 것으로 간주된다. 그런데 알고 보면 목재의 탄소는 더 이상 자연에서 죽은 나무처럼 박테리아와 균류를 통해 자유롭게 방출되지 않는다. 숨을 쉬는 존재인 숲은 이로써 '이산화탄소-금고'로 격이 떨어지고, 전 세계 수자원 및 온도 관리에 영향을 주는 인자로서 역할이 오늘날까지도 점점 희미해지고 있다. 우리의 기후에 효과적인 작용을 하는 나무의 업적에 완벽하게 존경심을 표하고자 한다면, 산림 보호를 목재 사용보다 더 중시하고 널빤지와 종이의 사용을 강력하게 제한해야 할 것이다.

물은 사람이 살아가는 데 핵심 요소 중 하나다. 건조하고 무더운 지역에서는 여러 국가를 거쳐 흘러가는 강을 두고 매번 갈등이 발생한다. 예를 들어, 나일강이 그렇다. 나일강의 물이 없다면 이집트 사람들은 아무것도 할 수 없을지 모른다. 이곳 사람들은 신선한 물의 95퍼센트를 이 거대한 강에서 얻고 있다. 또한 나일강이 없으면 기름진 계곡에서 농사를 지을 상상조차 할 수 없을지 모른다. 나일강 상류에 위치한 에티오피아는 강물을 얻기 위해 댐을 건설했는데, 이 거대한 댐을 물로 채우려면 수년이 걸린다. 이 기간 동안 이집트와 똑같은 문제를 안고 있는 수단에는 강물이 메마를 것이다. 지금까지는 국제적 중재를 통해 위협적인 전쟁을 막을 수 있었다.[40]

숲이 조정하는 공기의 흐름, 즉 기권(氣圈)이 얼마나 중요한지 인류가 의식한다면 언젠가 이와 관련한 갈등이 일어날 수도 있다. 숲을 통해 기권을 조정하는 일에는 한 가지 함정이 있다. 댐의 경우에는 강 하류에 사는 이웃 사람들에게 다시 물을 공급하기 위해 수문을 개방할 수 있지만, 숲은 한 번 대대적으로 벌목해서 기권을 상실하면 댐처럼 쉽게 회복시킬 수 없다. 개간한 지역을 다시 숲으로 만든다 해도, 새로운 숲이 과거의 기능을 점진적으로 수행할 때까지 수십 년이 걸릴 수 있다. 우리는 최근 이와 같은 종류의 대대적인 시도를 브라질에서 목격할 수 있다. 이곳에서는 해변의 숲을 다시 재건하기 시작했다. 물론 아직은 부분적으로만 복원되고 있을 뿐이지만 말이다. 나무가 특별히 빨리 자라는 열대 지역에서 재생 과정이 얼마나 오랫동안 진행될지, 그리고 숲이 펌프 기능을 다시 회복할지는 지켜봐야 한다.

기온과 물의 순환에 미치는 숲의 작용을 이제 다시금 발견했으니 예전보다 더 많은 관심을 가졌으면 한다. 여행하면서 연구를 수행한 것으로 유명한 알렉산더 폰 훔볼트(Alexander von Humboldt)는 일찍이 1831년에 《아시아의 지질학과 기후학에 관한 단편》에서 이렇게 썼다. "숲이 별로 없거나 부족하면 온도와 공기의 건조함을 증가시킨다. 아울러 이와 같은 건조함은 증발하는 물을 줄이고 잔디밭의 힘도 떨어뜨림으로써 지역 기후에 반작용을 하게 된다."[41]

나무들이 힘을 합쳐 주변 기온을 서늘하게 만들고, 심지어 자체적으로 비를 만드는 것은 우연일까? 어쨌거나 나무는 3억 년보다 더 이전부터 숲을 형성해왔다. 이 녹색의 거인이 어떻게 협력하고, 서로 주의하라는 신호를 보내고, 뿌리를 통해 영양분을 전달하고, 심지어 기억을 나눠 갖는지는 잘 알려져 있다. 그래서 나는 큰 식물들의 거대한 공동체가 수동성에서 탈피해 적어도 부분적으로나마 날씨를 자기 손으로—나무니까 잎으로—주무르는 데 성공했다고 믿는다. 너무나 더운 여름에 아주 많은 나무가 죽는 것은 모순이 아니다. 오히려 정반대다. 숲의 죽음은 우리 인간이 이처럼 완벽하게 작동하는 공동체에 산림 경영을 한답시고 조각을 내고, 간벌(間伐)하고, 적절하지 못한 나무 종을 심어서 바꾸는 등의 방식으로 방해하면 무슨 일이 일어나는지를 보여줄 뿐이다. 산림 경영으로 숲을 바꾸면—전 지구적으로 볼 때—지극히 작은 숲일지라도 더 이상 정상적으로 작동하지 못한다. 숲을 방해하는 우리의 태도를 어떻게 되돌려놓을 수 있는지—그래서 다시 제대로 작동하게끔 할 수 있는지—나는 숲을 산책하면서 계속 이야기할 예정이다.

만일 큰 식물들로 이뤄진 공동체가 지역의 기후와 관련해 공동으로 작업을 한다면, 다른 측면에서 서로를 배려하는 것도 이해할 수 있지 않을까? 이와 관련해 흥미로운 연구 결과가 새롭게 나왔는데, 이에 대해서도 당신에게 기꺼이 알려주고 싶다.

09

배려하기, 거리 두기

'모수(母樹)'라는 개념은 산림 경영에서 나온다. 나무의 어미가 자손을 위해 너무나 중요한 역할을 해서 인간의 부모와 비교할 만하다는 것은 이미 수백 년 전부터 공공연하게 알려진 사실이다. 나는 예전에 어미 나무는 뿌리를 통해 자손 묘목이 누구인지 알아본다는 글을 쓴 적이 있는데, 아마 기억나는 사람이 있을지도 모르겠다. 어미 나무는 당분 용액으로 어린 나무와 부드럽게 연결되는데, 이 과정은 인간의 수유 행위와 닮았다. 어미가 그늘을 만들어주는 것도 자손을 돌봐주는 태도다. 이렇게 함으로써 어미 나무는 자기 밑에서 살고 있는 어린 나무의 성장을 억제한다. 그늘을 만들어주지 않으면 어린 나무는 내리쬐는 햇빛을 온전히 받아 너무 빨리 자란다. 100~200년이 지나야 클 만큼의 두꺼운 줄기를 일찌감치 갖게 될 수도 있다. 반대로 어린 나무는 그늘에서 자라면 수십 년 또는 수백 년 동안 매우 오래도록 살 수 있다. 그늘은 더 적은 햇빛을 의미하고, 이로써 나무는 더 적은 당분을 생산한다. 이처럼 어미 나무가 천천히 성장하라고 부드럽게 강요하는 것은 결코 우연이 아니다. 이는 몇 세대에 걸쳐 산림 감독관들이 직접 관찰한 것이기도 하다. 그래서 산림 감독관들은 나무의 이런 태도를 두고 오늘날까지도 '교육적 의미를 띤 그늘'이라고 말한다. 어미가 자식한테 의도적으로 만들어주는 그늘이라는 뜻이다.

또한 성장한 나무는 뿌리를 통해 당분 용액을 서로 펌프질함으로써 서로를 도와준다. 이렇게 하면 허약하고 병든 나무는 힘든 시기를 버티고 언젠가 다시 건강해질 수 있다. 그러면 이들은 숲의 서늘한 기후를 만드는 데 기여하고, 이런 서늘한 기후는 모든 나무한테 좋은 작용을 한다. 기후 변화 시기에는 특히 숲 공동체를 방해하지 않고 내버려두는 게 중요하다. 이는 이미 죽었다고 생각되는 나무들한테도 해당한다. (알고 보면 죽은 게 아니라 병든 것일 때가 많다.)

아마도 나무가 서로에게 주는 도움은 앞에서 언급한 수준을 넘어설 것이다. 아헨(Aachen) 대학의 학생들은 내가 담당하는 산림 구역에서, 방해받지 않은 채 살아가는 오래된 너도밤나무 숲의 나무들은 특별한 차이가 거의 없다는 사실을 밝혀냈다. 이들 나무는 비슷한 정도로 광합성을 해서 약한 나무도 없고 강한 나무도 없었다. 반대로 사람들이 벌목을 많이 한 오래된 너도밤나무 숲에서는 남아 있는 나무들이 이기적으로 성장한 것처럼 보였다. 이곳에는 강한 나무와 약한 나무가 있고, 광합성 능력이 서로 매우 달랐다.

이들 사이에 뿌리를 통해서든 잎을 통해서든 서로 연결할 수 있는 접속 지점이 없었던 것도 놀랄 일이 아니다. 이기주의자들은 서로 돕지 않는다. 그들 사이에 빈틈이 너무 커서 어쩌면 도와줄 수도 없다. 혹은 이들도 이기적인 나무가 아니라, 오히려 이웃의 도움을 받지 못한 채 어쩔 수 없이 어떻게든 살아남기 위해 싸우는 투사일지 모른다.

어떻게 해서 이런 배려심이 생겨났는지는 전형적인 실험실 식물인 애기장대를 관찰함으로써 알 수 있다. 이 식물은 배양 접시에서도 쉽게 자라고 발육 주기가 짧으며, 많은 양의 씨앗을 생산해내고, 또한 유전적으로 가장 검사하기 좋다. 게다가 키가 30센티미터 정도라 상대적으로 작은 편이며, 30미터 넘는 나무들에 비해 확실한 논증이 가능하다. 식물계의 '실험 쥐' 정도로 볼 수 있다.[42]

아르헨티나의 수도 부에노스아이레스 출신 연구원 마리아 크레피(María A. Crepy)와 호르헤 카살(Jorge J. Casal)은 이런 녹색 식물을 실험실에서 재배했고, 이를 통해 이 식물이 잎의 방향을 조절함으로써 서로를 배려한다는 사실을 확인했다. 식물이 촘촘하게 붙어서 성장하면, 이들의 잎은 이웃 식물한테 그늘을 만들어준다. 이렇게 하면 광합성에 제약을 받는다. 바꿔 말하면, 식물이 영양분을 덜 섭취하게 된다. 그러면 이웃 식물이 자연히 약해지고, 경쟁이라는 의미에서 이는 장점으로 작용해야 한다. 알고 보면 식물은 서로 빛을 얻으려고 싸우니 말이다. 하지만 연구 팀이 보여주었듯 어떤

대가를 치르더라도 이들은 싸우지 않는다. 애기장대가 이웃 식물이 친척이라는 걸 알면 전혀 다르게 행동하기 때문이다. 이웃 식물이 친척이라는 사실을 알자마자 애기장대는 그것이 그늘에 가려 굶어 죽지 않도록 방향을 배려해가며 잎을 펼쳤다.

미친 소리로 들리는가? 가족을 배려하는 원칙이 순전히 인간에게서만 볼 수 있는 현상이라고 말한다면, 이것이 더 미친 소리일지 모른다. 친척임을 알고 그에 맞게 배려하는 태도는 자연에서 흔히 볼 수 있는 현상이며, 어디에서든 의미심장하다. 개인의 생존이 공동체의 힘에 달려 있는 곳이라면 팀으로 일하는 게 당연하다. 포유류의 경우 가족과 무리, 까마귀 같은 새의 경우에는 평생을 함께하는 파트너, 심지어 단세포에 속하는 점균류조차도 함께 생식 기관을 만들기 위해 협력한다.

하지만 애기장대는 누가 자신의 친척에 속하는지 어떻게 알아볼까? 나무와 나무의 사회 연결망을 생각해보면, 그 대답은 분명하다. 그것은 바로 뿌리일 가능성이 많다. 사람들은 이미 1990년대부터 나무가 뿌리를 통해 영양분을 공급하고, 소식을 교환하며, 심지어 자신의 어린 묘목을 인식한다는 사실을 알고 있다. 그러나 마리아 크레피와 호르헤 카살은 애기장대한테 한층 어려운 조건을 마련했다. 식물을 각각의 화분에 넣어 이웃과 분리시켰다. 그러나 화분을 서로 밀접하게 붙여놓아 잎이 상대 화분에 그늘을 만들 수 있도록 했다. 마침내 긴장된 순간이 왔다. 놀랍게도 이 친척 식물은 잎을 서로 거둬들이는 방향으로 움직였다. 연구 팀이 밝혀낸 바에 의하면, 애기장대는 광파(光波)에 포함되어 있는 붉은색과 파란색의 함량으로 친척을 알아보았다. 두 연구원은 정말 광파 때문인지 확인하기 위해 이번엔 그 같은 파장을 알아보는 광수용체가 없는 돌연변이 식물로 실험을 해보았다. 그러자 이 식물은 친척임을 알아보지 못해 서로 배려하지 않았다.

애기장대는 성장이 특별히 빠르지도 않다. 식물이 잎을 옆으로 뻗기까지 며칠이 걸린다. 이 같은 행동을 완성하면 이웃은 더 많은 빛을 받는다. 그러나 이런 방식으로 배려하는 식물의 행동은 자신한테 어떤 장점을 안겨줄까? 그 전까지 식물은 잎을 최대한 밖으로 뻗었으나, 친척을 위해 자기 잎에 더 많은 그늘을 만들었다. 그런데 이웃도 똑같은 배려를 함으로써 전체적으로 보면 더 많은 빛이 밑에 위치한 자기 잎을 비추었다. 더 많은 빛 = 더 많은 에너지 = 더 좋은 힘. 가족과 함께 자라는 애기장대는 이 연구에서 더 많은 씨앗을 맺었고, 그리하여 더 많은 성공을 거두었다.[43]

나무도 애기장대처럼 잎으로 동일하게 가족을 배려할까? 이 문제는 확실하게 해명되진 않았지만, 100년 전부터 의문을 품게 하는 현상이 밝혀졌다. 바로 나무 꼭대기 부분이 서로 닿지 않으려는 수관 기피(crown-shyness) 현상이다. 여름날 활엽수 숲에서 꼭대기를 쳐다보면, 개별 나무의 가지 주변에 좁은 공간이 있음을 확인할 수 있다. 흔히 50센티미터 이하일 경우가 많은데, 마치 그 어떤 나무도 이 공간을 자신의 가지와 잎으로 채우지 않으려는 것처럼 보인다. 대기원근법(aerial perspective: 공기층의 변화에 기초해서 색채의 조절로 거리감과 공간감을 표현하는 방법—옮긴이)으로 보면, 숲 전체가 마치 수관들 사이에 서로를 배려하고자 하는 보드라운 망이 팽팽하게 쳐져 있는 것 같다.

하지만 이것이 정말 배려일까, 그렇지 않으면 많은 연구원이 추측하듯 바람 때문일까? 연구원들의 주장은 이렇다. 즉, 나무 꼭대기가 흔들리면서 가장 바깥쪽에 있는 가지가 이웃 나무의 가지와 마찰해 닳고, 그래서 더 이상 서로를 방해하지 않게 된다는 것이다.[44] 따라서 배려와는 아무런 상관이 없으며, 순전히 기계적인 현상일 뿐이라는 것이다. 이와 같은 이론이 맞지 않다는 것을 나는 산책할 때마다 나무를 관찰하면서 경험하곤 했다. 어디를 가도 나무는 가지로 서로 방해하고 접촉하며, 심지어 이웃 나무의 꼭대기까지 가지를 뻗기도 한다. 바람이나 폭풍은 어디에나 있고, 그래서 마찰로 인해 닳는 효과(의심할 바 없이 이를 통해 가지 몇 개를 잃을 것이다)는 모든 숲에서 분명하게 볼 수 있다. 그러나 이것이 원인은 아니며, 수관 기피 현상을 좀더 연구해봐야 한다.

애기장대에서 보듯 진정으로 배려하는 태도가 있다면, 나무가 서로를 배려하는 행동을 모든 곳에서 하지 않는 이유도 있어야 한다. 우리의 숲은 대부분 나무를 심어서 형성된 것이다. 이런 씨앗은 묘목장에서 준비해 혼합된 상태로 나온다. 숲에 묘목을 심으면, 그야말로 낯선 나무끼리 이웃이 되는 것이다. 숲이 야생 상태에서 형성된 곳, 예를 들어 수백 년 전부터 대규모 너도밤나무 나무들이 함께 자라는 곳에서는 수관 기피 현상을 훨씬 자주 마주친다. 이와 관련한 연구에 대해서는 알지 못하지만, 나는 2021년 여름에 루마니아 너도밤나무 원시림을 방문해 그 현상을 직접 볼 예정이다. 이곳에서 나는 언론을 통해 지역 환경 운동가들의 활동을 지원하고, 사람들의 손이 닿지 않은 야생 지역을 산책할 기회도 갖게 될 것이다.

여성 생물학자 로자 빌라스(Roza D. Bilas)가 이끄는 연구 팀은 쉽게 통찰할 수 있는 논문에서 멋진 결론을 내려주었다. 이 새로운 자료에서 그들은 식물이 단지 주변 환경에 수동적으로 행동할 뿐이라는 지금까지의 생각을 반박했다. 게다가 식물은 다른 식물—친구든 이웃이든 또는 적이든 상관없이—을 인식하고 이들에게 반응하지 않은 채 5억 년 전부터 지구 곳곳에서 무성하게 자랐을 거라는 주장도 진실이 아니라고 한다.[45]

나무는 관계 속에서 살아가지만, 굳이 나무들하고만 관계를 맺는 것도 아니다. 숲이라는 삶의 공동체에서는 생명체 가운데 가장 작은 것이 중요한 성분이다. 물론 지금까지는 이런 작은 생명체에 주의를 거의 기울이지 않았지만 말이다. 하지만 앞으로 이런 것을 바꾸어보기로 하자.

IO

박테리아: 과소평가받는 능력자

비평가들과의 논쟁은 재미있다. 그래서 나의 아들(숲 아카데미 원장)과 나는 가장 많이 나를 비판하는 사람들 가운데 한 명을 우리의 숲 아카데미가 있는 베르스호펜으로 초대했다. 논쟁은 금세 불이 붙었고, 마침내 숲의 다양성이라는 문제에 봉착했다. 우리의 만남에 언론 관계자의 참석을 원치 않았던 그 대학교수이자 산림학자는 산림 경영을 열렬히 옹호하는 분이었다. 교수는 벌목을 통해 숲에 빛이 들어오도록 하는 것은 자연에 좋은 일을 해주는 거라고 봤다. 그는 벌목으로 장작을 얻고 나무를 베어낸 곳에 햇빛이 비쳐 따뜻해지면 종의 다양성이 눈에 띄게 증가한다고 주장했다. 나는 그와 같은 주장에 항상 미소를 짓곤 한다. 그런데 나 혼자만 그런 주장을 근본적으로 비과학적이라고 간주하는 것은 아니다. 종의 다양성을 높이려면, 그 전에 모든 종을 세어봐야 한다. 나무를 베어낸 다음 새롭게 계산해야 하며, 이를 통해 전체적으로 종이 이전보다 더 많아졌는지 적어졌는지 수학적으로 확정하면 된다. 그런데 여기서 답답한 점은 사람들이 자연에 얼마나 다양한 생명체가 있는지 모른다는 데 있다.

콜로라도주 포트콜린스(Fort Collins)에 위치한 콜로라도 주립대학의 켈리 라미레즈(Kelly Ramirez)가 이끄는 연구 팀은 땅속에 얼마나 다양한 생명체가 살고 있는지 추산했다. 연구원들은 뉴욕 센트럴파크에서 600여 군데의 흙을 견본으로 채취해 그 안에 포함되어 있는 유전적 재료를 분석해보았다. 그리고 흙 안에서 16만 7169개에 이르는 다양한 종의 흔적을 발견했다. 그 가운데 지극히 작은 생명체인 박테리아, 그중에서도 지금까지 알려지지 않은 박테리아가 약 15만 종에 달했다![46]

나는 이 연구원들을 만나면, 그들이 알려지지 않은 종의 수를 어느 정도로 추정하는지 묻고 싶었다. 개인적 질의에 대한 대답은 약 85퍼센트였다. 따라서 독일에서는 모든 종 가운데 대략 15퍼센트만이 알려져 있으며, 이런 결과는 전 세계적으로 적용하더라도 비슷할 것이라고 본다.

산림학자와 나눈 대화로 다시 돌아가보자. 나는 그에게 아직 발견되지 않은 종 및 그 수와 관련해 그 역시 비슷한 의견인지 물어보았다. "아, 박테리아와 균류를 말씀하시는군요!" 그는 멸시하는 것 같은 어조로 대답했다. 보아 하니 그와 같은 생명체를 전혀 고려하지도 않으며, 하물며 연구할 가치조차 발견하지 못한 듯했다.

그러나 박테리아를 모르는 사람은 생태계에 대한 개입을 폭넓게 평가할 수 없으며, 종의 다양성 감소나 증가에 대해서는 두말할 필요도 없다.

"그처럼 중요한 미생물에 대한 우리의 지식이 한정적이라는 것은 바로, '발견의 시대'가 이제 막 시작되었다는 증거입니다." 미국 연구원 롤란도 로드리게스(Rolando Rodriguez)가 이끄는 팀은 이 같은 의견을 피력했다.[47]

그런데 요렇게나 작은 녀석들이 정말 중요하다! 얼마나 중요한지는 당신의 몸이 보여준다. 당신 몸속에는 최소한 몸에 있는 세포 수만큼 많은 박테리아가 존재한다. 이들 박테리아는 혈구나 감각세포처럼 당신에게 속해 있다. 이 작은 생명체가 당신의 삶에 어떤 영향을 주는지는 최근 몇 년 동안에 이뤄진 연구가 보여준다. 예를 들어, 대장에 사는 박테리아는 뇌를 위한 전달 물질을 생산할 수 있다. 요약하면, 박테리아는 중요한 말(Wörtchen)을 함으로써 우리 삶에 참여한다. 두려움이나 우울증을 불러일으킴으로써 우리의 태도에 영향을 미친다.[48] 독일 킬(Kiel)에 있는 크리스티안알브레히츠(Christian-Albrechts) 대학의 연구 팀장 토마스 보슈(Thomas Bosch)는 조금 더 나아간다. 그는 우리 신경계의 기원은 아마도 신체의 부분을 통제하는 게 아니라, 신체 및 미생물과 대화를 나누는 과제를 안고 있었을 것이라고 추측한다.[49] 만일 그렇다면 "나는 내 직감〔독일어로 직감(Bauchgefühl)은 '복부(Bauch)'와 '느낌(gefühl)'의 합성어—옮긴이〕을 믿어"라는 표현이 갑자기 엄격하게 과학적 의미를 얻는다.

우리 모두는 수천 개의 박테리아 종이 특별하게 협업하는 형태의 소규모 자체 생태계이며, 이는 마치 지문처럼 매우 개인적이다. 모든 사람의 손바닥만 보더라도 평균 150종의 다양한 종이 살고 있다. 이때 왼손과 오른손은 서로 차이가 나며, 종 가운데 17가지만 공통적으로 있다. 손바닥에 살고 있는 박테리아 종류 가운데 모든 사람한테서 동일하게 발견되는 종은 13퍼센트 정도에 불과하다. 연구원들은 조사 대상자의 손바닥에서 4742개의 다양한 종을 발견했다. 척추동물의 다양성과 비교해보면, 유럽 전체에서 새의 종류는 700가지 이하다.[50] 그러니 당신의 손바닥은 그야말로 종의 다양성을 보여주는 핫 플레이스라고 할 수 있다. 그 밖에도 특이한 점은, 이 작은 우주는 손을 씻더라도 떼어버릴 수 없다는 것이다. 이 작은 미생물은 금방 급속하게 증가해 이전 수준으로 돌아갈 수 있기 때문이다.[51]

우리는 이 같은 미생물 없이 살 수 없고, 그들도 우리 없이 살 수 없다. 따라서 과학적 입장에서 볼 때 우리는 새로운 일체, 즉 몸속 미생물과 함께 살아가는 '전 생명체〔Holobiont: 한 생명체에 대해 규정할 때, 그 개체에 같이 공생하는 다른 생명체(주로 미생물)를 함께 묶어서 생각하는 개념—옮긴이〕'로 조합되어 있다고 볼 수 있다. 지구에 전 생명체가 모여 살아가고 있다는 게 무슨 공상과학 영화에서 하는 말처럼 들릴 수도 있다. 지금까지 적어도 다세포 종을 각각의 개체로 명확하게 구분한 것은 많은 경우 더 이상 의미가 없다. 우리 인간도 개인마다 1000억 개의 체세포[52]를 가지고 있으므로 다세포 종에 속한다고 할 수 있다. 따라서 종의 다양성이라는 것은 너무 협소한 개념이다. 종 안에도 엄청나게 다양한 전 생명체가 있는 탓이다. 그러니 모든 것은 각자 전부 다르다.

신체가 수천 종으로 이루어진 특별한 생태계라는 사실은 모든 다세포 생명체에 해당하며, 나무도 마찬가지다. 이는 숲을 보는 우리의 시각과 숲을 대하는 우리의 태도를 극단적으로 바꾸게 할 것이다. 아니, **바꾸도록 만들어야 한다**.

대학에서 지속 가능한 발전에 대해 가르치는 피레 이비슈 교수는 분명한 말로 새로운 인식이 어떤 것인지를 보여준다. "생물학적 종이 생태학적 상호 관계와 진화의 주체가 아니라, 복잡하게 함께 살아가는 종합체인 전 생물체가 바로 주체다. 우리는 숲 생태계와 전반적인 생명 세계를 완전히 새롭게 이해할 수 있는 문턱에 서 있다. 우리가 파악하지 못하는 거대한 '빈칸'이 있다. 그것도 인간이 과거에는 시도해보지 않았던 엄청난 규모로. 다방면에서 철저하게 생태계를 침해하고 있는 바로 이 시대에 말이다."[53]

만일 사람들이 통찰력을 상실하기 시작하면, 시급하게 하던 일을 중단하고 깊이 생각해봐야만 한다. 자연에서 일어나는 사건에 대한 통찰은 생물학에서 늘어나는 발견으로 인해 점점 더 줄어들고 있다. 달리 표현하면, 현대의 연구는 우리가 일찍이 통찰력을 가져본 적이 없다는 사실을 보여준다. 목록에 따른 세심한 분류, 생태계의 개별 종들에 대해 연구 과제를 지시하는 행동은 현실에서 그다지 단순하게 작동하지 않으며 문제가 다분하다. 연구 과제에 대한 이 같은 지시는 우리의 환경을 균형 잘 잡힌 기계로 관찰했던 지난 수백 년 동안의 자연관에서 비롯된 것이다. 이와 같은 과제는 흔히 유용성이라는 견해에 입각한 것으로, 대체로 우리 인간한테 유용하다는 원칙에 의거한다. 유용 동물과 해충은 인간의 이익을 증대하거나 해친다는 측면에서 존재할 뿐이다. 이것이 바로 문제의 핵심이다. 이러한 시각은 인간을 중심에 둔다. 인간에게만 특별한 과제가 없으며, 다른 모든 생명체는 인간을 창조의 정점에 두고 돌아가는 기계 속에서 일하는 하인으로 보는 시각이다.

우리는 기계의 역할을 이해하기 위해 그 기계를 과학적인 톱니로, 다른 말로 하면 종으로 쪼갠다. 그러나 자연의 비밀이 이렇게 간단하게 풀리지는 않는다. '종'이라는 개념은 이미 오래전에 무너졌기 때문이다. 이제 우리 각자가 갖고 있는 변화하는 생태계, 즉 전 생명체가 중요하다는 사실을 알고 있다. 하지만 온갖 불운을 만들어내는 박테리아는 그들 입장에서 시험대에 서 있다. 다양한 종류의 박테리아를 정말 종으로 표기해도 되는 것일까? 과거부터 사용해온 정의에 따르면, 생명체의 전제 조건은 성적으로 증식하고 번식 가능한 후손을 생산할 수 있어야 한다. 하지만 박테리아는 그렇게 하지 않는다. 이들은 간단하게 분열한다. 이제 새로운 박테리아가 2개가 된 것인지, 아니면 어미와 후손으로 거듭난 것인지 의문이 생긴다. 게다가 이 두 박테리아는 흔히 유전적으로 매우 큰 차이가 난다. 우리 인간의 유전자는 침팬지 유전자와 겨우 5퍼센트 다른 데 반해, 하나의 '종'에 속하는 박테리아들은 많게는 30퍼센트의 편차가 있다.[54] 과학은 왜 박테리아를 동물에 소속시키는 걸 거부할까? 거부하지 않으면 박테리아한테 사용하는 종이라는 개념을 완전히 허용하지 못할 수도 있기 때문 아닐까? 이 사례는 생명체의 거대한 다양성이 과학적으로 더 이상 통제되지 않는다는 것을 보여준다.

심각한 상황이 발생하면, 박테리아가 바이러스를 거주하게 하거나 바이러스한테 잡아먹히는 일이 벌어진다. 연구원들의 추정에 의하면, 그와 같은 바이러스는 먹잇감에 이끌려 매일(!) 약 300억 마리가 장 점막을 통해 우리의 혈액 순환에 진입하고, 이곳에서 가능한 모든 기관으로 들어간다.[55]

후유! 혹시 당신은 전체를 통찰할 수 없게 되었는가? 나는 이미 그렇게 되었지만, 솔직히 말해서 그래도 상관없다. 생명 순환의 기초를 이해할 수 없다는 사실을 자백하는 일 하나만으로도 우리는 자유롭고 동시에 겸손해질 수 있다. 지금까지 도와주려는 우리의 손길이 없는 것보다 우리가 함께해야 자연이 더 잘 작동하는 것처럼 바꾸려 했던 사람들에게는 적어도 겸손한 태도가 적합하리라 본다. 이로부터 이끌어낼 수 있는 이상적인 해결책은 아주 간단하다. 만일 우리가 자연을 보존하고자 한다면, 온갖 것이 뒤죽박죽 섞여서 돌아가는 자연을 그야말로 바라보기만 하면 된다. 분명 여기저기에서 지역적으로 멸종했던 동물이나 식물이 또다시 자리를 잡고 살기 시작할 것이다. 전체 생태계를 재구축하려는 계획은 우리가 아주 사소하게만 시작하고, 해당 지역 자체에 맡겨두는 것에서 기본적으로 성공할 수 있다. 물론 적극적으로 개입하는 데 일가견이 있는 인간에게는 이렇게 지켜보기만 하는 일이 상당히 어려울 것이다.

화제를 바꿔보자. 식물의 경우, 특히 나무한테 박테리아와의 협업 또는 공동의 조직으로 융합하는 것은 이미 잘 알려져 있다. 당신은 생물 시간을 기억하는가? 수업 시간에 식물의 뿌리에서 기생하는 근류 박테리아가 주제로 등장했을 것이다. 이 박테리아와 또 다른 몇몇 종류의 박테리아는 식물한테 영향을 주는 중요한 특징을 가지고 있다. 다시 말해, 박테리아는 공기 중의 질소를 '질소 비료'로 바꿀 수 있는데, 그렇게 해주지 않으면 화학 공장에서 그와 같은 비료를 만들 수밖에 없다. 박테리아가 없으면 나무는 번개와 화산 폭발 그리고 자연적인 화재에 의존할 것이다. 열을 만들어내는 이 세 가지 과정 모두는 공기 중에 있는 질소를 식물이 사용할 수 있도록 하지만 매우 드물게 발생한다. 그래서 몇몇 박테리아 종이 이처럼 궁지에 몰린 나무를 도와주기에 이르렀다. 물론 박테리아 역시 자기를 희생하는 것으로 끝내지는 않는다. 그들은 거꾸로 나무의 도움이 없으면 먹을 게 없다.

이 난쟁이들은 자신의 봉사에 대한 대가로 영양분을 나눠주는 파트너가 필요한 것이다. 이제 우리의 입안에서 '공생'이라는 단어가 신속하게 맴도는데, 바로 다양한 종 사이의 협업을 말한다. 이와 같은 협업은 마치 개미와 진딧물처럼 매우 느슨하게 진행된다. 진딧물은 위험을 감지하면 몸을 떨어 개미들에게 전달하고, 그러면 개미는 달콤한 즙을 먹고 있던 잎에서 서둘러 떠난다. 반대로 개미는 먹성 좋은 무당벌레로부터 어린 녹색 진딧물 무리를 보호해준다. 진딧물과 개미는 독립적으로 살지만 이렇듯 서로 생존율을 높여준다.

균류와 해초가 서로 얽혀 지의류(地衣類)로 존재하는 공동체도 예전에는 공생이라 불렀다. 그러나 이 둘은 하나의 종을 형성하는 바람에 떨어지면 생존하기 힘들다. 그래서 '공생'이라는 개념을 더 이상 사용하지 않는다. 지의류는 점차 전 생명체로 불리고 있다. 그렇지 않다면 우리는 우리의 혈류 속에 있는 병원균을 공격해서 먹어치우는 백혈구가 우리 몸의 일부가 아니라고 주장할 수도 있다.

식물의 뿌리에 기생하는 근류 박테리아는 나무와 융합되기 전까진 최소한 독립적으로 출발했다. 이 작은 도우미를 유혹하기 위해 나무는 일종의 미끼로서 영양분을 뿌리에서 주변 땅으로 내보낸다. 그러면 박테리아는 아주 가느다란 뿌리의 털 쪽으로 움직인다. 그리고 이제 흥미진진한 일이 벌어진다. 뿌리의 털과 박테리아가 서로를 알아보면, 나무는 박테리아가 들어오는 것을 허락한다. 늦어도 이 시점에서 공생이라는 말은 나에게 의미가 없어진다. 이 상이한 생명체가 하나의 새로운 일체로 녹아버렸기 때문이다(하나의 전 생명체로). 이제 나무는 뿌리에 작은 구근(球根)을 만들어줌으로써 이 새로운 식구한테 편안한 집을 제공한다. 이렇게 하려면 에너지가 소모되지만, 이 에너지는 나중에 질소 비료의 형태로 돌려받는다. 근류 박테리아가 있는 나무는 이런 방식으로 원래는 질소가 부족한 땅에서도 살아갈 수 있다. 나무는 풀이나 약초보다 훨씬 커지길 원하기 때문에 근류 박테리아와 융합하는 것은 그야말로 상당히 큰 장점이다. 예를 들어, 오리나무와 아까시나무는 그와 같은 장점을 이용하곤 한다. 하지만 많은 나무 종은 박테리아와 협력해서 살아갈 수 없다. 또 다른 나무는 기질상으론 그렇게 할 수 있지만 실제로는 하지 않는다. 토종 가운데 그렇게 하는 대표적인 식물은 유럽서어나무(*carpinus betulus*)로, 지금까지 지극히 작은 녀석들을 거절하는 척하고 있다. 왜 그런지는 자연의 드러나지 않은 비밀로 당분간 남아 있다.[56]

하지만 나무와 박테리아의 협업은 뿌리 외부에서 일어난다. 이것이 정확히 어떻게 작동하는지에 대해서는 아직까지 연구된 바 없지만 꽤 흥미진진하다. 네덜란드 바헤닝언(Wageningen) 생태연구소 소속 연구원들에 의하면, 식물은 병원균을 막기 위한 면역 체계를 가지고 있다. 우리와 동물하고는 반대로 적어도 부분적으로는 신체 내에 있는 게 아니라 외부에 있다. 박테리아는 삶의 공동체로서, 예를 들어 뿌리를 부패하게 만드는 질병을 뿌리 주변에서 막아준다.[57]

이제 아이펠 고원에 있는 우리를 방문했던 산림학자와의 대화로 돌아가보자. 그는 이와 같은 복잡한 삶의 공동체를 중요하지 않다고 볼 게 분명하다. 대화 도중에 그는 하나의 생태계가 품질이 좋으려면 이름 있는 종들의 총량이 많아야 한다고 정의했기 때문이다. 하지만 추정상 85퍼센트(심지어 그 이상)가 잘 알려져 있지 않고, 그래서 계산에 들어가지 않으므로 양은 기준이 될 수 없다. 인간이 개입해 보편적인 생물의 다양성을 늘리는 주제에 관한 과학적 설명은 대부분의 종을 모르는 상태에서는 불가능하다. 산림 경영은 벌목과 다양한 종을 대규모 농장에 심어놓으면 도움이 될 것이라고 주장하며, 손쉽게 반박당할 수 있는 산림 경영의 그와 같은 견해가 대학에도 널리 퍼져 있다. 그러나 다행스럽게도 이와 관련한 구제책은 이미 마련되어 있고, 이에 관해서는 나중에 다시 언급하겠다.

인식 습득을 거부하는 과학자에게 역사는 되돌아보더라도 그리 새로운 사실이 아니다. 하지만 임학에서는 특히 비극적이다. 숲은 기후 변화를 멈추게 할 수 있는 본질적인 열쇠임에도 산림 경영이 그동안 전 세계에 있는 모든 숲의 3분의 2에 부정적 영향을 미치고 있기 때문이다.[58]

우리가 복잡한 삶의 공동체를 바로 눈앞에 있는 것처럼 생생하게 그려보면, 그러니까 파악할 수 없을 정도로 많고도 상이한, 특히 작은 생명체들이 숲이라는 생태계를 작동시키고 있는 삶의 공동체를 그려보면, 산림 경영은 도자기 가게에 있는 코끼리처럼 행동한다고 할 수 있다. 요컨대 서투르게 일을 망쳐버린다. 산림 감독관들은 기후 변화에 대한 대응을 가구나 동산을 교환하는 행위로 보는 것 같다. 다시 말해, 나무의 종류를 바꾸려 한다. 이를테면 너도밤나무 숲을 외래종인 식용 밤나무나 레바논삼나무로 이루어진 대규모 농장으로 바꾸는 식이다. 이렇게 하면 숲은 완벽하게 자연과 동떨어진 문화적 산물로 변성할 테고, 이런 문화적 산물이 기후 변화를 잘 견뎌내지 못할 위험성은 커질 수밖에 없다. 왜 하필이면 우리의 숲을 보호하고 지켜야 할 인간이 궁지에 몰리게 되었는지는 다음 장에서 살펴보기로 하자.

2부

산림 경영의 무지

01

궁지에 몰린 상황

전통적인 산림 경영은 현재 막강한 문제들과 싸워야 한다. 가문비나무 농장과 소나무 농장이 죽어가고 있으며, 대중은 점점 더 이런 사건이 오로지 기후 변화 때문만은 아니라고 보기 때문이다. 나무좀이 단일한 종의 나무를 모아둔 곳을 먹어치우고, 화재가 숲을 황폐화시킨다. 숲은 비를 만들고 서늘하게 하는 효과가 있지만 벌목꾼의 전기톱으로 인해 심각하게 훼손되고 있다.

모든 것이 한동안 아름답고 아무런 문제가 없었다. 전 세계의 많은 국가들이 독일의 산림 감독을 본받아 많은 숲을 대규모 농장으로 대체했는데, 이는 수십 년 동안 목재를 공장으로 보내는 과정이었다. 빨리 자라는 나무 종을 심거나 품종을 개량하는 것은 대량 사육을 통한 육류 생산과 비슷한 결과를 가져왔다. 대량 사육에서 '도살 후 무게'를 상대적으로 일정하게 유지할 수 있도록 동물을 기르듯 산림 경영에서도 신속하게 자라서 베어낼 수 있는 나무를 선호했다.

대량 사육하는 동물처럼 대규모 농장에서 자란 나무는 쉽게 병에 걸리며, 이러한 질병과 자연재해로 인해 항상 대대적인 결손이 생겨난다. 또한 '대량으로 나무를 키우는 농장'에서 나온 목재의 품질은 원시림에서 자라는 나무의 품질에 비해 뒤떨어진다. 이런 사실은 대중에게 잘 알려지지 않았는데, 목재 가공 산업이 굵지 않은 나무와 품질이 떨어지는 목재를 목표로 삼기 때문이다. 숲에서 목재의 품질을 유지하기 어려워 나무를 더 이상 제공할 수 없게 되자 이를 기술로 보완하기도 한다. 당신이 통나무에서 나무 한 조각을 얻으려 해도 절대 성공하지 못한다. 통나무는 작은 판자들을 접착제로 붙여놓은 것이다. 큰 나무통 없이 모든 크기의 건축 목재가 만들어진다.

숲이 다분히 거친 관리로 인해 쉽게 병에 걸렸다는 사실도 알아차리지 못한 채 모두가 만족하는 것처럼 보였다. 기후 변화라는 마지막 물방울이 떨어지자 마침내 용기가 넘쳐났고, 이제 지난 수십 년 동안의 딜레마가 극적인 결과로 나타나고 있다. 국가적으로 조직하고 계획했던 숲 경영이라는 아름다운 사상누각이 멈출 수 없는 빠른 속도로 무너지고 있는 것이다.

여기에서 산림 경영은 농업보다 훨씬 형편없는 계획을 짜고 있다. 제품과 연관시켜보면 둘 사이엔 비슷한 점이 많다. 목재는 상할 수 있는 제품이다. 한 번 수확한 나무는 여름을 포함해 반년 동안 가공하려면 몇 주가 지나야 한다. 그런데 그 전에 나무를 훼손하는 균류 또는 곤충이 목재의 품질을 심각하게 떨어뜨린다. 겨울조차도 기후 변화로 인해 점점 더 따뜻해져 균류가 목재에서 자랄 수 있으므로 잠깐 동안의 휴식을 제공하는 계절이 되지 못한다.

식수(植樹) 또는 모종부터 수확까지 걸리는 시간에는 상당한 차이가 있다. 농업은 매년 변경할 수 있는 데 반해, 산림 소유자는 나무의 종류에 따라 60~200년 넘게 한 번 내린 결정에 묶여 있어야 한다. 하지만 과연 누가 이렇듯 오랜 기간 동안 목재 시장의 수요가 어떻게 될지 미리 알 수 있겠는가? 게다가 예상치 못한 결과를 증폭시키는 기후 변화도 있다. 오늘날에는 미래에 올릴 매상이 중요한 게 아니다. 나무가 죽기 전에 필요한 만큼의 나이에 도달할 수 있을 만큼 자랄지가 더 중요하다.

마치 이것으로 충분하지 않은 듯 기후 변화 말고도 몇 년마다 많은 나무를 쓰러뜨리는 겨울 폭풍이 닥친다. 목재는 부패하기 쉬운 제품이기 때문에 빨리 시장에서 소비하도록 해야 하는데, 그러면 가격이 대대적으로 떨어질 수밖에 없다. 자연스럽게 지속 가능한 목재의 양은 어느 정도냐는 의문이 등장한다. 농부는 재난을 겪은 다음 해에 처음부터 다시 시작하면 되지만, 산림 관리는 그와 같은 상황에서도 여전히 숲에 남아 있는 나무들로 인해 주저할 수밖에 없다. 폭풍은 예상 밖에 추가로 너무나 많은 나무를 쓰러뜨리기 때문이다. 게다가 매번 벌레가 습격하는 건조한 해도 있고, 갑자기 가구용 목재로 다른 종을 선호하는 유행도 있다. 가장 끔찍한 경우는 광산의 통로를 떠받치는 데 쓰이는 갱목처럼 광산업이 침체하면서 갱목의 생산도 무너질 때다.

결과적으로 산림 경영에서 먼 미래를 예견하기란 매우 어렵다. 그럼에도 대규모 숲을 소유한 개인 사업자와 공공 소유자는 10년 계획을 세워야 한다는 압박을 받는다. 10년 후를 확정 짓기 위해 계산하고 계획하고 측정하지만, 정작 그때가 되면 모든 게 완전히 달라질 수 있다. 내 경우는 이런 장기적인 계산이 유의미했던 적이 단 한 번도 없다.

산림 경영의 장기적 입안은 또 다른 이유로 인해 난관에 봉착하곤 한다. 어느 정도 훼손당하지 않은 숲에서조차 목재 생산이 차질을 빚고 있기 때문이다. 이는 심지어 비전문가들에게도 지극히 논리적으로 보인다. 이미 여름에 잎을 떨어뜨린 나무는 정상적인 해처럼 많은 목재를 만들어낼 수 없다. 우리가 정상적인 해를 체험할 수 없을 만큼 이런 상황이 전반적으로 나빠지면, 수립된 계획도 어쩔 수 없이 이에 적응해야 한다. 좀더 적절하게 표현하면, 적응해야 할지도 모른다.

우리는 숲 아카데미에서 진행하는 컨설팅 대화를 통해 항상 그런 모습을 보았다. 산림 감독관은 마치 회계사처럼 기후 변화가 진행될 것처럼 논쟁한다. 그들은 죽은 가문비나무를 결산 목록에서 삭제해버린다. 살아남은 너도밤나무와 참나무 숲 역시 상태가 좋지 않다는 사실을 서서히 잊은 채 계획을 수립하는 과제에만 총력을 기울인다. 그러한 과제는 하필이면 기후 변화를 가장 잘 견뎌낼 수 있는 숲, 이를테면 참나무와 너도밤나무가 자라는 숲을 약화시킨다. 이런 나무의 사회 공동체는 파괴되고, 숲의 땅은 여름의 햇빛으로 뜨겁고 건조해진다. 유감스럽지만 지극히 인상적인 활엽수들도 더러 죽는다. 하지만 산림청은 자신들에게 유익한 광고가 될 수 있음에도 그에 대한 해답을 내놓지 못한다. 너도밤나무가 죽는다고? 그러면 우리는 너도밤나무를 간단하게 폭파시켜버릴 테다. 적어도 이런 제목이라면 신문 1면의 헤드라인이 될 수 있다!

02

너도밤나무 숲에서의 학살

2019년 9월 튀링거(Thüringer) 숲에서 맞이한 어느 일요일. 계곡 쪽에서 폭발음 소리가 진동하더니 오래된 너도밤나무들이 쿵하면서 땅에 떨어지고, 나무 꼭대기가 여러 조각으로 부러지기 전에 신음하듯 옆으로 기울었다. 이곳에서 작업하는 독일 연방군이 거대하고 오래된 나무 옆에 일정한 양의 폭약을 설치했던 것이다.[59]

너도밤나무 30그루와 가문비나무 두 그루가 첫 번째 폭발에 극적으로 쓰러졌다. 관청이 숲에서 일어난 위기에 잘 대응하고 있다고 언론에 광고하기 좋은 장면이었다. 물론 도가 넘치긴 했지만 말이다. 폭약 전문가들을 동원해 나무줄기에 폭약을 설치했기 때문이다. 나무들이 실제로 금방이라도 쓰러질 것처럼 병들었다면, 누구도 그 곁에 다가가서는 안 되었다. 그러나 나무에 폭약을 설치할 정도로 위험하지는 않았다. 그렇다면 왜 사람들은 그냥 강철 밧줄로 나무를 휘휘 감아 안전한 거리에서 쓰러뜨린 다음 견인차로 옮기지 않았을까? 나는 폭발시키는 모습을 동네방네 보여주려고 했던 것은 아닐까 하는 의심이 든다.

그렇게 호전적이지는 않지만 비슷한 일들이 일어나고 있다는 소식이 전국 방방곡곡에서 들려온다. 병에 걸린 오래된 너도밤나무들을 서둘러 벌목하고 있다. 커다란 위험을 완화하고자 이렇게 한다고들 한다. 가지가 부러져 밑으로 떨어지고 심지어 나무 전체를 쓰러뜨리기도 한다는 것이다. 그러면 사람들이 다칠 수도 있다. 또한 세상에서 가장 크고 육중하며 듣기만 해도 두려움을 자아내는 이름이 붙은 목재 수확 기계, 즉 '랍토르〔raptor: 독일어로는 '약탈 공룡(Raubsaurier)'이라고 부른다—옮긴이〕'도 투입되고 있다. 무게가 70톤이나 나가는 이 기계에 달려 있는 크레인은 오래된 나무 전체를 장난치듯 잘라내 숲속에 있는 길 위에 놓아둔다. 이곳에서 더 작게 톱질하기 위해서다. 랍토르는 하루 만에 많게는 병들고 늙은 너도밤나무를 80그루까지 베어내 오래된 활엽수 숲을 해치운다.

하지만 나약해 보이는 모든 게 죽은 것은 아니다. 병든 너도밤나무는 그야말로 완쾌할 수도 있다. 나무 꼭대기 부분이 완전히 죽었다 하더라도, 많은 나무는 그보다 더 깊숙한 곳에 그걸 대체할 수 있는 수관을 만들곤 한다. 이렇게 해서 나무는 수백 년의 나이를 먹는다. 8월에 잎을 떨어뜨린 많은 나무도 이듬해 봄에 다시 정상적으로 잎을 돋아나게 할 수 있다. 우리가 그동안 알게 되었듯이 나무는 이렇게 배운다.

많은 곳에서 이렇듯 배우고 살아남기 위해 안간힘을 쓰는 나무들이 커다란 위험을 막는다는 미명 아래 제거되는데, 숲속 깊은 곳에 있는 나무들까지 여기에 포함된다. 그러기 위해 숲 소유주들에게 부여된 교통안전 의무까지 인용하곤 하는데, 숲을 방문하는 사람들이 위험에 처하지 않도록 보호해야 한다는 의무가 그것이다. 연방법원이 2012년 10월 2일 확정했지만, 이런 의무는 사실상 전혀 필요하지 않다.[60] 심지어 숲의 오솔길에 병든 나무가 서 있어도 무방하다. 다만 위험 원인을 제공할 경우에 한해 숲 소유주는 책임을 진다. 예를 들면 굴러떨어지는 나무나 길 위에 쓰러져 자전거를 탄 사람이 다칠 수도 있는 나무 같은 경우다. 내 생각에 이는 보행자를 보호하는 게 중요하다기보다, 병든 숲일지라도 계속해서 나무를 벨 수 있는 논리를 펼치기 위한 변명으로 들린다.

성급하게 벌목해서 숲을 죽게 만드는 또 다른 원인으로 감정적인 요인을 손꼽을 수 있다. 수년 또는 수십 년에 걸쳐 세심하게 가꾼 대규모 농장이 갑자기 시름시름 앓으면서 죽어간다면, 이는 산림 경영에 실패했다는 신호일 수밖에 없다. 숲에 엄청나게 많은 나무가 죽은 채로 서 있게 하는 사람은 대체 산림 감독관이 왜 필요한지, 무엇보다 이 같은 불행을 야기한 사람이 누구냐는 질타를 대중으로부터 받을 수 있다.

죽어가는 가문비나무와 소나무의 경우는 담당 관청과 산림학자에게 모든 책임이 있다. 많은 도시에 침엽수를 심은 것은 제2차 세계대전의 파괴 때문이었다. 독일은 재건이 필요했다. 그러니 목재 산업의 신속한 발전을 돕고자 했던 전임자들을 과연 누가 비난할 수 있겠는가? 물론 이러한 논쟁은 쉽게 반박당할 수 있다. 1940~1950년대에 목재가 필요했다면, 금방 심은 무릎 높이 정도만 한 가문비나무로부터 아무것도 얻지 못했을 것이다. 몇 년 전만 하더라도 유명 인사들이 침엽수를 활엽수로 대체하는 대규모 조치에 대해 경고했다. 예를 들어 헤르만 슈펠만(Hermann Spellmann) 교수는 2015년, 최근에 심은 나무들 가운데 침엽수가 급감한 현상은 한 편의 드라마라고 말했다. 그는 침엽수를 목재로 더 많이 사용해야 한다고 호소했다. 흥미로운 사실을 얘기하자면, 슈펠만 교수는 2020년까지 독일 농림부에서 숲 정책 관련 과학 자문단의 회장을 맡았다. 따라서 그가 하는 말은 숲의 미래를 만들어갈 때 상당한 비중을 차지한다.[61]

산림과 관련한 논쟁에서 그 누구도 자신이 범한 실수를 인식하지 못하는 듯하다. 이런 태도는 하필이면 죽어가는 너도밤나무가 뒷받침해준다. 당신도 이미 알고 있듯 멋진 이 활엽수는 무엇보다 강력한 벌목을 통해 주변 나무들과의 연계가 사라지고 있으며, 그런 뒤 살아남은 오래된 나무들이 생존을 위해 투쟁하는 곳에서 특히 심하게 압박을 받는다. 빛이 잘 통과하는 숲에서는 흔히 볼 수 있는 것처럼—여름의 열기로 인해 너도밤나무들이 죽으면—숲의 상태가 형편없이 나빠지게 된 책임을 누가 질 것인가라는 질문으로부터 자유로울 수 있다. 게다가 중부 유럽과 서부 유럽에는 너도밤나무 숲이 많다. 토종 나무를 포기해도 이제는 산림 경영의 책임이 아닌 것이다. 야호!

문제를 해결할 수 있을지 알 수 없는 이러한 해결책에 대해 당황할 필요는 없다. 공식적으로 판독해 어떤 종의 나무가 살아남지 못하면, 이런 일을 저지른 사람들을 교체하지 않고 간단하게 숲 전체를 바꿔버린다. 이런 말은 과대망상처럼 들릴지 모르지만, 이미 많은 숲이 이런 방식으로 변하고 있다. 소매를 걷고는 "우리는 할 수 있어!"라고 외치는 야심찬 태도는 책임을 져야 할 정치가들에게 지식과 행동력을 보여줄 아주 좋은 기회다! 원래는 조용히 내버려두길 원하는 나무의 세계에서는 말이다.

03

독일은 슈퍼 나무를 찾는 중

2019년 3월: 목가적인 하벨란트(Havelland)에서 벌목으로 폐허가 된 곳에 여성 농림부 장관 율리아 클뢰크너(Julia Klöckner)가 서 있었다. 그녀는 손에 더글러스전나무를 심기 위한 장비를 들고 있었다. 나중에 언론에서 장관이 북아메리카산 침엽수 묘목을 손에 들고 있는 모습을 사진으로 찍었고, 이러한 모습이 실천력과 결단력을 보여주었다고 보도했다.[62] 하지만 이러한 행동엔 전혀 다른 의도가 있었다. "앞으로도 계속 이렇게!" 하겠다는 의도였다. 침엽수 농장의 시대는 이미 오래전에 지나갔다는 사실을 고집스럽게 무시하는 태도였다.

유명한 격언이 하나 있다. "광기(狂氣)란 사람이 항상 동일한 일을 하면서 매번 다른 결과를 기대하는 것이다." 또 다른 정의에 의하면, 광기란 '전통적인 산림 경영'이라 할 수 있다. 여기서는 방법상의 변경에 대해 말하는 게 아니다. 어떻게 하면 숲을 이와 같은 방식에 적응시킬 수 있느냐에 대해 말하는 것이다. 현재는 일종의 나무 캐스팅이 일어나고 있다. 즉, 독일은 강력한 슈퍼 나무를 찾고 있다. 그러나 간단하게 나무의 종류만 바꾼다고 해서 숲을 새롭게 회복시킬 수 있을까? 분명 그렇게 할 수 없다. 우리가 우리 자신의 영양 공급에서 분명하게 알 수 있듯 숲에 있는 모든 종 사이에 극심한 기근이 생겨날 수 있기 때문이다.

사람들이 섭취하는 영양분 가운데 가장 많은 부분을 풀이 도맡고 있다. 풀이 우리의 주요 식량이라고? 특이하게 들릴지 모르지만, 의문은 금방 해결된다. 옥수수, 밀, 귀리, 보리, 쌀, 이 모든 것이 벼과(*Poaceae*)에 속한다. 여기에 나열한 목록이 벼과에 속한 전체 곡물은 아니다. 다만 풀이 우리의 일상에서 결정적 역할을 한다는 사실을 보여줄 뿐이다. 곡물을 직접 섭취하는 비율만 하더라도 전 세계적으로 50퍼센트가 넘는다.[63] 게다가 사료에도 쓰이므로 풀의 씨앗은 달걀, 우유 제품, 고기로 변해 식탁에 오른다.

정부가 앞으로 몇 년 안에 우리의 식량을 그동안 섭취해온 곡식에서 독보리, 넓은김의털(*Festuca pratensis*) 또는 솜털이 나 있는 흰털새속(*Holcus*)으로 바꾼다고 한 번 상상해보라. 그러면 우리의 식료품 체계가 붕괴할 수도 있는데, 이런 종은 사람이 섭취할 식량으로는 전적으로 부적합하기 때문이다. 결과적으로 그와 같은 (가상의) 계획을 실행에 옮긴다면, 우리는 굶어 죽을지도 모른다. 그처럼 시민의 욕구를 제대로 만족시켜주지 못하는 정부는 분명 다음 선거에서 유권자의 선택을 받지 못할 것이다.

풀과 나무는 공통점이 있다. 둘 모두 당장 결론을 이끌어내기에 적합하지 않은 조야하지만 과학적인 분류법에 따른 것이다. 풀에 적용하면 지극히 분명한 사실도 나무에 적용할 때는 무시되곤 한다. 나무는 수천 종의 동물, 균류 그리고 박테리아의 기본 식량으로 이용되기 때문이다. 꽃으로든, 열매로든, 잎으로든, 나무껍질로든, 목재로든 아니면 나무로부터 생겨나는 부식토의 형태로든 말이다. 예를 들어, 토종인 너도밤나무나 참나무를 더글러스전나무·로부르참나무 또는 식용 밤나무로 바꿔버린다면, 이는 땅에 살고 있는 수많은 생명체한테 굶어 죽으라는 판결을 내리는 것과 마찬가지다. 많은 생명체는 외국에서 온 식물을 소화시킬 수 없기 때문이다.

나무는 숲에서 먹이사슬의 출발점이며, 이런 사슬은 수천 년도 넘게 특화되어 있다. 유감스럽게도 사람들은 이런 사실조차 잘 인식하지 못하고 있다. 전형적으로, 동물 세계에서는 먹이사슬이 작은 동물에서 큰 동물로 구축된다. 그 사슬의 끝에는 주로 커다란 채식 동물이나 특별히 몸집 큰 맹수처럼 가장 큰 생명체가 있다. 이는 적어도 바다 또는 초원 같은 땅의 생태계에서 유효하다. 이렇듯 먹이사슬에서 최종 이용자가 존재한다면 생태계를 건드려선 안 된다. 모든 이전 단계가 존재할 경우에 한해서만 최종 이용자가 존재할 수 있기 때문이다. 따라서 자연 상태를 대략적으로 파악하려면 전체를 보기만 해도 충분하다.

숲에서는 이와 반대로 진행된다. 이곳에서는 가장 큰 생명체가 먹이사슬의 시작점에 있으며, 그래서 이어지는 먹이사슬에 속하는 수많은 가족이 쉽게 시선에서 사라지곤 한다. 숲에 대한 오해는 너무나 광범위하게 퍼져 있어 많은 사람(많은 전문가를 포함해)이 숲을 주로 나무들이 모여 있는 곳이라고 믿는다. 이는 숲을 오직 나무로 덮여 있는 면적으로 정의하는 법칙에도 반영되어 있다. 만일 도처에 더글러스전나무, 식용 밤나무, 가문비나무 또는 소나무가 서식하고 있다면, 비록 이곳에서 자라는 수천 그루의 토종 나무한테는 그야말로 녹색의 사막으로 여겨질지라도, 제대로 된 숲으로 간주해야 한다.

이와 같은 사고방식에서 보면, 사람이 숲을 조성할 수 있다는 생각은 논리적이다. 이렇게 하기 위해서는 충분한 묘목만 있으면 되고, 지금까지 심었던 종이 산림경영학적 측면에서 더 이상 제대로 작동하지 않을 경우 다른 종을 선택하면 그만이라고 본다. 이는 산림 경영이 결국 농업과 비슷하게 작동한다는 걸 인정하는 셈이다. 때때로 나무라는 '채소'를 바꿔가면서 심으면 된다는 것이다. 단지 수확 시간이 농업 작물보다 훨씬 더 길며 이로 인해 예측하기가 힘들 뿐이다.

새로운 나무 종은 무엇보다 한 가지 특징을 가지고 있어야 한다. 즉, 새롭게 선택하는 나무는 열기와 가뭄처럼 현실의 변화를 잘 견뎌낼 수 있어야 한다. 오늘날에도 이미 기온과 강수량이 지배적 역할을 하는 기후 구역을 찾아내고, 앞으로 수십 년 동안을 예견할 수 있어야 한다. 그렇게 하려면 위도 몇 도가량 남쪽으로 시선을 돌려봐야 한다.

그렇듯 간단한 조건만 충족시키려 한다면 선택은 비교적 어렵지 않다. 이미 언급했듯 북아메리카에서 가져온 더글러스전나무와 지중해가 고향인 식용 밤나무 외에 터키개암나무(남동 유럽)나 오리엔탈너도밤나무(발칸에서 이란까지 퍼져 있는)가 인기 종이다. 이런 나무가 외래종과 함께 앞으로 80년 동안 목재 수요를 충족할 것이라고들 한다.

농장이 죽게 되면 관청과 산림학자들이 책임을 져야 하기 때문에, 대규모 면적에 침엽수를 심어야 한다는 말에 무게가 실리는 것은 사실이다. 하지만 활엽수를 심는다 하더라도 나무가 수입 종이라면 고향의 자연에는 전혀 이득이 되지 않는다. 수입한 외래종 가운데 인상적인 나무가 있기는 하다. 예를 들면 오동나무 또는 참오동나무라고 부르는 것이다. 이 나무는 섭씨 영하 20도에서 섭씨 영상 40도까지 견딜 수 있으며, 매년 많게는 4미터까지 자란다. 10년이면 부피가 0.5세제곱미터에 이른다. 평균 나이 78년인 독일의 나무가 평균 0.5세제곱미터의 목재를 만들어내는 것과 비교된다. 오동나무는 그야말로 터보 엔진이 달려 있으면서 외양 역시 매우 예쁘다.

미래의 숲을 위해 온갖 수고를 다하고 언뜻 보기에 해결책도 내놓지만, 산림 관리는 그런 모든 것이 생태학이 아니라 오히려 미래의 원자재 공급과 연관이 있다는 점을 감출 수 없다. 비전문가에게조차 숲의 개조는 비유적 의미에서가 아니라 말 그대로 나무 공장의 개조와 비슷하다는 사실이 차츰 알려지고 있다. 우리에게 적합해 보이는 어린 숲은 몇 년 후 생태계에 끔찍한 재난이 될 것이다. 수많은 토종 동식물한테 익숙하지 않은 나무 종을 재배함으로써 삶의 터전을 완전히 빼앗는 결과를 초래하기 때문이다. 새로운 나무는 숲을 시각적으로 채우는 텅 빈 껍데기에 불과하며, 반대로 숲을 채우는 내용물, 그러니까 수천 종의 토종 나무는 거의 찾아보기 힘들어진다. 단지 몇몇 만능선수만 살아남을 텐데, 어디에서도 잘 살고 그래서 위험에 처하지도 않는 종이다.

결국 산림 경영은 전통적인 대규모 농장 시스템에서 소수의 나무 종만 재배하는 태도를 고수하고 있다. 수십 년 전과 달리 좋은 정보를 접하면서 점점 비판적인 대중도 이와 같은 개조를 유심히 지켜보는 중이다. 이런 대중의 압력을 받으면서도 변하는 것이라곤 언어유희를 동원한 반응일 뿐이다. 남쪽에서 자라는 나무가 온난화로 인해 저절로 이주하는 것은 아닐까? 따스함을 좋아하는 이런 나무를 심는다면 숲에도 유익해 관청에서 사용하는 새로운 독일어로 표현하듯 '도움을 주는 이주(assistierte Migration)'가 아닐까? 굳이 번역하자면, 사람들이 이렇게 하는 것은 원래 우리에게 이주할 수도 있는 나무한테만 도움을 줄 뿐이다. 이런 나무는 앞으로 다가올 기후 변화의 속도에 약간 더 느리게 반응할 뿐이므로 조금의 지원만 필요하다고 한다.[64] 이런 말이 논리적으로 들리긴 해도, 우리는 이런 소수의 나무 종만 재배하는 조치의 양면성을 비춰봐야 한다.

기후대(氣候帶)가 이동하면 식물계도 이동한다. 지난 빙하기 이후에 관찰한 것도 다르지 않다. 빙하가 사라지자 풀, 이끼, 덤불이 서식하는 툰드라가 등장했다. 이어서 가문비나무 숲과 소나무 숲이 따라왔고, 점점 따뜻해지면서 맨 먼저 참나무와 (끝으로) 너도밤나무가 침엽수를 밀어냈다. 빙하가 사라진 후 생겨난 이러한 변화는 오늘날까지 일어나고 있다. 너도밤나무는 이미 스웨덴 남부에 이르렀고, 나무들 가운데 제일 먼저 등장하는 가문비나무 숲은 이미 스칸디나비아반도 북부의 라플란드(Lappland)에 도착했다. 벌써? 그래도 여전히 나무는 천천히 여행하는 편이다. 세대를 거쳐야 비로소 더 멀리 이동할 수 있고, 몇백 킬로미터를 가려면 수천 년이 필요하다. 하지만 기후 변화의 시기에는 다른 기준을 적용해야 한다.

기후대는 수십 년에 걸쳐 이동하는데, 이는 매우 멀리까지 날아가는 씨앗을 가진 나무들이 감당할 수 있는 속도다. 포플러와 버들의 씨앗은 솜털 같은 형태로 캡슐에 싸인 채 여름 폭풍을 만나면 몇 시간 만에 100킬로미터 이상을 날아갈 수 있다. 반대로 너도밤나무와 참나무의 씨는 무겁다는 단점이 있다. 이런 씨앗은 늘 어미나무 아래 수직으로 떨어진다. 아무리 바람이 강하게 불어도 그렇다. 어치 같은 새들만이 나무의 자손을 몇 킬로미터까지 운반해줄 수 있다. (이곳에서 겨울 저장품으로 파묻힌다.) 이처럼 씨앗이 무거운 종의 평균 여행 속도는 매년 약 400미터에 불과하다. 과거에는 기후 변화가 일어났을 때 영역을 바꾸는 데 그 정도면 충분했으나 오늘날의 규모로 따져보면 너무 느리다.

게다가 훨씬 더 심각한 또 다른 방해 요소도 있다. 바로 사람들의 소유물 경계다. 만일 나무가 북쪽으로 이동하길 원한다면 영역을 옮기기 위해 초원, 경작지, 도시에 거주해도 좋다는 허락을 사람들에게 받아야 한다. 하지만 자신의 초원을 임시적이라고는 하지만 100년 또는 그 이상이 걸리는 세월 동안 이동하는 나무들을 위해 내어줄 사람이 과연 누가 있겠는가?

사람들은 절대 그렇게 하지 않을 것이다. 허락도 없이 뿌리를 내리는 나무는 가능한 한 신속하게 제거당할 뿐이다. 나는 개인적으로 이런 행동을 충분히 이해한다. 우리 산림지기 집 주변의 토지에도 큰 나무들이 많지만, 앉아서 커피를 마시거나 배드민턴을 치며 노는 잔디밭도 있다. 산림지기 집 주변에 온전히 나무만 자라게 하는 것은 나한테도 부담스럽다. 누구나 이동을 원하는 나무가 할당된 숲 영역에서만 자라도록 관리한다. 이렇게 하면 상승하는 온도에 맞춰 자연스럽게 이동하는 나무의 반응이 완전히 차단된다.

만일 산림 관리자들이 훨씬 남쪽에서 자라는 나무 종을 북쪽으로 가져오면, 이런 나무들이 많은 토지를 훌쩍 뛰어넘어 원래 가고자 했던 곳에 도착할 수 있도록 돕는 셈이다. 그러나 여기서 까다로운 문제가 생긴다. 산림 감독관은 어떤 종류가 도움을 받지 않고도 이곳으로 올 수 있는지 어떻게 알며. 이 장소에 성공적으로 뿌리를 내렸더라도 지속적으로 자리를 잡을지 어떻게 알 수 있을까?

이런 의문엔 아주 간단하게 대답할 수 있다. 북아메리카 출신 더글러스전나무는 이런 종에 속하지 않는데, 이 나무는 미국 동부 해안에서조차 한 번도 자리를 잡지 못했기 때문이다. 그러니 우리는 더글러스전나무가 대서양을 건너 서유럽으로 건너오지는 못할 것이라고 상상하며 위안을 삼아도 된다.

원래 고향이 중국이며 터보 엔진을 달고 있는 오동나무는 벌목으로 인해 텅 비어 있는 민둥산에 공격적으로 서식하고 있지만, 유럽에는 물론 북아메리카에도 상륙하지 못했을 수 있다. 기본적으로 비슷한 말을 외국에서 유입된 모든 종한테 할 수 있는데, 고향이 발칸반도나 터키인 터키개암나무조차도 중부 유럽과는 너무 멀리 떨어져 있어 앞으로 수백 년 동안 이 나무가 진정으로 이주할 잠재력을 갖고 있는지 감정하기란 어렵다.

그러나 산업 경영의 새로운 스타들은 순전히 경제적 관점에서 볼 때 훨씬 광범위하고 탁월한 장점을 갖고 있다. 이들 나무는 해충과 관련해 훨씬 더 튼튼한 것으로 간주된다. 균류와 곤충은 너도밤나무, 참나무 또는 가문비나무에 비해 외래종 나무가 맛이 없는 것처럼 보인다. 이는 실제로도 맞는 말이다. 이 불쾌한 녀석들은 토종 나무만 고집하며 잎, 나무껍질, 목재도 맛나게 먹는다. 이런 해충은 식량과 연관해서 보면 우리 인간과 거의 다를 게 없다.

외국에서 유입된 나무 종은 묘목의 형태가 아니라 대부분 씨앗으로 들어온다. 이런 씨앗은 부담스러운 기생 동물로부터 자유롭고 그야말로 '클린'한 상태다. 더글러스전나무, 로부르참나무, 터키개암나무는 지극히 건강한 상태에서 성장하는 반면 가문비나무나 소나무는 곤충 떼한테 잡아먹힌다. 산림 감독관들은 쉽게 그런 발언을 한다. 물론 시기상조이긴 하다. 이런 잎은 점차 변하기 때문이다. 국제 무역을 통해 무임승차하는 균류와 곤충류가 점점 더 많이 우리에게 건너와서는 자신들의 먹이가 엄청난 면적에 분포해 있는 걸 보고 기뻐하고 있으니 말이다.

이처럼 무임승차하는 곤충 가운데 하나가 더글러스전나무-혹파리다. 이 녀석은 너무 작아서 어미가 낳은 여러 마리의 애벌레도 단 하나의 더글러스전나무 잎에서 잘 적응할 정도다. 이 잎 안에 들어가 있으면 애벌레는 성숙해서 고치로 변하고 겨울이 지난 뒤 새롭게 순환할 때까지 새들로부터 안전하게 지낼 수 있다. 더글러스전나무한테 이런 일은 가히 재난으로 작용하는데, 병충해가 심하면 모든 잎을 잃어버리기 때문이다. 나무는 잎이 없으면 굶게 된다. 이런 광경은 라인바흐(Rheinbach)의 숲에서 2016년부터 꾸준히 관찰되고 있다. 담당 산림 감독관은 2018년 어느 신문에 더글러스전나무가 자신에게 가장 많은 근심거리를 제공하는 종이라면서 고통을 호소하기도 했다.[65] 우리도 기억하듯 같은 해에 농림부 장관 율리아 클뢰크너는 기후에 잘 적응하도록 숲에 더글라스전나무를 심었다.

터키개암나무는 또 어떤가? 이 나무는 발칸반도에서 아프가니스탄까지 뻗어 있는 자신들의 고향에서조차 제대로 자라지 못한다. 우리가 사는 도시에서도 이 나무를 곳곳에서 만나볼 수 있다. 반대로 숲에서는 그야말로 보기 드문 나무다. 터키개암나무는 열기와 가뭄을 잘 견디고 면역력도 강하다. 여러 종류의 덤불에서처럼 개암이 달려 인간은 이중으로 이득을 취할 수 있다. 최근에는 이 개암나무에 초대하지 않은 손님이 방문하는 경우가 늘고 있다. 넓은 발을 가진 수중다리잎벌(*cimbex femoratus*)인데, 맛에 이끌려 찾아오는 것 같다. 녀석들의 애벌레는 터키개암나무의 잎맥까지 갉아먹는다. 당연히 광합성이 불가능해진다. 하지만 이것도 큰 문제는 아니다. 터키개암나무를 대대적으로 심어둔 곳은 없기 때문이다. 그러나 자연은 사람들이 이처럼 매력적인 나무를 더 많이 심을 경우 어떤 일이 벌어질지 경고하고 있다.[66]

낯선 나무 종은 모든 것을 하나의 숫자에 거는 룰렛 도박과 비슷하다. 이런 인식에도 불구하고 산림 경영은 '도움을 주는 이주'를 즉각 멈추지 않고 있다. 최종적으로는 또 다른 아이디어도 있다. 너도밤나무와 참나무 같은 토종 나무를 선택하고, 이 나무들이 퍼져 있는 남쪽 가장자리 지역에서 더운 기후에도 잘 견디는 나무를 찾아보면 된다. 너도밤나무의 경우는 시칠리아나 남동쪽 지역부터 흑해까지 퍼져 있다. 온기를 잘 견디는 묘목을 먼 북쪽 땅에 심기 위해 남쪽에 있는 나무들로부터 씨앗을 얻는 것이 옳지 않을까? 이들의 후손은 가뭄 시기를 충분히 경험했을 테고, 고향의 생태계에 미칠 단점도 그리 두려워할 필요가 없다. 이들은 동일한 종을 대표할 뿐이다. 따라서 너도밤나무에 적응해 있던 동물과 식물의 종도 전혀 문제에 봉착하지 않고 오히려 정반대 결과가 나올 것이다. 그들의 생태계, 그들의 주요 식량은 온도가 올라가더라도 유지될 테니 말이다.

이와 같은 근거는 나름대로 의미가 있고, 따라서 기후 변화 때문에 너무 쉽게 다른 나무로 바꾸지는 말아야 한다. 그렇다. 기후는 변한다. 그렇지만 얼마나 빨리 변할지, 지역적으로 어떤 영향을 줄지에 대해서는 아무도 예측할 수 없다. 놀라울 정도로 예전보다 더 빨리 건조하고 더웠던 지난 수년을 생각해보자. 오늘날 남쪽의 나무를 선택하는 사람은 앞으로 100~200년의 기후가 어떻게 될지 예언할 수 있다는 데 내기를 건 셈이다.

2020년 5월에는 미래를 내다본다는 산림학자들을 전혀 신뢰하지 못하게 만든 최고의 증거가 나왔다. 기쁨의 달인 5월 중순의 밤 기온이 섭씨 영하 10도로 내려갔다. 튼튼하기 짝이 없는 참나무의 신선한 잎조차 모두 꽁꽁 얼어붙고 말았다. 그러므로 나무의 종류를 선택할 때 평균 기온에 따라서는 안 된다. 현장의 극단적인 기온에 따라 결정해야 한다는 얘기다. 나무는 매우 오래 살기 때문에 극단적인 냉기가 매우 드물게 등장하더라도 안심할 일은 아니다. 온기를 좋아하는 종이 2년 뒤가 아닌 10년 뒤에 늦서리를 만나 죽는다면 무슨 소용이 있겠는가?

남쪽 지역에서 가져온 너도밤나무나 참나무는 또 다른 단점을 드러낸다. 이런 나무는 우리가 살고 있는 지역의 조건을 전혀 경험하지 못했다는 것이다. 늦서리뿐 아니라, 남쪽 나무가 살던 환경과 전혀 다른 강수량도 문제다. 심지어 토양과 다양한 미생물도 신참에게는 지금까지 연구해보지 못한 거대한 과제를 안겨준다. 만일 다른 개체군의 씨앗을 독일로 가져오면, 지금까지 고려하지 못했던 질병도 살금살금 독일로 기어 들어올 수 있다.

'수목바이러스학(Dendrovirologie)'이라는 개념을 들어본 적이 있는가? 이것은 새로운 학문 분야로, 베를린에 있는 훔볼트 대학에 개설되었다. 이곳에서는 연구원들이 나무도 독감 같은 것에 걸릴 수 있는지 같은 의문을 탐구한다. 미친 소리로 들리는가? 전혀 그렇지 않다. 식물도 바이러스에 감염되고, 이로 인해 병에 걸린다는 것은 지극히 논리적이다. 나무의 해충 중 하나는 사스-코로나 바이러스-2(코로나19)가 아니라, EMARaV(European mountain ash ringspot-associated virus: 유럽산 화산재 윤문 바이러스—옮긴이)라고 불린다. 이 바이러스는 마가목 열매 외에도 참나무, 물푸레나무, 포플러 같은 다른 종들을 덮쳐 잎을 훼손시키고 나무를 약하게 만든다.

나무들은 접촉할 기회가 매우 드물지 않느냐고 생각할 수도 있다. 만일 우리 인간이 완벽하게 지금 이 자리에 머물러 있다면, 코로나19의 세계적 유행은 결코 일어나지 않았을 것이다. 그러나 나무의 경우에는 이동을 담당하는 누군가가 있는데, 바로 곤충이다. 이들은 달콤한 즙을 찾아 날거나 기어 다니며 이 나무에서 저 나무로, 이 숲에서 저 숲으로 이동한다. 이들은 몸에 병균을 지니고 있고, 맛있는 잎에서 영양분을 얻기 위해 먹이 활동을 할 때 나무를 전염시킨다. 베를린의 과학자들은 그 밖에도 유럽의 활엽수에 이미 광범위하게 퍼져 있고 해로운 균류와 박테리아처럼 활엽수를 손상

시키는 새로운 종류의 바이러스에 대해서도 연구한다.[67]

물론 식물도 바이러스 질병에 걸린다는 사실은 이미 오래전부터 잘 알려져 있다. 그러나 산림 감독관들은 잘해야 균류와 박테리아만 고려할 뿐이다. 이 작은 해충이 우리 인간의 몸에서처럼 식물한테도 대단한 역할을 할 수 있다는 생각은 적어도 임학계에서는 알려지지 않은 듯하다. 만일 따뜻한 남쪽의 숲에서 씨앗을 가져와 북쪽에 뿌리면, 바이러스도 따라올 것이라는 생각을 해볼 수 있다. 이 바이러스들이 이곳에 뭔가 해로운 짓을 할지, 만일 하게 된다면 정확히 어떤 짓을 할지에 대해서는 지금까지 알려진 바가 없다. 그렇게 하려면 사람들은 이 바이러스에 대해 우선 완벽하게 연구해야 한다. 당신도 알다시피, 우리는 우리가 아직 잘 모르는 다양한 박테리아를 마주하고 있다. 하물며 그보다 지극히 작은 바이러스에 대해 우리가 얼마나 모르는지는 쉽게 상상해볼 수 있다.

가령 낮의 길이처럼 나무의 상태에 영향을 주는지 여부를 아직 모르는 많은 또 다른 요소가 있다. 너도밤나무가 대량 서식하는 가장 남쪽의 섬, 즉 시칠리아의 6월은 함부르크에 비해 낮이 2시간 넘게 짧다. 이는 그다지 중요하지 않은 사실처럼 들리지만, 햇빛은 당분을 의미하고, 이는 곧 나무한테 식량을 뜻한다. 북쪽의 조건에 대해 잘 알지 못하는 어린 식물을 이런 상태에 두면 어떤 영향을 받을지 우리는 아직 모른다. 너도밤나무 역시 빙하기 이후 남쪽에서 다시 북쪽으로 이주해왔다. 물론 아주 작은 걸음으로 수천 년에 걸쳐서 말이다. 이는 너도밤나무가 새로운 환경 조건에 적응하는 데 충분한 시간이었다. 달리 표현하면, 이들은 배울 수 있는 충분한 기회를 가졌다. 반대로 이러한 환경 조건과 관련해 남쪽에서 자라는 너도밤나무는 아무것도 배우지 못했다. 배운다면 누구에게서 배우겠는가? 신참은 이곳 북쪽에서 삶이라는 혹독한 학교를 거쳐야만 할 것이다. 물론 그 결과는 불확실하다.

왜 나무 종이 북쪽으로 이주해오는 것을 도와야만 할까? 우리는 방금 토종 너도밤나무가 적응하는 법을 배우며, 자신들의 경험을 후손에 전달해준다는 것을 살펴봤다. 인내심도 없고 경영에만 관심 있는 인간과 감정이입을 통해서만 관찰할 수 있는 느린 나무의 반응은 서로 잘 맞지 않는다는 사실이 자주 드러나고 있다.

나무가 이처럼 '도움을 주는 이주'를 찬성하는지, 숲이 정말 그것을 원하는지는 의심스럽다. 산림 감독관들이 너무 성급하게 방해하거나 파괴하지만 않는다면, 우리 고향의 생태계는 지금까지 변화를 잘 견뎌내고 있다.

자연이 스스로 잘 조절하려 노력하고 있음에도 우리는 자연에 쉬는 시간을 전혀 주지 않고 있다. 숲의 개조, 즉 많은 비용을 들여 새로운 대규모 농장을 건설하는 것은 새로운 논쟁거리를 생겨나게 했다. 바로 기업의 녹색 이미지다.

04

좋은 뜻에서 한다지만 좋을 때가 드물다

나무를 심는 것이 요즘은 '대세'다. 많은 광고와 텔레비전 영상을 보면 기후 변화를 막기 위해 숲에서 나무를 심는 사람들이 우리를 향해 기분 좋게 웃곤 한다.

식목은 적극적인 행동이며 희망을 전달하고, 다음 세대를 위해 하나의 방향을 제시해준다. 게다가 나무는 무려 500년을 살 수 있고, 이 긴긴 세월 동안 다량의 탄소를 저장한다. 그뿐만 아니라 우리가 숨 쉬는 공기에 산소를 풍부하게 공급하며 수많은 종이 살아가는 터전이기도 하다.

이런 말은 듣기는 좋지만, 많은 경우 실행하기는 힘들다. 전형적인 사례로 대규모 자재 시장 체인을 들 수 있다. 이들 체인은 2020년에 100만 그루를 식목하겠다는 전망을 내놓았다.[68] 이는 근본적으로 매우 호감이 가는 말인데, 나무는 아무리 많아도 충분하다고 할 수 없기 때문이다. 100만 개의 묘목을 심으면 식목의 간격을 어떻게 하느냐에 따라 1~3제곱킬로미터 넓이의 새로운 숲이 조성된다. 하지만 이로써 정말 새로운 숲이 생겨날까? 기업들은 기존의 대농장이 있는 숲을 개조하고, 기후 변화에 대비해 숲을 보다 더 안정적으로 만드는 목표를 가지고 있다고 광고한다. 간략하게 요약하면, 가문비나무는 '아웃'이고 활엽수는 '굿'이라는 뜻이다. 그럼에도 이런 행동이 자연을 위해 진정으로 부차적인 도움을 준다면 어느 정도 긍정적인 면도 있다. 이러한 젊은 숲을 조성하기 위한 식목을 어떻게 실행해왔는지 우리는 한번 살펴봐야 한다. 자재 시장의 파트너는 잘 알려져 있는 자연 보호 단체, 즉 독일삼림보호협회(Schutzgemeinschaft Deutscher Wald, SDW)다.[69] 예를 들어 독일사냥협회가 이와 같은 명칭을 달고 다니는지 누가 알겠는가. 따라서 숲 보호 단체라는 명칭만으로는 많은 것을 말해주지 않는다고 보면 된다.

이 보호 단체는 자신들이 규정한 두 번째 조항에서 다음과 같은 이상을 추구한다고 요약한다. "우리는 숲의 문화적, 경제적 그리고 생태학적 기능을 업무의 핵심으로 잡고 있다."[70] 경제적 기능 다음으로 생태학적 기능을 언급한 것은 우연일까? 그렇지 않을 것이다. 이 보호 단체는 많은 활동을 통해 국가의 산림 경영을 공공연하게 지원하기 때문이다. 그들은 '숲 청소년 놀이'라는 행사도 공동 주관했는데, 여기서 학생들은 무엇보다 산림 경제가 숲에 얼마나 좋은 일을 하는지 경험할 기회를 갖는다. SDW는 자재 시장의 행태를 그대로 이어받아 이런 행동에 참여하길 원하는 숲 소유주들에게 어떻게 해야 할지를 지시한다. 행동 지침은 국가의 산림 경영이 세운 숲 개조 프로그램과 같다. 그들은 현장에 적응을 잘하는 나무의 종류를 미리 알아보고, 외래종이 이와 같은 기준을 충족시킬 수 있다는 사실을 빙 둘러 표현한다.[71] 그게 아니라면 그들은 산림 감독관이 사용하는 언어로 '현지를 터전으로 삼는(외래종도 국내에서 자라면 토종이 될 수 있다는 의미—옮긴이)'이라는 표현이 진정한 자연을 의미한다고 생각할까?

가슴에 손을 얹고 말해보자. 당신이 나무 한 그루를 기부하면, 이 나무는 자연에 선물로 할당되는 게 아니라 조용히 늙어갈 수 있을까? 이 나무가 나무들끼리 서로 돕고 서늘한 환경과 충분한 강수도 제공하는 숲에서 성장해야 하지 않을까? 간략하게 말해, 당신이 기부한 나무는 훼손되지 않은 보호 구역을 위해 뭔가 기여해야 하지 않을까?

거친 현실은 유감스럽게도 달라 보인다. 묘목은 경제의 숲에서, 통상적인 계획에 따라 평균 몇십 년 정도만 살아야 한다. 이들로부터 나오는 목재는 대부분 경제적 가치로 평가된다. 숲이라는 생태계 외에 대기층도 헛수고를 하게 된다. 나무가 저장했던 탄소도 조만간 다시 대기층으로 흘러나온다. 결국 모든 목재 제품은 어느 날 난로에서, 쓰레기통이나 목재 쓰레기를 태우는 발전소에서 생을 마감할 것이다.

그러나 경제 분야의 스폰서 없이도 도처에서 급하게 새로운 묘목을 심고 있다. 그처럼 비용이 많이 드는 식목과 이런 나무의 미래는 전형적으로 독일 트로이엔브리첸(Treuenbrietzen: 브란덴부르크주 서남부에 위치한 소도시)처럼 산불 발생 구역이 되고 만다. 이곳에서 여름 가뭄이 심각했던 2018년 약 4제곱킬로미터에 달하는 소나무 농장이 불에 활활 탔다. 나는 이 불탄 곳을 꼭 보고 싶었다. 원래 독일에서 산불은 지극히 이례적인 사건이다. 고향에서 자라는 활엽수 원시림은 불이 잘 나지 않기 때문이다. 독일에 대대적으로 침엽수를 들여오면서 산불이 폭발적인 문제로 대두했다. 송진이 잔뜩 묻어 있는 침엽수의 가지와 잎에 쉽게 불이 붙기 때문이다.

피레 이비슈 교수는 산불이 난 이 장소에서 연구를 수행한다. 그는 이곳에서 식물학자 예아네테 블룸뢰더(Jeanette Blumröder)와 함께 사람들의 개입 없이 자연적으로 숲이 재건되는 과정을 조사하고 있다. 2019년 5월 초 우리는 외르크 아돌프(Jörg Adolph)와 다니엘 쇠나우어(Daniel Schönauer)—영화 〈나무의 비밀스러운 삶〉을 촬영한 카메라 팀—그리고 피레 이비슈 교수와 더불어 화재가 발생한 곳에서 만나기로 약속했다. 우리는 불에 타서 새까맣게 변한 나무들 사이를 돌아다녔는데, 놀랍게도 몇몇 나무는 지독하게 손상을 입은 상태였으나 그럼에도 불구하고 살아 있었다. 나는 산불로 인해 재들 사이에 황량하게 솟아 있는 몇 개의 그루터기를 제외하고는 숲이 완전히 초토화되었을 거라고 상상했었다. 하지만 산불은 넓은 면적에서 소관목류(小灌木類: 키가 아주 작은 관목—옮긴이)만 훑고 지나갔을 뿐 5~6미터 높이의 소나무들은 완전히 타지 않는 축복을 받은 상태였다. 숲은 아직 건재했다. 그러나 갈색-녹색이 아니라 이제는 갈색-검정색이었다.

우리의 신발이 닿자 재가 회오리치며 날아올라 액운을 가져오는 묵시록의 분위기를 물씬 풍겼다. 아, 그렇지만 여기저기에 약간 녹색을 띤 것이 잿더미 땅에서 올라와 있는 게 보였다. 우리는 쪼그리고 앉아서 새까만 손가락으로 그 작은 선구자를 만져보았다. 그것은 정말 나무였다! 매우 작고 거의 알아볼 수 없었지만, 그래도 몇몇 곳에서 단풍나무와 소나무 묘목이 올라오고 있었다. 우리는 이렇듯 드문드문 희망을 안고 있는 작은 묘목들이 산불로 멸망의 분위기를 풍기고 있는 한가운데에서 앞으로 새롭고 튼튼한 숲을 만들기 위한 출발점이 될 것이라는 믿음을 갖기 위해 대단한 낙관주의자가 되어야 한다.

나는 산불이 난 곳을 또 다른 시각에서 살펴보기 위해 몇백 미터 더 멀리 가서 관찰했다. 이곳의 숲 소유주는 죽든 살아 있든 상관없이 모든 나무를 벌채하도록 시켰다. 때는 5월인데, 우리는 벌채로 인해 벌거숭이가 된 산의 지평선에서 수확 기계가 돌아다니는 모습을 봤다. 단 몇 초 만에 나무를 베어 쓰러뜨리는 이 기계는 가지를 잘라내고 손쉽게 다룰 수 있도록 몇 조각으로 톱질까지 한다. 지평선에 위치한 이 기계가 살짝 그을린 소나무를 차례대로 쓰러뜨리고 지나간 자리에는 황량한 민둥산만 남았다. 암울한 이런 장면은 숲 전체를 뒤덮고 있는 트랙터 자국으로 더 강화되었다. 함께 있던 산림 감독관에 따르면, 숲 전체를 곧 파헤쳐 뒤집을 것이라고 했다. 사람들은 경험을 통해 새로운 숲은 브란덴부르크의 환경에서 잘 성장하지 못하리라는 사실을 잘 알고 있다.

땅을 뒤집어서 생겨난 이랑에 부식토가 사라지고 고운 모래만 있건만 산림 행정은 키가 10센티미터도 안 되는 소나무를 심었다. 소나무라고? 나는 동료들에게 왜 이곳에서는 반복해서 또 실수를 저지르는 것이냐고 물었다. 하지만 "그렇지 않다"는 대답이 돌아왔다. 브란덴부르크의 모래땅에서는 소나무 말고 자라는 게 없다는 걸 모두가 알고 있다고 했다. 오히려 내가 정반대로 알고 있었다. 이곳에는 수백 년 전만 하더라도 너도밤나무 숲이 울창하게 들어서 있었다. 따라서 이렇게 많은 비용을 들여 소나무를 심는 일은 경영학적인 측면에서도 유리하지 않다는 문제를 제기했다. "오, 유리해요." 즉시 반박이 돌아왔다. 동료는 이 대규모 농장이 대략 100년 안에 많은 돈을 안겨줄 것이라고 설명했다.

나에겐 복리를 계산해주는 앱이 있는데, 이런 경우에 매우 도움이 된다. 숲에 대한 투자가 정말 수익성이 좋은지는 이 앱을 이용하면 빠르게 계산할 수 있다. "그만! 숲은 수익으로 계산해서는 안 돼요!" 이렇게 소리칠 사람도 있을 것이다. 진정한 숲이라면, 나 역시 똑같은 의견이다. 하지만 이런 숲은 어디에서든 사람의 도움이 필요 없다. 앞으로 우리가 살펴보겠지만, 그런 숲은 비용을 들이지 않더라도 저 혼자서 매우 신속하게 생태학적으로 고품질의 숲으로 회복한다. 많은 경우, 젊은 숲의 생태학적 가치를 높일 수 있는 토종 나무를 보완해서 심는 게 의미 있다.

언젠가 수확할 목재가 주요 목적인 식목은 산림경영학적으로 부동산·채권·금에 투자하는 것과 동일하고, 그에 따라 이자도 생겨야 한다. 이자는 흔히 예금 통장에 들어 있는 돈에 대해 지급하는 것이라고 생각한다. 모든 투자 형태는 많은 이득을 가져오고, 굳이 돈의 형태를 띠지 않을 수도 있다. 인플레이션을 제하고 나면 사람들은 주식으로 수십 년간 투자할 경우 6퍼센트 이상의 이득을 얻는다.[72]

소나무 식목은 비교적 비용이 적게 든다. 땅에 쟁기질을 하면 1헥타르당 4000유로가 투입된다. 투자 기간은 대략 100년이고, 이 시기가 되면 톱으로 잘라도 될 만큼 나무가 굵어진다. 그 중간에도 간벌해서 목재를 수확하는데, 보통은 얄팍하고 품질이 좋지 않다. 이때는 대체로 숲의 관리와 목재 수확에 비용이 들지 않는다.

우리가 4000유로를 투자한 삼림지를 6퍼센트의 이자로 100년간 경영한다고 치자. 당신이 알고 있듯 시간이 길어지면 금액은 어마어마하게 늘어난다. 130만 유로가 넘는다. 생태학적으로 사막에 해당하는 곳의 식목이 자연적인 숲의 재건보다 더 나은 수익을 가져오려면, 목재 판매를 통해 수익을 얻겠다는 목표를 세워야 한다. 그렇지 않으면 돈을 주식이나 다른 형태에 투자하는 게 더 낫다. 소나무 농장은 100년 뒤에 고작 1만 2000유로의 수익을 창출할 뿐이며,[73] 따라서 다른 모든 투자 형태와 비교해도 훨씬 뒤떨어진다.

이런 비슷한 계산을 거의 모든 산림 경영에 대입할 수 있다. 결과는 분명하다. 즉, 자연에 반(反)해 경영하는 사람은 이성적인 이득을 얻지 못한다. 간략하게 말하면, 나무를 심는 사람은 돈을 잃는다.

회사와 개인이 공공의 숲에서 좋은 뜻으로 나무 심기 행사를 벌이지만 이 역시 형편없는 점수를 받는다. 이런 행동은 산림 경영의 계좌에서 비용을 지불한다. 다시 말해, 과거 수십 년간 가문비나무와 소나무 대농장을 조성해 생태학적 대재난을 불러일으켰던 바로 그 산림 감독 기관의 돈으로 이뤄진다. 이들이 너무나 큰 성공을 거두어 그동안 독일에 있는 숲의 절반 이상이 외국에서 들여온 침엽수로 채워졌다.

이는 결코 의미 있는 일이 아니었다. 2018~2020년 가뭄이 심했던 여름 이전에 이미 산림업적인 측면에서 볼 때 가장 중요한 나무 종에 해당하는 가문비나무 가운데 절반 이상이 나무좀벌레와 폭풍으로 인해 희생되고 말았다. 숲을 소유한 개인뿐 아니라 공공 산림 관리자도 법적으로 몇 년 안에 나무를 다시 심어야 할 의무가 있다. 즉, 사람들이 좋은 의도로 여가 시간을 내서 심거나 통 큰 자재 시장의 체인점들이 식목한 숲에는 새로운 어린 나무들이 생겨났고, 감독관청은 새로운 나무를 심으라고 장려했을 게 분명하다.

나무를 심겠다는 자발적인 발의로는 숲 소유주들이 비용의 일부도 청구하지 못한다. 개인과 공공의 숲에서 재난이 일어난 뒤에 하는 식목과 대규모 농장의 개조라야 재정적으로 상당한 원조를 받기 때문이다. 결국 회사는 자신이 베푼 선행을 대대적으로 광고하고, 자발적으로 나무를 심은 개인은 좋은 일을 했다는 기만적인 느낌을 갖는 것이 전부다.

숲에 새로 나무를 심는 것이 의미심장해 보이는 경우도 드물지만 있기는 하다. 드넓게 펼쳐진 농지처럼 주변이 확 트인 곳에 늙은 나무가 전혀 없는 경우다. 이런 곳에서는 숲의 재건이 조금 더 오래 걸릴 수 있는데, 그 자체로는 문제가 되지 않는다. 다시 말해, 이런 곳에서 젊은 숲은 천천히 진행해도 좋은 자연의 과정일 뿐이다. 자연한테는 시간이 있지만, 반대로 우리 인간에겐 대부분 시간이 별로 없다. 만일 우리가 재식림을 자연의 귀환으로 볼 뿐 아니라 무엇보다 기후 변화에 대응하는 조치로 본다면 속도를 더 내도 괜찮다. 많은 경우 우리가 너도밤나무, 참나무, 자작나무처럼 토종을 이용하면 식목은 성공할 수 있다.

그럼에도 묘목은 초반에 막강한 문제에 봉착할 수 있다. 첫 번째 문제는 바로 뿌리다. 키가 40센티미터 정도 되는 너도밤나무는 태어날 때부터 주변으로 1제곱미터 뻗어나갈 수 있는 뿌리 체계를 가지고 있다. 사람들은 이와 같은 뿌리를 다치지 않고 잘 파내거나 심을 수 없다. 뿌리가 박혀 있는 땅의 무게가 상당하기 때문에 묘목을 운반하거나 땅에 심기 위해서는 굴삭기가 필요할 정도다. 여기에 들어가는 비용은 누구도 지불하길 원치 않으며, 반대로 싸고 또 신속하게 심을 수 있는 묘목을 원한다. 농업에서와 비슷하게 가격은 다양하다. 예를 들어 작은 너도밤나무나 참나무 묘목 한 그루는 2.5유로를 넘으면 안 된다. 나무를 심는 비용도 포함해서 말이다!

큰 나무에 값이 싸고 빨리 심을 수 있으며, 그래서 가능한 한 적은 돈이 드는 묘목을 원할 경우 다음과 같은 결과를 낳는다.

식물을 심을 작은 공간(재빨리 마련할 수 있는)만 있으면 되므로 뿌리 체계가 가능한 한 작아야 한다. 이를 위해 나무 학교에서, 그리고 흔히 숲에서 뿌리를 절단한다. 아야! 뿌리 끝은 나무한테 가장 예민한 부분에 속한다. 과학자들은 식물의 뿌리가 인간 뇌의 구조는 물론 기능과도 비슷하다는 것을 발견했다. 나무는 물을 얼마나 마실지, 어떤 이웃 나무한테 땅 밑에 있는 네트워크를 통해 당분 용액을 보내줄지, 또는 어떤 균류와 연결할 것인지를 뿌리에서 결정한다.

그런데 이런 뿌리 주변을 잘라내면, 절대 제거하기 이전 수준으로 재생되지 못한다. 나무는 더 이상 뿌리를 땅속 깊이 내려보내지 못하고 서로 연결하지도 못한다. 그러면 적어도 뿌리를 통해 대화하는 것이 불가능해지고, 이는 나무 유치원을 곤충이나 식물을 먹어치우는 해충의 위협적 공격에 잘 노출되게끔 만든다. 보통 최초로 피해를 당한 식물이 동료들한테 화학적 성분을 통해 도와달라고 하면 동료들은 독성분을 저장함으로써 이에 대비할 수 있다. 그런데 금방 묘목을 심은 숲은 아무런 신호도 보내지 못하고 뭔가를 결정할 능력조차 없다.

뿌리를 절단하면 생기는 또 다른 결과가 있다. 평평한 뿌리는 나무가 충분히 자리를 잡게 해주지 못한다. 이런 뿌리가 달려 있으면 토종 활엽수는 겨울철 생존에 반드시 필요한 지하수가 있는 땅속 깊은 곳까지 도달하지 못한다. 이러한 결함이 가져오는 결과는 2019~2020년에 심었던 나무들이 1년 후에 말라죽은 경우를 보면 알 수 있다. 반대로 같은 나이에 근처에서 자연적으로 성장한 야생 묘목은 엄청나게 더운 여름에도 신선한 녹색을 휘황찬란하게 자랑하며 잘 자란다. 이렇듯 야생의 묘목은 전혀 다른 장점을 갖고 있다. 이들은 성장하는 곳 근처에서 태어났고, 그래서 기후도 잘 알며 거친 현실에 잘 적응한다. 그런데 그들의 사촌인 나무 학교 출신 묘목은, 미안하지만, 나약하기 그지없다. 그들은 건조한 여름을 자기 능력을 알아볼 수 있는 일종의 시험으로 체험하지 않았다. 나무 학교에 있는 꽃밭에는 당연히 사람들이 물을 주기 때문이다. 이런 곳에서 묘목이 물 관리하는 방법을 어떻게 배울 수 있겠는가?

여기에 '비료'라는 형태로 식물의 도핑 현상이 일어난다. 사실 상태가 가장 좋은 숲에서도 영양분을 그 정도로 제공하지는 못한다. 1년에서 3년까지의 삶은 그야말로 꿈과 같다. 하지만 어린 참나무나 너도밤나무가 갑자기 가문비나무들이 사라져 민둥산이 된 곳에서 자신을 발견한다면, 꿈에서 깨어난다. 뿌리로 땅을 누르고 단단히 자리를 잡기 위해 서둘러 노력하는 묘목한테 꿈에서 깨어난 상황은 그야말로 고통스러운 충격일 것이다. 뿌리는 땅속에서 구부러지고 뭉개져 물을 흡수하기가 쉽지 않다. 엄청나게 육중한 기계들이 이곳을 지나간 뒤에도 그나마 물이 남아 있다면 말이다.

그 밖에 참으로 심각한 단점은 나무 학교 출신 묘목한텐 아는 게 너무 적다는 것이다. 이들 묘목은 자신이 무엇을 획득할 수 있는지 모를 뿐 아니라, 정상적인 상태였다면 어미로부터 받을 수 있는 것도 얻지 못한다. 어미 나무는 자식들한테 후생적인 물질을 통해 살면서 얻었던 어마어마한 경험을 전달해준다. 그것은 문자 그대로 유전자에 저장되어 있고, 씨앗을 만들 때 다음 세대에 전달되는 메틸 분자다. 그러면 묘목은 즉시 기존의 땅에서 강수에 따라, 또는 여름의 기온에 따라 어떻게 행동해야 하는지 '알게 된다'.

그러나 이는 어미 나무가 서 있던 몇 제곱미터에서만 유효하다. 내 고향 베르스호펜에서 자라는 너도밤나무는 북쪽 경사지에 있느냐 남쪽 경사지에 있느냐에 따라 전혀 다르게 행동한다. 따라서 나무 후손은 다른 행동 규칙을 손에 넣는다. 더 정확하게 표현하면 뿌리에 넣는다.

나무 학교에서 묘목이 저장해둔 규범은 새로운 장소에서 자라는 어린 나무한테는 그다지 소용이 없다. 그들의 어미 나무는 국가에서도 인정해줄 만큼 흠이 없어 언젠가 목재로 수확할 정도로 성장하고, 이용 가능성에 따라 제재소로 보내진다. 이렇게 수확하는 목재는 아마도 슈바르츠발트(Schwarzwald: 독일 서남부에 있는 고원 지대—옮긴이)에 있을 테고, 반대로 이 나무의 후손은 아이펠 고원에 심어질 것이다.

물론 성장한 숲은 그 밖에도 새로운 도전에 직면해 또 다른 장점을 갖는다. 너도밤나무는 살아가는 동안 모두가 상이한 성격을 가진 200만 개의 씨앗을 생산한다. 순전히 통계상으로 보면 단 하나의 묘목이 어미의 자리를 이어받는 한 그루의 어른 나무가 될 수 있다. 조건상 정확하게 그 자리에 가장 잘 적응하는 바로 그 나무일 것이다.

물론 이미 언급했듯 경작지에 심은 경우처럼 이 나무는 다르게 행동할 수 있다. 만일 특별히 신속하게 진행해야 한다면, 사람들은 이처럼 생태학적인 사막에서 숲을 어떻게 하면 의미심장하게 되돌려놓을 수 있을까? 정말 간단하다. 자연에서 재식림되는 과정처럼 느린 속도에 맞춰 자작나무나 은백양을 심으면 된다. 이 개척자들은 생태학적 사막에서 정착할 최초의 나무이며, 만일 넓은 주변에 어미 나무가 한 그루도 없다면 1헥타르당 500그루로 족하다. 이들은 매년 최대 1미터씩 신속하게 자라 작은 숲을 이루고, 이 작은 숲은 그늘과 비옥한 땅을 만들어줄 것이다.

이 같은 상태에서 너도밤나무도 쾌적함을 느낄 테니 몇 년 뒤 이곳에 심으면 된다. 이보다 더 나은 방법은 상자에 씨앗을 담아 버팀목으로 고정시켜주는 것이다. 이 상자에 너도밤나무나 떡갈나무 열매를 담아두면, 나중에 어치나 까마귀가 겨울 식량으로 주변에 숨겨둘 것이다. 새들은 무엇보다 안전을 좋아하므로 씨앗이 2000개만 필요하더라도 많게는 1만 개를 숨겨놓는다. 이렇게 해서 남은 많은 씨앗은 이듬해에 싹을 틔우고 비용을 들이지 않아도 나무로 성장한다. 몇 유로면 충분하다. 묘목은 뿌리가 손상되지 않은 상태로 거의 자연적인 숲에서 자란다. 여기에서 '거의'라고 한 이유는 어미 나무가 없기 때문이다. 낯선 종인 자작나무가 그늘과 습기를 제공하지만, 영양분과 정보는 제공하지 못하기 때문이다.

사람들이 자연과 더불어 일하면 할수록 세간의 이목을 끌 만큼 충격적인 사건이 생기지 않는다. 기다리고 허용하는 일만 한 자신에게 과연 누가 잘했다고 어깨를 토닥여주겠는가? 할 일이 없어 손을 호주머니에 꽂아 넣고 관찰만 하는 사람들을 찍은 언론의 사진은 전혀 인상적이지 않다. 행동력이 있다는 것은 오로지 행동을 통해 보여줄 수 있을 뿐이다. 정치적인 행동력은 돈을 준비하면 그만이다. 그러나 많은 돈을 들여서 대규모 농장을 꾸미는 행동은 나무한테뿐 아니라 동물 세계에도 영향을 미친다. 동물은 점점 경제적 이익이라는 (문자 그대로) 십자가에 못 박히는 상황에 빠진다.

05

노루: 새로운 나무좀벌레?

대규모 농장을 조성하면 천둥 같은 소음도 동반하게 된다. 금방 심어둔 묘목 위에서 점점 더 총소리가 자주 들리기 때문이다. 그칠 새 없는 이 사격의 목표물은 커다란 포유류, 특히 사슴과 노루다. 이들은 새롭게 조성한 숲에서 선발된 적이다. 이전에 악역을 맡았던 나무좀벌레를 흔적도 없이 제거할 정도다. 곤충은 죽어가는 가문비나무 숲을 남겨놓았지만, 이를 대신해 나무 학교에서 나온 제품으로 묘목을 심자 이제는 야생 동물의 굶주린 주둥이가 먹이를 찾지 못하게 되었다. 그러나 이곳에서도—당신도 이미 생각했을 수 있다—주의를 다른 곳으로 돌릴 만한 논쟁이 있다. 사람들은 희생양을 찾고 있다. 정치가들은 몇몇 환경 보호 단체와 어깨를 나란히 하며 사냥을 조금 더 많이 허용하고, 이를 통해 기존의 사냥 규칙을 완화하는 규정을 도입하자고 요구한다. 물론 맞는 말이다. 최근 심어둔 어린 활엽수를 동물들이 먹어치운다면, 생태학적으로 숲을 재건하겠다는 구상이 많은 곳에서 실패할 테니 말이다. 그러나 정말 노루와 사슴 때문일까?

초식 동물이 숲에서 살아남는 경우는 원래 소수에 불과하다. 너도밤나무와 참나무는 그늘을 만들어냄으로써 풀이 자라는 걸 힘들게 하며, 초식 동물은 먹을 게 없으니 굶어야 한다. 그래서 사슴은 강가의 활엽수 숲으로 가는 것을 좋아한다. 거기에는 적어도 눈이 녹는 동안 유빙으로 인해 나무 없는 넓은 구역이 있기 때문이다. 그런데 연초에 내리는 엄청난 비가 강물로 쏟아지면서 두꺼운 얼음덩이들이 작은 나무를 사정없이 부러뜨리고 좀더 큰 나무한테도 손상을 입힌다. 심지어 요즘에도 엘베 강가에 자라는 튼튼한 참나무에서 지난 수백 년 동안 겪었던 상처로 인해 생긴 흉터를 볼 수 있다. 수위가 내려갔을 때, 강둑과 강 중간에 있는 섬에 풀과 잡초가 신속하게 퍼져나갔다. 이곳에서 들소와 멧돼지, 야생말은 살아남기 위해 가장 좋은 조건을 발견했다. 여름에 너무 덥고 모기가 괴롭힐 때, 동물들은 산으로 가거나 나무가 있는 경계선까지 올라갔다. 그곳은 서늘하고, 드문드문 서식하는 나무들이 연한 풀과 잡초가 풍성하게 자랄 수 있도록 해주었다.

반대로 노루는 생활 영역이 있고, 따라서 방랑자가 될 수 없다. 이들은 숲에서 작지만 교란된 구역을 찾는다. 여름 토네이도가 오래된 나무 열두어 그루를 쓰러뜨리거나 무성하게 자라서 나이 들어버린 너도밤나무가 썩어 쓰러지면, 땅 위에 빛이 들어오는 작은 섬이 하나 생겨난다. 태양이 부식토 층을 따뜻하게 해주고, 이곳에서는 풀과 잡초가 한시적으로나마 기반을 잡는 기회를 가질 수 있다. 노루는 바로 이 작은 녹색의 점 같은 땅에서 살아남을 수 있다. 최소한 사람들이 이 땅을 밟고 들어오기 전까지는 말이다. 사람들은 오늘날까지 숲의 풍경을 바꿔놓고 있다. 모든 간벌은 기본적으로 여름 토네이도를 모방하는 것이며, 많은 나무를 벌채함으로써 온기와 햇빛이 땅에 스며들도록 한다. 그 효과는 전국에서 볼 수 있다. 어느 정도 훼손되지 않은 활엽수 숲에는 어스름한 미광만 비치므로 나무 아래쪽 부분은 여름에도 대부분 갈색을 띠는 반면, 사람들이 관리하는 숲의 나무가 서식하는 땅은 대체로 녹색을 띤다. 이곳에서는 나무딸기, 풀과 개암나무처럼 온갖 것이 번성한다. 이런 상황은 본래적인 숲에서는 결코 만들어질 수 없다.

땅에서 자라는 식물은 노루와 사슴의 먹잇감이다. 이들 동물은 과거에는 드물었던 이 맛있는 음식을 포식한다. 물론 이것들은 현대적인 산림 경영 덕분에 그동안 일상에서 쉽게 찾아볼 수 있는 먹잇감으로 변했지만 말이다. 특히 나무딸기처럼 항상 푸른 덤불은 초식 동물의 번식에 중요한 역할을 담당한다. 2월과 3월에 숲은 보통 식량을 적게 제공하고, 그래서 많은 동물이 굶주린다. 기름과 전분을 함유한 씨앗은 동물들에게 이듬해 초까지 살아남기에 충분한 칼로리를 제공한다. 반대로 너도밤나무와 떡갈나무 열매가 없는 해에는 식량을 얻기 힘들다. 그러나 겨울에도 사냥꾼들이 먹이를 제공하고, 또한 현대적인 산림 경영 덕분에 식량을 구하기 어려운 시기도 더 이상 찾아보기 힘들다. 그러는 동안 많은 숲이 나무딸기 덤불로 뒤덮였다. 이런 덤불은 맛있는 녹색 잎을 먹기 좋게 내놓는다. 심지어 눈이 잔뜩 내린 환경에도 그러하다. 현재 숲에서 목격하는 높은 수준의 야생 상태는 침엽수 대농장의 붕괴 문제로 인해 발생한 상황에 봉착하고 있다.

대부분의 산림 관리는 죽은 숲을 완전히 민둥산으로 만들어버린다. 이로 인해 땅은 특히 햇빛을 강력하게 받아 달궈진다. 균류와 박테리아가 극단적으로 증가하고 나뭇가지, 잎, 부식토는 순식간에 줄어든다. 그러면 몇 년 안에 질소와 또 다른 영양분이 엄청나게 방출된다. 이어 잡초와 덤불이 그야말로 폭발적으로 늘어난다. 이렇게 많은 비료 덕분에 식물은 특별히 영양분이 풍부해져 노루와 사슴을 자석처럼 끌어당긴다. 동물은 영양분이 풍부한 식량을 후손에게도 나눠주어 결국 개체군이 강력하게 증가한다.

나무 학교에서 심은 묘목은 이런 상황을 한층 더 첨예화시킨다. 어린 너도밤나무와 참나무는 정원에서 인위적으로 비료와 물을 주는, 그야말로 부족함 없는 환경에서 자라는 데 익숙해져 있다. 그런데 이런 묘목한테서 화려한 싹이 돋아나면, 산림 관리자들은 일하기 수월하다는 이유로 흔히 텅 비워놓았던 민둥산으로 이것들을 옮긴다. 그러면 노루와 사슴이 어린 나무 주변으로 더 잘 접근할 수 있고, 정확하게 줄을 맞춰 심은 맛있는 이 식물을 한 조각씩 먹어치울 수 있다.

야생의 숲과 민둥산 사이의 이런 놀이를 나는 산림 감독관을 할 때 여러 번 관찰할 수 있었다. 당시에는 특히 광포한 폭풍이 많이 불었다. 1990년의 허리케인 비비안(Vivian: 2월 25~27일. 168km/h. 영국, 프랑스, 베네룩스 3국, 독일, 스위스가 피해를 당했으며, 피해액은 약 112억 유로—옮긴이)과 비브케(Wiebke: 2월 28~3월 1일. 130~200km/h. 주로 독일이 피해를 입었으며, 피해액은 약 15억 유로—옮긴이) 때문이든, 1999년의 로타르(Lothar: 12월 25~27일. 272km/h. 프랑스, 남서부 독일, 스위스, 리히텐슈타인, 오스트리아가 피해를 입었음—옮긴이)와 2007년의 퀴릴(Kyril: 1월 15~22일. 225km/h. 아일랜드, 영국을 포함한 유럽 대부분의 국가와 루마니아와 러시아가 피해를 입었으며 피해액은 약 28억 유로—옮긴이) 때문이든, 매번 어마어마한 민둥산이 생겨났다. 이어진 몇 년 동안 대대적으로 초목을 심었다. 식목을 하고 난 뒤 몇 년에 걸쳐 일어난 놀라운 효과는 노루와 사슴이 금방 식목한 묘목을 무서울 정도로 뜯어 먹지는 않았다는 사실이다. 이것은 그리 놀라운 일이 아니다. 당시엔 그들의 식량이 대량으로 공급되었기 때문이다. 야생 동물의 시각에서 보면 폭풍으로 인해 쓰러진 나무가 무진장 널려 있는 대규모 농장은 그들이 먹을 수 있는 목초지가 놀라울 정도로 거대해진 것처럼 보였을 터이다. 많은 새끼를 낳아 이러한 상황에 반응할 때까지 오랜 시간이 걸리므로, 그동안 동물들은 그야말로 놀고먹을 수 있는 환상적인 천국에서 살았던 셈이다. 이처럼 식량이 풍부한 환경에서 어린 활엽수는 뜯어 먹힐 위험이 줄어들 수밖에 없다.

몇 년이 지체된 후에야 비로소 상황이 역전되었다. 많은 땅에서 어린 나무가 쑥쑥 자라났고, 그 땅에서 서식하던 식물을 밀어내는 상황이 된 것이다. 활엽수는 물론 무엇보다 침엽수가 그랬는데, 이는 놀랄 일이 아니다. 사실 과거의 숲은 거의 가문비나무와 소나무로 이루어져 있었다. 놀라울 정도로 많은 양의 씨앗이 저장된 상태였다. 이것들이 나무좀벌레로부터 살아남아서, 그리고 오래된 나무가 죽은 뒤에 싹이 터서 미래의 숲을 이루는 나무가 되었다. 하지만 송진과 향유가 있는 이런 나무는 노루와 사슴에게 관심의 대상이 되지 못했다. 어린 숲에서 나무가 자라자 빈 공간이 줄어들고, 이로써 동물에게 제공되는 식량도 줄어들었다. 이에 급격하게 증가했던 야생 동물 개체군도 굶주림에 직면했다. 이제 그들은 어린 식물, 심어둔 모든 활엽수를 발견해 먹어치워야 했다.

새로운 숲을 보호하기 위해 노루와 사슴을 총으로 쏴 죽이는 게 의미 있지 않을까?

이런 뜻에서 진행한 논쟁은 내 생각에 좀더 중요한 요소를 흐릿하게 만들었다. 이미 언급한 바 있듯 벌목을 통해 어느 정도 훼손되지 않은 숲을 솎아내는 조치가 그것이다. 10년 전에만 하더라도 내 담당 구역에서 대학생들이 조사를 진행했다. 그 결과에 의하면, 특히 나이 든 나무가 많은 너도밤나무 보호 구역은 야생 동물로부터 피해를 거의 입지 않았다. 오래된 너도밤나무와 참나무 때문에 희미한 빛만 들어오는 곳에서 나무의 후손은 매우 천천히 성장하며, 이로 인해 특히 위험해질 수 있다. 노루의 주둥이가 닿지 않을 만큼 자라기 위해서는 100년이 지나야 한다. 그러나 어린 너도밤나무의 잎은 햇빛이 부족한 환경에서 자라므로 거칠고 쓴맛이 난다. 노루와 사슴은 그렇게 관심 없는 구역은 피하기 때문에 어린 너도밤나무는 대부분 살아남는다.

한편 돌을 던지면 닿을 거리에 있는 땅은 폭풍으로 인해 민둥산이 되어버렸고, 그래서 어린 활엽수가 대대적으로 야생 동물의 먹잇감이 되었다. 이곳은 이른바 야생 레스토랑으로 발전했고, 많은 노루가 밤낮으로 배를 채우기 위해 들렀다. 이처럼 어린 나무가 뜯어 먹히고 해를 입는 원인은 산림 경영 자체에 있다. 그러나 사람들은 그 책임을 야생 동물에게 지우곤 하는데, 이는 기후 변화 외에 두 번째 원인을 외부에서 찾은 결과일 뿐이다.

나도 직접 나서서 노루와 사슴 그리고 야생 멧돼지를 더 많이 사살하라고 시킨 경우가 한 번 있다. 이런 말을 듣고 혹시 충격을 받았는가? 하지만 나는 수년 전부터 더 이상 사냥을 하지 않는다. 최근의 연구와 나 스스로의 관찰을 통해 사냥을 그만두었다.

당시 나는 숲 때문에 걱정이 많았다. 내 구역인 가문비나무 대농장을 벗어나 어느 정도 자연적인 활엽수 숲을 만들고 싶었다. 하지만 그렇게 하려면 먼저 어린 활엽수들을 성장시켜야 했는데, 이런 시도는 항상 초식 동물로 인해 실패하고 말았다. 끈질긴 협상 끝에 내가 허락한 수렵 허가는 숲 1제곱킬로미터당 20마리가 넘는 노루는 잡아도 된다는 것이었다. 이 지침은 수년 동안 유지되었다. 이는 독일에서 평균적으로 허락하는 것보다 2배는 많은 양이었는데, 이러한 조치로 적어도 어린 너도밤나무는 채식 동물로부터 화를 입지 않고 자랄 수 있었다. 그러나 대학생들의 조사 결과, 내 구역은 동물이 식물을 마구 갉아먹는 대참사가 벌어졌다. 나는 산림 감독관으로서 간벌을 시행해 사냥 구역 안에 서식하는 들짐승을 더욱 늘리는 데 기여하지 않았을까? 나는 몇 달 동안 숲과 야생 동물이 다시 서로 조화를 이루게 할 다른 방법은 없는지 고민했다.

그렇게 하기 위해 나는 다음과 같은 계산을 했다. 내가 담당하는 사냥 구역에서 1년 동안 숲 1제곱킬로미터당 20마리가 넘는 노루를 사살하면, 적어도 40마리의 노루는 살아남을 것이다. 그중 절반이 암컷이다. 그러면 매년 초 적어도 20마리의 새끼가 태어날 테고, 그러면 장기간 20마리를 사살해도 된다. 사냥 구역의 짐승이 기본적으로 적으면, 이런 수준으로 사살할 경우 신속하게 그 수가 줄어들 것이다. 그러나 내가 담당하는 구역은 여기에 해당하지 않았다.

아이펠 고원에 있는 내 고향은 노루와 사슴의 생활 공간이라는 관점에서 봤을 때 평균은 되므로 내 구역의 상황이 대표성을 띨 수 있다. 만일 독일 전국에 숲 1제곱킬로미터당 약 40마리의 노루가 있고, 이들의 자손 가운데 약 10마리를 사살하면, 나머지 10마리의 새끼는 어디에 있단 말일까? 만일 사냥꾼이 들짐승의 수를 정말 조절한다면, 최소한으로 사살하는 짐승의 수를 지속적으로 늘려야 할 것이다. 사냥꾼이 이를 조절하지 못한다는 사실은 숲을 산책해보면 직접 확인할 수 있다.

기하급수적 성장이 무엇을 의미하는지는 우리 모두가 코로나19

팬데믹을 통해 처절하게 배웠다. 그와 같이 멈추지 않는 성장은 언젠가 노루가 서로를 마주 보며 뒤꿈치를 들고 서 있어야 할 정도가 될 것이다. 그러나 만일 당신이 밖으로 나가보면, 운이 좋아야 커다란 야생 동물을 볼 수 있다. 다시 한번 질문해보자. 숲 1제곱킬로미터당 사살되지 않은 10마리의 노루 새끼는 도대체 어디에 있는 것일까? 단순한 대답을 들어보면, 그들은 수백만 년 전부터 그러했듯 자연사한다. 굶주림과 질병 그리고 노획물을 잡은 동물이 이들에게 철퇴를 가한다. 새끼를 노획물로 잡는 동물로는 야생 멧돼지가 있으며, 늑대도 간혹 있다. 멧돼지는 숲속에 숨어 있는 어린 노루를 잡아먹기 위해서 예민한 코를 이용해 체계적으로 초원을 수색한다.

독특하게 들릴 수 있지만 노루와 사슴 그리고 야생 멧돼지를 사살해서 사냥 구역에 사는 짐승의 수를 조절해야 할 필요성이 있다. 왜 하필이면 이 세 동물이 스스로를 더 이상 조절하지 못하게 되었을까?

그 어떤 사람도 지빠귀, 지렁이 또는 다람쥐 개체군에 개입해야 할 필요성을 주장하지는 않는다. 절대 그렇지 않다. 이들은 우연하게도 수백 년 전부터 순전히 사냥하는 재미로 죽여온 종일 뿐이다.

그와 같은 문제를 간과하더라도, 사람들은 수년 전부터 초식 동물이 어린 나무를 먹어치우는 문제를 사살하는 초식 동물의 수를 지속적으로 늘려서 해결하려 하고 있다. 비교를 해보자면, 1970년대에는 매년 60만 마리의 노루를 사살했으나 오늘날에는 100만 마리가 넘는다. 너도밤나무 열매와 들판의 과일을 먹어치움으로써 숲과 농지를 훼손하는 멧돼지의 사살은 동일한 기간 동안 10배로 늘어났다.[74] 그럼에도 갓 심은 활엽수에 피해를 입히는 야생 동물 문제는 오늘날까지 해결되지 않고 있다.

더 많이 죽여도 피해가 줄어들지 않는 또 다른 원인이 있다. 동물은 사람들이 원치 않는 바로 그 구역에서 활동하기 때문이다. 전형적인 예를 들어보면, 벌채로 인해 생긴 숲속 길의 나무 위에 망보는 자리가 있다. 사냥꾼은 이곳에 자리를 잡고 매우 손쉽게 동물을 사살할 수 있다. 사냥꾼은 숲에서 어떤 동물이 나오는지 정확하게 보기 위해 이런 자리가 필요하다. 다른 한편으론 나뭇가지들이 총알을 방해해 동물을 명중시킬 수 없도록 하기 때문이기도 하다. 이와 같은 숲길에는 나무가 자라지 않고, 풀과 잡초는 바로 야생 동물이 가장 좋아하는 먹이다. 노루와 사슴도 이것을 먹고 싶어한다. 하지만 이들도 그곳에 사냥꾼이 숨어 있을 수 있다는 사실을 안다. 경험이 많은 암사슴은 심지어 풀밭으로 나가기 전에 망보는 자리에 사람이 총을 들고 있는지 먼저 살펴본다. 의심스러울 경우 이들은 나무가 빽빽하게 들어선 숲에서 어둑어둑해질 때까지, 그러니까 사람이 그들을 더 이상 볼 수 없을 때까지 기다린다.

숲속 길은 죽음이자 동시에 약속을 의미한다. 초식 동물은 거의 하루 종일 먹어야 하기 때문에 낮에는 절망에 빠져서 뭐든 시급하게 해결하려 한다. 그래서 풀과 잡초 대신 작은 나무의 잎사귀나

가지를 먹어치운다. 심지어 사슴은 나무의 껍질을 벗겨서 먹기도 한다.

집중적으로 사냥을 당하면 할수록 동물은 낮에 숲속 길이나 초원으로 나가지 않는다. 따라서 이런 동물에 의해 피해를 입는 나무가 늘어난다. 사냥꾼이 미끼로 던져놓은 먹이로 인해 상황은 더욱 악화한다. 수십 년에 걸쳐 광범위하게 성공을 거두지 못했음에도 불구하고 공공의 전략은 다음과 같다. 즉, 동물을 더 많이 사살해야 한다! 나는 여기서 다시 한번 광기에 대한 정의를 불러오고 싶다. 동일한 행동을 하면서도 항상 다른 결과를 기대하는 것 말이다.

간단하게 요약하면, 사냥 구역 안에 서식하는 들짐승의 총수는 산림 경제와 사육으로 인해 변화가 상당히 심했다. 먹이가 충분한지 여부에 따라 노루와 사슴의 수가 결정되지 사냥에 의해 결정되지는 않는다.

자연엔 항상 스스로 조절하는 능력이 있다는 사실은 다음과 같은 의문을 품게 한다. 사냥은 근본적으로 불필요한 게 아닐까? 이런 의문에 대해 생태를 소중하게 생각하는 많은 산림 감독관조차 소리를 지르리라는 것을 나는 안다. 그들은 많은 들짐승을 죽여야만 다양한 토종 나무가 잘 자라는 숲이 될 것이라고 생각하기 때문이다. 심지어 대규모 환경 보호 단체도 이런 딜레마에 빠져 엄격하게 사냥을 해야 한다는 자신들의 생각을 유포시키고 있다. 그러나 사살하는 동물의 수를 대폭 늘렸음에도 숲에서는 항상 훼손되는 나무가 늘어나 그런 전략이 작동하지 않는다면, 우리는 뭔가 새로운 시도를 해야만 한다.

사냥을 포기하는 것이 정말 더 나은 방법인지는 나도 모르지만, 적어도 한 번쯤은 시도해봐야 한다. 이를 위해 2개의 군(郡)을 사냥 금지 구역으로 선포해볼 수 있다. 나는 이 정도의 넓이가 필요하다고 보는데, 보호 구역이 좁으면 구명보트 현상이 발생할 수 있기 때문이다. 요컨대 야생 동물이 사냥꾼을 피해 이 보호 구역으로 도망을 쳐서 폭발적으로 늘어날 수도 있다. 반대로 충분히 넓은 구역에서는—보호 구역을 지정한 우리의 아이디어가 제대로 작동한다면—자연적인 균형이 생겨날 것이다.

이와 동시에 늘어난 개체군의 두 번째 큰 요소를 해결할 수도 있다. 바로 사육이다. 노루, 사슴, 멧돼지를 각각의 해당 사냥 구역에 머물게 하려면, 항상 몇 톤에 달하는 사료를 짐차에 실어 숲에 놓아둬야 한다. 많은 사냥꾼이 사료 제공 행위는 오래전부터 금지되어 있다는 규칙을 제시하면서 이의를 제기할 수 있다. 그러나 겨울에 눈이 왔을 때의 규정을 살펴보면(이때는 동물에게 사료를 줘도 된다) 사냥꾼의 이의 제기는 조건부로만 옳다고 할 수 있다. 그 밖에 새끼들은 오늘날 다른 이름, 즉 키룽(Kirrung: 사냥 미끼—옮긴이)이라 부른다. 문자 그대로 사살을 위한 미끼라는 뜻이다.

우리의 야생 동물은 그사이 사람을 두려워하게 되었고, 그래서 속임수를 사용해야만 죽일 수 있다. 하지만 사료를 너무 많이 제공하는 바람에 멧돼지 새끼가 엄청나게 늘어나 사냥꾼에게 부담이 될 지경이다. 그러니 사냥을 금지하는 것은 시대에 뒤떨어진 것일지도 모른다.

산림이 훼손되는 가운데 사슴이 껍질을 먹어치워 손상당한 채 성장하는 나무도 있다. 여기서 말하는 손상이란 나무의 발육이 줄어들고 무엇보다 품질이 나빠진다는 의미다. 이 말의 요점은 덩치 큰 초식 동물은 자연이 아니라, 경제에 손해를 입힌다는 말이다. 그러나 초식 동물은 대대적인 먹이 활동을 허용해준다면 인간으로부터 받는 어떤 비난도 마다하지 않을 것이다. 우리 모두는 해양 포유동물의 포획에 반대하는 시위를 펼친다. 반면, 크고 아름답기 그지없는 동물을 수없이 사살하는 행위는 그러한 주제로 등장하지도 않는다.

산림 경영은 기존의 숲에 행했던 모든 조치를 멈추어야 한다. 이 같은 시간의 명령이 점점 더 분명하게 드러나고 있다. 너도밤나무와 참나무를 비롯한 여러 종의 나무는 수백 년이 흐르는 동안 탐욕스러운 초식 동물의 주둥이로부터 자신을 보호하는 법을 배웠다. 하지만 나무의 이와 같은 능력은 과도한 목재 사용, 곤충, 폭풍, 가뭄에 매우 취약한 농장 경제로 변화함으로써 심각하게 줄어들었다. 그러나 여전히 분별력은 찾아볼 수 없다. 보호자들이 이를 바로잡을 수 없다면, 오래된 숲의 보호자가 등장할지도 모른다. 바로 늑대다.

06

기후 보호자로서 늑대

인정한다. 종을 보호하는 아이콘으로서 의미를 부여하는 것 외에 기후 변화에 맞서 싸우는 전쟁 영웅으로 늑대를 미화시킨다면 약간 섬뜩할 수 있다. 나는 늑대를 자연의 중요한 구성 요소로 존중하며, 늑대가 자신의 옛 고향으로 돌아와 거주하게 된 것을 정말 기뻐한다는 걸 숨기고 싶지 않다. 1990년 늑대를 보호하기 시작한 후, 이 회색 사냥꾼은 사람들의 손에 의해 그들의 오래된 고향으로 이주한 게 아니다. 그들은 스스로 이동해왔다. 정치가와 시민들의 업적이라고 해봐야 지극히 수동적이어서 늑대의 귀향을 허용하는 수준에 머물러 있었다. 내 고향 아이펠 고원에서 마지막 늑대는 19세기 말에 죽었다. 이로써 이 사냥꾼은 독일 전체에서도 사라졌다. 2000년 작센(Sachsen) 지방에서 늑대 한 쌍이 100년 만에 처음으로 새끼를 낳았고, 이때부터 늑대는 다시 이 나라에서 살기 시작했다. 작센 지방의 늑대는 점점 서쪽으로 번져나갔다. 반면 남부 유럽에서는 늑대의 서식지가 서서히 독일 남부로 확대되었다. 지금까지 아이펠 고원에서는 아직 늑대를 한 마리도 보기 힘들다. 하지만 2020년 말 독일의 상황을 보면 무리로 몰려다니는 늑대는 35쌍에 128마리, 혼자 다니는 개체가 10마리 있다. 아울러 173개 구역에서 2020년 초 431마리의 새끼가 세상의 빛을 보았다.[75]

늑대는 주로 고기를 먹는다. 노루, 사슴, 멧돼지 또는 가축을 잡아먹는다. 늑대가 가축을 잡아먹으면 늘 신문에 기사로 올라오고, 그러면 늑대는 악평에 시달린다. 하지만 이는 부당하다. 작센주 괴를리츠(Görlitz)에 있는 젠켄베르크(Senckenberg) 연구소가 조사한 바에 의하면, 가축이 희생당하는 경우는 1퍼센트 이하라고 한다.[76] 양과 다른 가축을 둘러싼 논쟁에 대해서는 내가 예전에 쓴 책에서 이미 언급했으므로 여기서 다루지 않겠다. 오히려 더 중요한 문제는 늑대가 기후 변화를 조절하는 데 도움을 준다는 사실에 연구자들이 어떤 근거를 제시하는가이다.

가장 손쉬운 대답은 간단하다. 늑대는 다른 동물을, 그것도 대부분 몸집이 큰 초식 동물을 잡아먹는다. 사냥감의 75퍼센트 이상을 차지하는 노루와 사슴은 순전히 채식으로 영양을 공급한다. 이들 동물은 먹은 식물을 소화시킬 때 잘근잘근 씹은 녹색의 식물 가운데 상당한 양을 다시 이산화탄소와 물로 쪼갠다. 그 때문에 덩치 큰 초식 동물이 돌아다니는 곳에는 살아 있든 그렇지 않든 죽은 식물들에게서 탄소가 풍부할 수 없다.

늑대가 정말 노루와 사슴의 수에 상당한 영향력을 행사하는지 여부는 의심스럽다. 이렇게 되려면 늑대는 자신의 신체적 능력 이상으로 더 많이 잡아먹어야 한다. 노획물의 개체군이 어느 정도인지에 따라 늑대의 서식지는 평균 100~350제곱킬로미터다.[77] 여기서 서식지의 면적을 제일 작은 100제곱킬로미터라고 생각해보자. 울창한 숲에 있는 서식지에는 삶의 질에 따라 1제곱킬로미터당 20~70마리의 덩치 큰 포유류(노루, 사슴, 멧돼지)가 돌아다니며, 늑대가 있는 전체 구역에는 2000~7000마리가 있다. 이렇게 추정해보면 동물들은 매년 조심스럽게 어림잡아 2000~3000마리의 새끼를 낳는다. 낮은 수치로 계산해본 것이지만, 어쨌거나 늑대 무리가 초식 동물의 수를 줄이기 위해서는 두서너 마리의 성체를 잡아먹어야만 한다. 하지만 늑대는 그렇게 많이 해치우지 않는다. 과학자들이 폴란드 비알로비에자(Bialowieza) 원시림을 연구해 증명한 바에 의하면, 연초에 확인한 들짐승의 수에 비해 연말에 사슴은 12퍼센트, 멧돼지는 6퍼센트 그리고 노루는 겨우 3퍼센트만 잡아먹혔다.[78] 여기서 비교를 해보면, 노루의 번식률은 대략 50퍼센트를 차지한다. 그럼에도 늑대는 초식 동물의 생존율에 영향을 미치는 게 분명하다. 하지만 어떻게 영향을 준다는 말일까?

이런 의문은 전혀 다른 시각에서 접근할 수 있다. 요컨대 다양한 조건을 가진 전체 대륙 식물들의 유기 물질 총량을 조사함으로써 가능하다. 네덜란드 네이메헌 랏바우트 대학교(Radboud University Nijmegen)의 셀빈 혹스(Selwyn Hoeks)가 이끄는 연구 팀이 이를 조사했다. 과학자들은 컴퓨터 모델을 통해 21킬로그램 넘는 몸집 큰 맹수들이 사라지면 풍경은 어떻게 변하는지 시뮬레이션해보았다. 결과는 초식 동물의 개체군이 확연하게 늘어나고, 식물의 유기 물질 총량은 뚜렷하게 감소했다. 이를 온실가스와 연관 지어보면, 온실가스를 저장하는 생태계의 능력이 덩치 큰 육식 동물이 없을 경우 확연하게 줄어든다는 의미다.

독일에서는 늑대가 가장 탁월한 사례다. 하지만 늑대가 육중한 맹수 가운데 유일한 동물은 아니다. 스라소니 및 불곰과 함께 세 종류로 맞추면 그야말로 완벽하다고 할 수 있다. 귀에 털이 난 커다란 고양이(스라소니—옮긴이)가 돌아다니는 곳은 적어도 몇 군데가 있다. 예를 들어 바이에른 숲이나 하르츠(Harz)산이다. 전반적으로 이들은 소수에 불과해서 스라소니로 인해 야생 동물 개체군은 당연히 영향을 받지 않는다. 하물며 존재하지도 않는 불곰은 영향을 주고 말고 할 것도 없다. 늑대조차도 자신들에게 적합한 영역을 차지하지 못하고 있다. 어느 날 덩치 큰 맹수들이 구역에서 나름의 역할을 할 수 있을 때까지 시뮬레이션을 통해 계산해봐야 한다. 연구원들이 조사를 통해 밝혀낸 것은 덩치 큰 맹수가 나름의 역할을 하고 있다는 것이다!

이 연구에 의하면 큰 맹수를 제거할 경우 각각의 생태계에 엄청난 변화가 생긴다. 그 가운데 하나는 노루, 사슴과 그 밖에 다른 덩치 큰 포유류에게 은근히 영향을 주는 질병이 좀더 자주 등장한다.

접촉이 잦으면 잦을수록 그만큼 병원체는 더 빨리 퍼져나간다. 이러한 경험을 우리는 코로나19 바이러스를 통해 뼈아프게 체험하고 있다. 그럼에도 식물은 줄어들고 있다. 식물뿐만이 아니다. 그렇지 않아도 기후 변화의 시기에 고통받고 있는 생태계의 안정성이 덩치 큰 동물이 줄어들자 완전히 엉망진창이 되고 있다.

코요테나 여우처럼 덩치가 상대적으로 작은 야생 동물의 개체수는 증가하고 있는데, 이는 놀랄 일이 아니다. 결국 이런 동물은 일반적으로 늑대 같은 야생 동물한테 사냥을 당한다. 늑대가 줄어들면, 곰처럼 잡식하는 덩치 큰 동물은 불리해진다. 이들의 개체수도 늑대와 나란히 줄어드는 것이다. 연구를 실시한 저자들이 밝힌 원인은 이렇다. 즉, 보다 작은 육식 동물 무리가 늘어나면 동물성 먹이를 두고 덩치 큰 야생 동물과 경쟁을 펼치기 때문이다(뱀장어 같은 먹이). 이와 동시에 덩치 큰 채식 동물이 어마어마하게 늘어나 곰이 먹을 수 있는 식물이 대폭 감소한다. 이와 같은 효과는 중부 유럽처럼 계절의 변화가 심한 곳에서는 눈에 잘 띄지 않는다. 이런 곳에서는 겨울에 초목이 제한적으로 자라므로 초식 동물의 수가 어느 수준 이상을 넘지 않게 해주기 때문이다.[79]

여기에 또다시 산림 경영이 영향을 미친다. 숲 관리 차원에서 과도하게 벌채를 함으로써 나무딸기를 비롯해 그 밖의 매력적인 겨울 먹이가 풍성해지고, 이는 인간이 개입하지 않은 자연적인 상태에 비해 들짐승의 개체수를 현저히 늘어나게 한다. 그와 같은 상태에서는 심지어 늑대가 귀환하더라도 자연의 균형은 더 이상 생겨나지 않는다. 하지만 거꾸로 벌채를 줄여 숲 면적을 확장하고, 사냥꾼이 더 이상 야생 동물의 먹이를 제공하지 않고, 덩치 큰 야생 동물이 함께 참여하면 확실한 효과를 볼 수 있다. 실제로 어느 날 그와 같은 일이 일어난다면(그렇게 되지 않을 거라는 증거는 어디에도 없다), 사냥은 불필요할 뿐 아니라 더 이상 불가능하다. 야생 동물의 자연스러운 밀도는 오늘날의 문화 지형에서 볼 수 있는 서식 짐승 총수의 10분의 1 정도다. 이런 분위기가 조성되면 사냥꾼은 더 이상 총을 쏠 수 없을 것이다. 밀도가 줄어들면 야생 동물은 인간의 눈으로 볼 만큼 노출되는 경우가 줄어들기 때문이다.

우리는 원한다면 자연을 되돌리고 바꿀 수도 있다. 하지만 결과는 항상 동일하다. 우리는 자연을 이용하는 빈도를 줄여야 한다. 숲 스스로 하도록 맡겨야 하고, 산림 경영이나 사냥 따위도 줄여야 한다.

하지만 현재 기후 보호를 위한 정치적 해결책은 이렇다. 나무를 더 많이 이용해라!

07

나무: 정말 완전히 생태학적인가

나무는 오랫동안 생태학적 원료로 여겨져왔다. 나무 한 그루를 베어서 난로에 넣어 태우면 이산화탄소가 방출된다. 그러나 예전에 나무가 서식하던 곳에서는 지속 가능한 산림 경영으로 인해 새로운 나무가 자란다. 이 나무는 점점 자라 그 조상이 불에 타면서 내뿜었던 온실가스를 다시 흡수하는데, 이는 그야말로 전통적인 의미의 순환이다. 이렇게 나무는 기후에 중립적인 연료라면서, 산림 공무원들은 목재 산업과 한 목소리가 되어 지치지 않고 주장한다.[80] 그런데 여기서 그치지 않고 산림 공무원들은 또 다른 논리를 펼친다. 즉, 만일 나무가 어느 날 저절로 죽어버리고, 그래서 아무런 이용 가치도 없이 숲에서 썩는다면? 썩는다는 말은 미생물이 나무의 시체를 먹고 그 나무가 살아 있던 시절에 저장해두었던 이산화탄소를 방출하게 된다는 의미와 같다. 사람들이 나무로 난방을 하든 미생물한테 맡겨두든, 기후에 미치는 영향은 없다고들 한다. 따라서 이용 가치가 있을 정도로 자라면, 사람들은 나무를 베어내고 그 대신에 묘목을 심으면 된다. 이런 방식으로 자라고 죽는 이른바 순환이 유지되고, 인류는 기후에 중립적인 연료를 얻는다. 사람들은 그저 불필요한 것만을 제거할 뿐이라는 얘기다.

유감스럽게도 이와 같은 계산은 완전히 틀렸다. 물론 나무가 자라는 동안 흡수했던 이산화탄소를 불에 탈 때 방출한다는 말은 논리적으로 들린다. 그러나 사람들이 나무를 베어내지 않았다면, 이산화탄소는 그 나무에 탄소의 형태로 저장되어 있을 따름이다. 여기에서 끝이 아니다. 이러한 나무가 계속 성장하면, 지속적으로 탄소를 저장할 것이다. 심지어 저장 속도도 올라간다. 오래된 나무는 특히 온실가스를 많이 저장하는데, 이는 나이테를 보면 확인할 수 있다. 매년 나무껍질과 줄기 사이에 새로운 테가 생겨나고, 이것이 점점 더 두꺼워진다. 새로운 나이테의 넓이는 나이가 들어도 줄어들지 않지만, 반대로 지름은 지속적으로 늘어난다. 지름이 늘어나면 부피가 늘어나고, 그에 따라 탄소 저장량도 늘어난다. 이처럼 끊임없는 성장은 보통 벌채할 나이(80~150년)를 훨씬 넘어야 줄어든다. 뮌헨 공과대학의 한스 프레치(Hans Pretzsch)는 너도밤나무와 참나무는 450년이 넘어야 뚜렷하게 성장이 약간 감소한다는 사실을 밝혀냈다.[81]

큰 나무 한 그루는 50미터가 될 때까지, 동일한 구역에서 자라는 가늘고 작은 많은 나무들보다 탄소 저장량이 현저히 많다. 그러나 캐나다는 물론 유럽의 숲에서도 큰 나무를 보기란 정말 힘들다. 지속적인 벌채와 새로운 식목으로 독일에서는 나무의 평균 나이가 고작 77년에 불과하다.[82] 정작 독일의 나무 종은 500년 이상을 살 수 있음에도 말이다. 나무가 자라고 죽는 자연적 순환이 이루어지려면 앞으로 400년을 더 버텨야 하고, 이 기간 동안 숲은 점점 더 많은 온실가스를 저장할 수 있다. 이보다 앞서 베어진 나무는 저장 과정을 중단하며, 그 결과는 여기에서 끝나지 않는다. 벌채로 손상을 입은 숲은 피레 이비슈의 연구에서 이미 살펴봤듯 날씨를 서늘하게 하고 비를 내려주는 기능을 제한적으로만 수행할 뿐이다. 게다가 관리하는 숲에서 자라는 나무는 더 이상 오래 살지 못한다. 어린 시절 어미의 그늘에서 천천히 자란 어린 나무들만(이런 어린 나무가 수백 년을 산다는 사실을 우리는 알고 있다)이 400~600년을 살 수 있는 것이다. 그러나 어미 나무를 벌채하면 그와 같은 그늘이 사라진다. 쨍쨍 내리쬐는 햇빛을 받으면 어린 나무는 빨리 자랄 수밖에 없고, 그러면 생명 에너지를 신속하게 소모해버린다. 그렇듯 사람들이 계획적으로 관리하는 숲에서 사는 나이 든 나무는 잘해야 200~250년을 살고 죽어야 한다. 벌채하지 않더라도 말이다.

오래된 너도밤나무가 극단적인 경우 어떻게 될 수 있는지 폴리노(Pollino) 국립공원에서 근무하는 이탈리아 과학자들이 조사했다. 이탈리아 남쪽(장화처럼 생긴 이탈리아 지도 아래쪽의 뾰족한 지역)에 있는 이 국립공원은 면적이 대략 2000제곱킬로미터에 달해 유럽에서 가장 큰 보호 구역 가운데 하나다. 이곳에는 무엇보다 너도밤나무 원시림이 있으며, 이 종 가운데 가장 나이 많은 나무도 살고 있다. 연구원들이 나이테를 기준으로 미켈레(Michele)이라는 이름의 가장 오래된 너도밤나무의 나이를 계산해보니 622년이었다. 그러나 그 나무의 속은 이미 썩어 있었고, 가장 오래된 나이테의 일부도 떨어져나가고 없었다. 연구 팀은 이를 바탕으로 미켈레의 나이가 725년까지도 될 수 있다고 추정했다.[83] 정말 말문이 막힐 정도다. 내가 지금까지 봐온 가장 오래된 너도밤나무도 300년을 채 넘지 못했으니 말이다.

오늘날 폴리노 국립공원의 환경은 특히 황량하게 변했고, 이런 상황에서 나무는 고행을 하듯 천천히 성장할 수밖에 없다. 바로 이것이 나무가 그토록 오래 살 수 있는 원인을 설명해준다. 다른 한편으로 성장하기 더 좋은 조건을 갖춘 다른 원시림 지역에서는 이에 상응하는 소식이 전해진다. 지역의 환경 보호 활동가가 전해준 얘기에 따르면, 사람이 근접할 수 없는 루마니아 카르파티아(Carpathia) 산맥의 어느 계곡 지류에 550년이나 된 너도밤나무가 있으며, 아직도 매우 건재하다고 한다. 300년 넘게 살고 있는 너도밤나무는 중부 유럽에서도 충분히 찾아볼 수 있는데, 모두 사람으로부터 방해받지 않고 야생에서 살고 있다. 한때 독일은 너도밤나무 원시림을 전 세계로 퍼뜨린 나라였다. 그러나 오늘날에는 숲에서 오랫동안 살고 있는 나무를 단 한 그루도 발견할 수 없다는 생각을 하면 가슴이 아프다.

다시 탄소 저장에 관한 얘기로 돌아가자. 오래된 나무가 수백 년에 걸쳐 탄소를 저장하고, 심지어 450년이 될 때까지 지속적으로 저장 속도를 높인다면 나무를 반드시 오래 살도록 해야 한다는 슬로건이 맞을 수 있다. 이와 같은 관점에서 보면 산림 경영을 통한 벌채는 분명히 금지해야 한다. "그러면 도대체 어디에서 목재를 얻어야 하는가?"라는 질문은 다음 장에서 설명하도록 하겠다.

목재 생산자 입장에서는 목재가 기후 보호에 어떤 기여를 하는지에 대해 다르게 설명하려는 시도가 있다. 그들은 많은 목재 제품은 내구성이 매우 길다고 말한다. 사람들이 목재로 집을 짓거나 가구를 만드는 형태로 이산화탄소를 저장한다면, 이와 동시에 숲에 새로운 나무를 심어서 이산화탄소를 저장하게 할 수 있다. 따라서 전체적으로 볼 때 이렇게 이용하지 않고 자연 상태로 내버려둔 숲에서보다 몇 배나 더 많은 온실가스를 저장할 수 있다고 한다. 자연 상태로 내버려둔 숲에서는 죽은 나무들이 썩어갈 테고, 그러면 저장했던 이산화탄소가 다시 방출된다는 논거인데, 이런 논쟁에 대해서는 앞에서도 소개했다. 언젠가 모든 나무한테 이러한 운명이 닥칠 것이기 때문에 야생의 숲은 기후에 거의 무가치한 순환만 거듭한다는 것이다. 이러한 논거를 제시하는 자들은 가능한 한 모든 숲을 야생의 상태로 내버려두는 게 아니라 적극적으로 관리해야 한다고 강조한다.

나무는 정말 놀라운 원료이며, 나는 나무로 만든 제품을 사랑한다.

예를 들어 내 책상은 오래 살다가 죽은 느릅나무로 만든 것이고, 딱정벌레들이 구멍을 낸 자국을 여기저기서 발견할 수 있다. 가구공은 내가 나이테를 느낄 수 있도록 나무판을 손질했다. 나는 새로운 책을 쓰려고 의자에 앉아 있거나 생각을 할 때, 책상의 나이테를 만지곤 한다. 이렇게 만지면 자연과 연계되는 느낌이 생겨나는데, 사실 내가 좋아하는 이 부분은 나무의 뼈라고 할 수 있다. 나는 기후에 도움을 주려고 나무를 이용하는 게 아니다. 편안하게 느끼려고 나무를 사용할 뿐이다. 원료를 획득하는 방법 가운데 자연에 좋은 결과를 가져다주는 형태는 단 한 가지도 없다. (이 부분에 대해서는 다시 한번 분명하게 말해야 할 필요가 있다.) 기껏해야 원료를 사용하면서 많든 적든 자연을 훼손할 뿐이다. 당신이 자주 가는 빵집 주인이 일요일에 먹을 빵을 팔면서, 그 빵이 기후 보호를 적용한 것이라고 설명한다고 한 번 상상해보라. 이상하게 들리지 않는가? 산림 행정은 자신들의 제품을 선전할 때 바로 그와 같은 태도를 취한다. 둘 다 진실이 아니며, 그럴 필요도 없다. 만일 우리가 진정 필요하면, 생태계를 크게 훼손시키지 않는 한도 내에서 나무를 이용하는 것이 합리적이다. 물론 우리는 이미 오래전에 그 한계를 넘어버렸다.

수명이 긴 목재 제품이 숲보다 더 많은 이산화탄소를 저장할 가능성이 있다는 논쟁으로 다시 돌아가보자. 모든 목재를 수명이 긴 제품으로 가공할 수 있다손 치더라도, 이산화탄소는 늦어도 몇십 년

이 지나면 다시 신선한 공기 속으로 배출될 수 있다. 그와 같은 제품이 실제로 얼마나 오래 유지되는지 함부르크 대학의 아르노 프뤼발트(Arno Frühwald) 교수가 연구했다. 싸구려 가구는 10년, 책은 25년, 그리고 집의 건축에 사용한 나무(예를 들어 지붕의 뼈대)는 75년을 갈 수 있다. 모든 제품을 통틀어서 평균 33년이다. 확실한 근거도 없이 오랫동안 이산화탄소를 저장할 수 있다고 주장하는 것은 터무니없다. 보다시피 저장 기간이 그리 길지는 않기 때문이다.[84] 그런데 사람이 개입하지 않은 숲에서는 온실가스가 수백 년 동안 나무에 잡혀 있을 수 있고, 가공된 목재는 주변을 서늘하게 해주지도, 심지어 비를 더 많이 내리게도 못 한다.

그러나 더 좋은 점은 (또는 더 나쁠 수도 있는데) 목재 가운데 가장 많은 양이 가공되는 대신 난로나 발전소에서 태워진다는 것이다. 소각되는 목재의 양은 6000만 세제곱미터이며, 이는 매년 독일에서 벌목하는 양에 해당한다.[85] 이 정도 양의 목재를 건축이나 종이 생산처럼 다른 용도에 사용하고 있으며, 원료를 재사용하거나 오래된 나무를 쓰는 것 외에도 부족한 목재는 수입에 의존한다. 못마땅한 일이 또 있는데, 독일은 유럽의 다른 국가들을 모방해 대형 석탄 발전소를 목재 발전소로 전환하려는 움직임도 보이고 있다. 빌헬름스하펜(Wilhelmshaven) 목재 발전소의 소장은 작은 나무 알갱이나 조각(pellet)을 연료로 사용하는 문제도 고려하고 있다. 이 발전소 하나만 가동하는 데 들어가는 전체 목재의 양은 약 300만 톤이나 되며,[86] 이는 매년 600만 그루의 나무를 벌목하는 것에 해당한다.

이와 관련해 이미 2018년 약 800명의 과학자들이 유럽 의회에 발전소에서 목재를 원료로 사용하는 것을 경고하며, 이렇듯 기후를 해치는 가이드라인은 전 세계에 있는 나머지 숲에도 나쁜 사례라고 지적했다.[87] 심지어 지금까지 줄곧 보수적이던 독일연방 농림부(율리아 클뢰크너 장관) 산하 기관 튀넨(Thünen) 연구소에서조차 비슷한 결론을 내리고 있다. 즉, 숲을 보호하고 더 이상 벌목하지 않는 것이 기후를 위해 최고로 잘하는 행동이다.[88] 담당 부처에서 산림청 산하 기관을 통해 앞으로도 계속 소각 행위를 부추기더라도 이와 무관하게 벌목을 하지 않는 것이 기후를 위한 행동이다.

목재를 사용하는 산림 경영은 또한 간접적으로 숲의 탄소 저장량을 줄어들게 만든다. 현재 이러한 문제는 손쉽게 조사해볼 수 있다. 민둥산이면 어디든 나무의 종류에 따라 1헥타르당 많게는 5만 톤의 이산화탄소가 땅에서 대기 중으로 흩어진다. 민둥산은 현재 법적으로 금지되어 있지만, 나무좀벌레나 폭풍 그리고 수백만 그루의 나무가 죽어가는 연유로 인해 급하게 벌채를 시행해 폐허가 되고 있다. 이렇게 된 원인은 과거에 투입했던 노고 때문이다. 신속하게 성장하는 가문비나무와 소나무를 심은 대규모 농장에서 가능한 한 빨리 가능한 한 많은 목재를 만들어내려 하는 것이다. 이러한 숲에서는 장기적으로 탄소를 거의 저장할 수 없고, 이러한 저장원이 사라지는 시점은 재난으로 인한 것이며, 산림 감독관 때문이 아니다. 숲에서 지속적인 탄소 저장과 집중적인 목재 사용은 배타적인 행위인데, 이것은 진실 가운데 절반일 뿐이다.

숲의 탄소 순환을 이해하려면 우리는 땅을 살펴봐야 한다. 땅에서는 기후 변화와 관련해 자체적인 동력이 펼쳐지는 과정이 진행되고 있다. 우리는 이것을 단계적으로 이해해야 한다. 땅은 보편적으로 육지에서 탄소를 가장 많이 저장하는 곳이다. 땅은 전체 식물과 대기보다 탄소를 더 많이 저장하고 있다.[89]

숲의 땅에는 특별한 조건이 지배하고 있다. 이곳은 마치 거대한 냉장고와 같다. 거대한 나무의 그늘이 만들어지면 여름에도 너무 덥지 않으므로 땅속에서 사는 생명체는 비교적 굼뜬 편이다. 이들은 느려서 모아둔 탄소를 두꺼운 부식토 층 형태로 쌓아둔다. 그런데 보호해주는 나무 층을 베어서 제거하면, 땅은 데워진다. 그러면 이제 박테리아와 균류가 최상의 컨디션으로 서로 부딪히며 땅에서 사는 많은 미생물과 함께 이 갈색의 금덩이라고 부를 수 있는 부식토를 먹어치운다. 몇 년 안에 이 소중한 부식토의 많은 부분이 사라진다. 여기서 '사라진다'는 말은 탄소가 이산화탄소의 형태로 대기 중으로 방출된다는 의미다. 산업 경영으로 인해 생겨난 이 같은 효과는 통계로도 잘 드러난다. 벌목한 독일 숲에는 땅에 평균적으로 2~8퍼센트의 부식토가 있다. 모든 초원도 그 정도는 되며, 일반적으로 모든 숲보다 부식토를 적게 함유하고 있는 초지는 평균 4~15퍼센트다.[90]

지면의 탄소와 관련해 큰 나무가 특별한 역할을 한다는 사실을 오스트레일리아 연구원 크리스토퍼 딘(Christopher Dean)이 이끄는 연구 팀이 발견해냈다. 큰 나무는 탄소를 그야말로 제대로 잘 보호하지만, 지금까지는 간과된 측면도 있다. 땅에 있는 탄소를 연구하면서 사람들은 보통 나무 사이를 살피는데, 이는 논리적이다. 나무 밑에 있는 흙을 얻으려면 상당한 비용을 들여서 표본을 구해야 한다. 하지만 나무 사이에 있는 흙은 편안하게 표본을 구할 수 있다. 그런데 과학자들은 특히 유칼립투스 원시림의 1미터가 넘을 정도로 두꺼운 오래된 나무 밑에서 나무들 사이에서보다 탄소를 4배나 더 많이 포함하고 있는 흙을 발견했다. 이 같은 결과는 원시림을 작은 나무를 심는 대농장으로 전환하는 것이 지금까지 예측한 것보다 땅에 있던 탄소를 더 많이 상실하게 만든다는 걸 분명하게 보여준다.[91]

이 같은 결과를 다른 지역, 예를 들어 우리 고향에서 자라는 너도밤나무 숲에도 적용할 수 있을까? 나는 그렇게 생각하는데, 오래된 나무 밑에 있는 땅에서는 특히 많은 탄소가 저장되어 있다는 사실이 놀랍지 않기 때문이다. 이곳은 수백 년 동안 그야말로 암흑이 지배하고 있으며, 부식이 일어나지도 않고 땅을 파내는 몸집이 좀 큰 동물도 없다. 게다가 거대한 나무는 내부에서 분해되는데, 속살이 더 이상 필요하지 않기 때문이다. 균류와 박테리아는 상처나 죽은 가지를 통해 나무의 내부로 밀고 들어가서는 속살을 게걸스럽게 먹어치운다. 이런 행동은 흔히 나무를 해치지 않으며, 오히려 정반대 결과를 가져오기도 한다. 나무의 줄기는 난로의 연통처럼 텅텅 비게 되지만, 그럼에도 나무를 받치고 있을 수 있다. 나무가 내부에 저장해둔 영양분은 자가 퇴비를 통해 다시 방출된다. 이 부식토는 마치 거대한 금고에 숨어 있듯 열기와 부식으로부터 나무를 보호해주는 탄소를 상당량 함유하고 있다. 만약 땅이 예전처럼 최상의 상태가 되어 이곳에 묻혀 있는 새로운 보관품(탄소—옮긴이)이 우리가 망쳐놓은 기후를 다시 조화롭게 만들어준다면, 무엇보다 우리에겐 딱 한 가지가 필요하다. 바로 오래된 숲이다. 그러나 당신도 알다시피…….

만일 우리가 목재 사용의 장단점을 제대로 계산하고자 한다면, 이산화탄소 외에 물의 순환에 미치는 효과와 더불어 냉각 효과도 같이 고려해야 한다. 결국 기후 변화와 관련해서 우리의 관심을 끄는 것은 대기 중 이산화탄소의 절대적 양이 아니라, 오히려 이로부터 발생할 수 있는 온도 상승과 강수량의 변화다. 숲은 이 두 가지에 막대한 영향을 주며, 만일 우리가 톱으로 나무를 베어버린다면 주변 경관은 끝나버린다. 그것도 즉시. 민둥산의 기온 상승은 그 지역의 모든 것을 능가할 만큼 심각한 영향을 줄 것이다. 이는 앞으로 다가올 수십 년 동안 세계적으로 가장 끔직한 시나리오가 될 것이라고 예견할 수 있다. 그 어디에서도 이보다 더 원인과 효과를 잘 관찰할 수는 없다. 아울러 그 어디에서도 이보다 더 영향을 미칠 수는 없다.

이 같은 냉각 효과의 상실은 미래에도 이어질 텐데, 나무가 다시 자라더라도 마찬가지다. 몇 톤의 무게에 달하는 수확 기계가 땅을 압축시킨다. 20미터 간격을 두고 숲에는 그 같은 괴물이 남긴 자국이 있다. 3~4미터 폭으로 지나가는 이 기계의 바퀴 밑에서 미세한 구멍과 생명체 대부분이 뭉개진다. 심지어 많은 곳에서는 땅 전체에 기계가 돌아다닌다. 그래서 독일 숲에 있는 땅이 입은 훼손은 그동안 면적의 50퍼센트를 넘어섰다. 이와 같은 훼손은 수천 년이 지나더라도 재생되지 않는다. 그래서 아이펠 고원의 숲에서는 로마 시대 차량이 지나간 흔적도 발견할 수 있다. 그 흔적 밑에 있는 땅은 오늘날까지도 시멘트처럼 딱딱하다. 물 저장 능력은 급격하게 줄어들고, 겨울 강수는 나무 밑에 있는 흙으로 스며들지 못해 여름에 사용할 수 없게 된다. 대신 냇물을 따라 계곡으로 흘러 그곳에서 홍수를 불러일으킨다. 이렇게 되면 숲의 냉각 효과는 장기간 훼손당하고, 너도밤나무와 참나무는 수분 부족으로 허덕인다.

여름에 넓은 전원 지역이 데워지는 현상은 적어도 부분적으로는 숲에 육중한 기계가 돌아다니면서 물을 저장할 수 있는 땅을 파괴한 탓이다. 이와 같은 간접적인 기후 효과도 목재 사용의 부담으로 인정해야 한다. 이 모든 것을 합하면 목재는 가장 더러운 원료 가운데 하나다. 비록 목재로 만든 제품은 아름다울지언정.

물론 산림 경영은 이를 전혀 다르게 본다. 요컨대 숲이 파괴되었음에도 불구하고 가져올 수 있는 긍정적인 환경 효과를 평가하고 싶어 한다. 그러기 위해 산림 경영은 2021년 도입한 탄소세의 5퍼센트를 숲을 소유한 자들을 위한 지원금으로 사용하자고 요구한다. 알고 보면 숲은 온실가스를 잡아 가두고 기후 보호에 근본적인 기여를 하고 있다면서 말이다.[92]

물론 어린 나무도 이산화탄소를 저장하고 대농장의 숲도 물을 정화하기는 한다. 하지만 이들은 원래 자연의 숲이 해왔던 것에 비하면 매우 적은 양만 그렇게 할 뿐이다. 정확하게 표현하자면, 사람들은 이산화탄소 저장 능력을 지닌 생태계를 먼저 훼손하고, 그런 뒤에 그렇게 했다는 이유로 또 돈을 받고자 한다. 원래대로 하면 숲 소유주는 기후 변화를 막기 위해 싸우고 있는 우리를 도와줄 숲의 능력을 점점 더 많이 빼앗아가므로 이에 대한 대가를 돈으로 지불해야만 한다. 이와 관련해서 가장 기대되는 수단은 바로 탄소세다. 아울러 이것은 산림 분야 로비스트들이 상상하는 것과는 다르게 사용해야 한다.

08

돈을 지불하시죠

부드러운 방식은 늘 사랑과 평화라는 분위기를 발산해 친절하게는 보이지만 진지하게 받아들여지지는 않는다. 나는 숲에 말을 투입하자는 주제가 등장하면, 역시 그런 점을 체험하곤 한다. 숲에서 목재를 끄는 이 냉혈종(冷血種)은 무거운 기계와 달리 땅을 거의 훼손하지 않는다. 게다가 이들은 전혀 비싸지도 않다. 무엇보다 철강으로 만든 차량이 땅을 훼손하고, 이로 인해 상실하는 것까지 고려하면 말이다. 그럼에도 동물과 함께하는 작업은 꿈같은 산림의 낭만처럼 간주되며, 반대로 조이스틱과 컴퓨터로 통제하는 수확 기계는 숲의 스마트폰이나 되는 것처럼 생각한다. 그걸 아방가르드적이고 이성적으로 본다는 얘기다.

이산화탄소 저장과 관련해 비슷한 트렌드가 있다. 즉, 자연으로부터 돌아서서 기술로 가자는 것이다. 이를 두고 CCS(Carbon

Capture and Storage), 즉 '탄소 포집 및 저장'이라고 부른다. 요컨대 대기의 부담을 덜어주기 위해 온실가스를 충분히 붙잡아서 저장한다는 것이다. 일론 머스크(Elon Musk)는 2021년 1월, 이와 관련해 가장 훌륭한 기술을 발명하면 이에 대해 1억 달러 상당의 상금을 줄 것이라고 공표했다.[93] 만일 나무가 그렇게 할 수만 있다면, 그들은 수줍어하면서 손 또는 가지를 들고 이렇게 말할지 모른다. "우리는 이미 발명했습니다. 물론 3억 년도 전에요. 이것도 해당됩니까?"

나무가 해내는 성과를 현대의 성과와 비교하기 위해 우선 기술을 한 번 살펴보기로 하자. 여기서 '기술'이란 본질적으로 시도하는 차원을 넘어서지 못하고, 뭔가 미친 것 같기도 하다. 즉, 에너지를 만들어내기 위해 맨 먼저 이산화탄소를 방출하고, 그런 다음 이 에너지로 비용을 많이 들여가며 이산화탄소를 폐기하기 위해 다시 이산화탄소를 잡아둔다. 이로써 많게는 에너지 비용이 40퍼센트까지 올라간다. 그런데 이미 다음 문제가 살금살금 등장한다. 이 이산화탄소는 어디로?

대부분의 해결책은 땅 밑에 저장하자는 쪽으로 간다. 깊은 땅속 암반층에 묻자는 것이다. 하지만 과학적 예측에 따르면, 이곳에서도 저장량의 65~80퍼센트만 머물러 있고 나머지는 다시 표면으로 올라온다고 한다. 가스는 위로 올라오는 길에 소금을 함유한 지하수를 함께 데려올 수 있고, 이로 인해 땅이 훼손된다.[94] 이런 점을 간과하더라도, 지하수와 땅속 깊은 곳에 있는 층은 매우 예민하게 반응하는 자체적인 생태계다. 그런데 사람들이 이곳을 이산화탄소로 죽이면, 거기서 살고 있는 생명 공동체에 예견할 수 없는 영향을 미칠 것이다. 게다가 어마어마한 비용도 든다. 가스를 2년 후에 파이프라인을 통해 해발 4킬로미터 아래에 파묻으려는 노르웨이의 프로젝트는 가스 1톤당 100유로가 들어갈 것으로 보인다.

반대로 나무는 환경을 위해 모두에게 전혀 위험하지 않은 방식으로 작동하며, 숲이 수행하는 또 다른 성과도 환영할 만하다. 너도밤나무, 참나무를 비롯한 여러 종류의 나무는 평균적으로 매년 1헥타르당 10톤에 달하는 이산화탄소를 저장한다. 노르웨이 프로젝트에 들어가는 비용을 적용해보면, 매년 1헥타르당 1000유로의 수익이 나온다. 비교하자면, 전통적인 산림 경영은 현재 '적자'이며' 상태가 나아지더라도 간신히 1헥타르당 50유로가 넘을 것이다. 복잡하고 위험할 수 있는 기술을 투입하는 대신, 나무는 자발적으로 생태학적 도우미가 되겠다고 한다. 알고 보면 사실 이산화탄소는 나무한테 기본 식량이지 않은가.

이런 해결책을 사용하기엔 모든 것이 너무 단순하게 또는 너무 낭만적으로 들릴지도 모른다. 우리가 지금까지 해왔듯 기후 변화를 자극한다면, 어느 날 튼튼한 토종 활엽수 숲은 죽을 테고, 이들이 저장해두었던 온실가스 역시 방출되고 말 것이다. 그러나 이런 경우가 도래한다면, 우리가 정말 계획을 달성하지 못한다면, 이는 많은 문제 가운데 하나에 불과하다. 영구 동토가 드러나고 극지방의 빙하가 녹아내리는 문제도 등장할 테니 말이다.

아니, 우리는 그 정도까지는 가고 싶지 않다. 만일 우리가 진정 올바른 길을 선택하고자 한다면, 나무는 우리의 동지로서 전혀 다른 장점도 안고 있다. 만일 우리가 그들을 그대로 내버려둔다면, 나무는 즉각 시작할 수 있다. 거대한 면적이 어떻게 새로운 숲을 만들어낼 수 있는지에 관해서는 12장에서 보여주겠다.

실제로 어떤 형태를 보일까? 놀라울 정도로 간단하고 올바르며 신속하게 현실화시킬 수 있는 수단은 2021년부터 석탄 연료에 부과하는 탄소세다. 나는 이런 제안을 하고 싶다. 목재는 에너지 가치에 상응해 다뤄야 할 뿐 아니라, 더러운 친척처럼 대우해야 한다고 말이다. 목재 소각은 석탄보다 더 기후를 훼손한다. 해당 지역의 자연적인 숲이 비를 내리게 하고 냉각 효과를 준다는 점을 계산하지 않은 상태에서 그러하다. 이때 소각용 목재와 가구나 건축 자재에 쓰이는 나무를 구분하는 것은 아무런 의미가 없다. 알다시피 후자의 용도로 사용하는 나무 역시 언젠가는 오래되어 소각장으로 간다.

이는 계산을 단순하게 만들어준다. 1세제곱미터의 목재는 이산화탄소 1톤에 해당하며, 석탄이나 석유에서 배출되는 이산화탄소 1톤과 똑같이 세금을 부과해야 한다. 이렇게 하면 목재의 가격을 올려 비싼 원료로 만들고, 값싼 생태 대안적 원료로 취급당해 발전소에서 소각되는 것을 막을 수 있다.

목재는 살아 있는 나무 형태로 생태계에 존재할 경우에 한해 대기를 위해 진정한 가치를 지닐 수 있다. 여기서 두 가지 제안 가운데 하나가 나온다. 자신의 숲을 건드리지 않고 수확을 포기하는 숲 소유주에게는 반대로 탄소세와 동일한 금액을 지급해야 한다.

정치계가 이와 같은 세금 모델을 통과시킨다고 가정해보면, 목재 산업과 숲이 어떻게 바뀔까?

이를 통해 목재 제품의 가격은 더 올라가지 않을 텐데, 비용의 많은 부분이 가공으로 인해 발생하지 원자재 자체로 인한 것은 아니기 때문이다. 게다가 목재를 더 많이 재활용하자는 제안도 자주 제기되는데, 오래된 목재는 이미 세금을 냈고 그러므로 훨씬 저렴하다. 이와 달리 목재를 소각하면 훨씬 비싼 값을 치르도록 한다. 이산화탄소 1톤당 55유로라는 가격이 정해지면 목재의 가공 상태에 따라 땔나무는 오늘날에 비해 평균 50퍼센트 이상 더 많은 비용이 들어갈 것이며, 이로써 다른 난방 재료와 비교할 때 땔감으로서 장점을 완전히 잃고 말 것이다. 쾌적한 분위기에서 와인을 즐기기 위해 가끔 자신의 벽난로에 땔나무를 넣어 불을 피우는 사람은 추가로 더 많은 돈을 기후 세금의 형태로 지불하더라도 상관없다. 하지만 난방 기구 전체를 나무로 교체하는 것은 더 이상 이득이 되지 않는다.

도시 외곽에 있는 숲의 경우 그 효과는 정반대로 나타날 수 있다. 이곳에서는 세금이 즉각 부차적인 유기 물질이라는 의미로 인식될 수 있다. 죽어가는 침엽수 대농장을 말끔히 치워버려야 할까? 만일 목재가 시장에 너무 많이 공급되어 모든 제재소가 넘쳐나는 재료로 인해 신경질적으로 목재를 거절한다 해도 모든 숲 소유주는 느긋하게 지낼 수 있다. 숲에 남아 있는 나무 1제곱미터당 55유로를 받을 수 있으니 말이다. 장기적으로는 세금이 목재 1톤당 100유로가 될 전망이다. 이미 스웨덴에서는 그렇게 세금을 부과하며, 심지어 독일 산업의 일부도 그렇게 요구하고 있다.[95]

특히 목재와 관련해 숲 소유주를 위한 세금 또는 손상 비용이 약간 더 줄어들 수도 있다. 왜냐하면 화석 연료는 저장된 상태로는 주변을 냉각시키는 효과도 없고, 강수의 순환에도 전혀 기여하지 않으며, 땅속 깊은 곳에 있는 암석층에 숨겨둔 금고처럼 비활성화하기 때문이다. 기후의 결과에 관한 공공연한 논쟁에서 숲은 주로 이산화탄소 저장소로 여겨지지만, 오히려 물의 순환에 기여하는 역할이 더 중요하다고 주장하는 과학자들이 늘어나고 있다.[96]

원자재를 수확하는 장소로 사용되느라 셀 수 없이 많은 나무가 삶의 공간을 제공해주는 숲의 역할이 완전히 무시당하고 있다. 이런 측면을 정치적 결정에서 거의 고려하지 않는다는 사실을 나는 매우 유감스럽게 생각한다.

가능한 한 빨리 변화를 가져다줄 수 있는 도구로서 탄소세를 살펴보자. 하지만 정말 그렇듯 간단하게 바뀔 수 있을까? 이산화탄소 배상금으로 막대한 행정 비용이 발생하지는 않을까? 반드시 필요하다는 정도로 받아들이면, 그런 일은 생기지 않는다. 만일 모든 숲 소유주가 매년 1헥타르당 전국 평균치에 해당하는 돈을 받는다면, 그들이 활엽수 숲이나 가문비나무 대농장을 자기 소유라고 하든 그렇지 않든 어떻게 될까? 확실한 것은 그렇게 하면 특히 아름다운 숲을 소유하고 있는 사람들이 부당하다고 느낄 수 있다. 그러나 규정은 간단하고 실행할 수 있어야 하며, 그렇지 않으면 단 하나의 결과가 나올 뿐이다. 즉, 규정에서 빠져나갈 구멍이 너무 많아진다. 거꾸로 숲 소유주는 벌목함으로써 탄소를 저장하는 나무를 베어버리면 그 즉시 돈을 내야만 한다. 누가 정당하게 또는 부당하게 돈을 챙기는지는 인공위성 사진을 통해 통제할 수 있다.

나는 탄소세가 숲을 더 많이 보호할 수 있다고 확신한다. 이 과정에서 숲이 우리 인간에게 주는 진정한 가치는 한 번도 제대로 고려되지 않는 것 같다. 숲이 얼마나 가치 있는지에 대해서는 보스턴 컨설팅 그룹(세계에서 가장 큰 기업 컨설팅 회사 중 하나)이 계산한 바 있다. 의미심장한 결과는 숲의 가치가 나무를 제공하는 데 있는 게 아니라, 기후 보호를 위해 수행하는 성과에 있었다. 만일 전 세계에서 숲의 효과를 기술적인 조치로 대체해버린다면, 경제에 1500억 달러의 부담을 안겨줄 가능성이 있다. 비교하자면, 전 세계에 있는 모든 주식시장은 겨우 870억 달러의 가치가 있을 뿐이다.[97]

이 모든 것은 산림 경영을 강력하게 축소시키고 목재 소비를 분명하게 제한할 필요가 있다고 얘기한다. 그러나 목재 산업은 포기하지 않는다. 현재 가장 끔찍한 위기 상황에서, 그러니까 팬데믹이 진행되고 있는 상황에서, 특별한 논쟁거리가 등장하고 있다. 바로 화장실 휴지다.

09

화장실 휴지 논쟁

그런데 목재는 어디에서 가져와야 할까? 나는 이런 질문을 더 이상 듣고 싶지 않다. 왜냐하면 숲을 더 많이 보호해야 한다는 논쟁이 펼쳐질 때면 늘 이 질문이 등장하기 때문이다. 만일 우리가 앞으로 숲을 더 많이 배려하고, 그래서 벌목하는 목재를 줄이고 보호구역을 더 늘인다면, 목재 공급이 상당히 부족해질 수 있다. 이로부터 논리적인 결론을 유추해보면, 수입하는 목재의 양이 더 늘어날 테고, 이런 목재는 출처가 의심스러울 수도 있다. 따라서 가능한 한 많은 목재를 독일 땅에서, 그러니까 모범적으로 관리하는 숲에서 얻고, 국내에 정해져 있는 숲 보호 구역의 면적을 줄이는 게 훨씬 낫다. 그러나 당신이 이미 살펴봤듯 국내 숲에서 나오는 목재 역시 생태학적으로 의심스러운 조건에서 얻어진다.

더 많은 목재를 벌목해야 한다는 경제적 압력이 증가하고 있는

데, 목재에 대한 굶주림이 제동을 걸지 못할 정도로 증가하고 있기 때문이다. 특히 독일에서 그러하다. 이는 정치계에서 원한 결과이며, 수년 전부터 특히 산림청(직접 목재를 팔고 있는)과 농림부를 통해 가열되고 있다. 연방 농림부는 2012년 한껏 자부심을 느끼며 1인당 목재 소비가 1997년부터 대략 20퍼센트인 1.3세제곱미터까지 증가했다고 언론에 발표했다.[98] 이는 1억 800만 세제곱미터에 해당하고, 출처가 어디인지에 따라 실제 소비는 훨씬 더 많아 1억 2000만에서 1억 5000만 세제곱미터에 달한다. 그러나 소규모 개인 숲에서 이루어지는 벌목은 체계적으로 집계되지 않으므로 그와 같은 수치는 정확하다고 할 수 없다. 게다가 경제에 흘러 들어오는 원자재의 흐름은 복잡하다. 수입하거나 수출도 한다. 또는 오래된 목재는 소각하고, 종이도 재활용한다. 확실한 것은 우리가 여름 가뭄 기간 이전에 국내 숲에서 성장하는 나무보다 대략 2배는 더 많은 목재를 필요로 할 것이라는 사실이다. 오늘날 숲에서 나무가 얼마나 많이 자라났는지는 아직 계산해봐야 한다. 어쨌거나 지금까지보다 훨씬 적은 양일 것이다. 이 지점에서 딜레마가 현저하게 드러나는데, 이런 상황에서 지금까지 해온 것처럼 벌목을 한다면 단기간 안에 많은 숲이 완전히 붕괴할 수도 있다.

법을 통해 숲을 보호해야 할 의무가 있는 국가의 산림 행정은 보호 구역을 방해하기 위해서 스스로 자초했던 원자재 부족을 고려해 의문스러운 논쟁을 이용하고 있다. 나는 특히 다음과 같은 주장을 자주 들었다. 만일 우리가 오래된 우리의 너도밤나무 숲을 보호하면, 예를 들어 열대 우림에서 나온 목재를 외국에서 수입해야 한다는 것이다. 독일에서 지정한 보호 구역은 다른 국가의 보호 구역을 방해하는 것일까? 그건 아니다. 오히려 완전히 반대다. 즉, 다른 나라의 모범이 되고 있는 독일의 산림 경영은, 숲은 특히 사용함으로써 보호할 수 있으며, 따라서 그 어떤 숲도 손을 대지 않고 놔둬서는 안 된다고 주장하기 때문이다. 다른 국가들, 이를테면 루마니아 같은 국가에서도 그렇게 말하고 있다. 동식물 보호 구역 외부에 있는 숲이 훨씬 더 잘 지낸다면, 무엇 때문에 보호 구역이 필요하단 말인가? 그동안 전문가가 아닌 일반인에게도 톱으로 나무를 잘라내면 숲이 잘 지낼 수 없다는 사실이 알려졌기 때문에 특별한 으뜸 패를 내놓아야만 한다. 바로 화장실 휴지다.

코로나19 전염병 이후 화장실 휴지는 현대 문명의 아킬레스건으로 여겨지고 있다. 이런 의심은 적어도 2020년 초반에 발생했던 매점매석과 난관에서 비롯되었다. 화장실 휴지는 목재의 섬유소로 만들며, 특히 가문비나무·소나무 또는 유칼립투스를 대대적으로 재배하는 농장에서 나온다. 자작나무와 너도밤나무도 적합하다. 여기서 중요한 것이 딱 하나 있는데, 사람들이 이런 나무를 잘라서 가공해야 한다는 점이다. 숲 보호와 화장실 휴지는 서로 밀접한 관련이 있다고들 한다. 만일 원초적 두려움이 문제로 등장하면, 화장실 휴지가 숲을 큰 차이로 이길 것이다.

화장실 휴지를 건설이나 가구 또는 책(오, 나도 해당되는 느낌이 든다)을 만드는 것으로 대체한다면, 분명해지는 사실이 있다. 만일 우리가 숲을 보다 더 아끼게 되면, 우리의 문명은 위험에 처할 것이다. 우리의 순수한 이성이 이미 오래전부터 뭔가 맞지 않는다는 말을 하는 까닭에 산림 감독관으로 일하는 공무원들은 우리의 원시적 두려움에 호소한다. 옛날부터 전해 내려오는 것을 고수하기 위해 그 어떤 수단도 의심스럽게 보지 않는 것이다. 그러나 목재 산업은 열정적으로 대농장을 들락거리면서, 자신들이야말로 목재 생산량을 중기적인 관점에서 상당히 억제하고 있다는 사실을 간과하고 있다. 죽어가는 대농장을 모두 폐쇄하고 여기서 얻은 목재를 시장에서 헐값으로 팔아치우면, 황홀한 축제는 끝나고 만다. 적어도 몇십 년은 지나야 황량한 숲에서 새로운 나무를 수확할 수 있다. 독일만 하더라도 숲 면적의 50퍼센트 이상에 자연과 거리가 먼 침엽수를 심어두었고, 앞으로 5~10년 동안 상당히 넓은 면적이 죽을 가능성도 있다. 훼손당한 나무가 넘쳐나자 목재 부족 현상이 생겨나고 있다. 사람들은 서로 울부짖는다. 이가 덜덜 떨릴 정도로 말이다. 반대로 우리가 지금 자연적인 재생을 허용한다면, 나중에 훨씬 안정적인 숲이 등장할 것이다. 산림 경영은 이 숲을 장기간 이용하면 된다.

의심할 바 없이 우리는 미래에도 목재가 필요하고, 나무는 우리에게 필요한 원료 가운데 가장 자연적인 것이다. 유감스럽게도 대부분의 사람이 믿는 것처럼 나무는 그렇게 생태학적이 아닌 지 오래되었다. 게다가 목재는 더 이상 원료에 굶주려 있는 우리 사회가 실제로 요구하는 것만큼 제공되지도 않을 것이다. 이런 사실을 우리는 가구와 종이 그리고 다른 제품을 구입할 때 직접 체험하고 있으며, 따라서 좀더 절약해서 사용해야 한다. 목재 공급에 대한 문제는 앞으로 지금까지와는 전혀 다른 방식으로 풀어야 한다. 목재 산업은 여전히 원료에 대한 우리의 굶주림에 숲을 맞추고자 한다. 하지만 이런 방식은 더 이상 작동하지 않을 것이므로 우리는 창끝을 돌려서 이렇게 물어야 한다. 숲은 앞으로 어느 정도의 목재를 공급할 수 있을까? 이처럼 중요한 생태계가 막대한 훼손을 입지 않고 제대로 작동하도록 하려면, 우리는 어느 정도의 나무를 베어야 할까?

이와 같은 질문에 대한 대답은 매우 분명하다. 우리는 잘 모른다는 것이다. 모든 예측 모델은 나무의 성장을 추측할 수 있다는 데 근거를 두고 있다. 지금까지 산림 감독관들은 이른바 산출 목록을 이용해왔다. 이들은 상이한 장소에서 다양한 나무 종을 심은 표본 농장에 들러 몇 년에 걸쳐서 측량을 한다. 이로부터 나온 수치를 가지고 과학자들은 모든 숲 소유주들이 읽을 수 있는 일람표를 작성한다. 이 일람표를 보면 자신의 숲에서 자라는 가문비나무, 소나무 또는 활엽수가 매년 1헥타르당 목재를 얼마나 생산하는지 확인할 수 있다.

수목을 측정함으로써 목재 산출 일람표는 수십 년에 걸쳐 숲을 절반 정도는 추정하기에 충분했다. 그러나 21세기가 되면서 생각했던 것보다 더 많은 나무가 서식하고 있다는 게 드러났다. 늘어난 나무는 10~30퍼센트에 달했다. 이렇게 늘어난 원인은 차량에서 나오는 배기가스와 질소 화합물을 숲으로 가져다 비료로 엄청나게 뿌려댄 농업 때문이다. 이렇게 비료를 과도하게 투여함으로써 숲은 오늘날까지도 완전히 회복하지 못하는 손상을 입고 있다. 신속하게 성장하는 것이 나무한테 피해를 줄까? 당연하다. 나무는 태어날 때부터 천천히 성장하고 싶어 하며, 이렇게 함으로써 에너지를 세심하게 분산하려 한다. 에너지는 줄기·가지·잎을 위해 사용될 뿐만 아니라, 병을 막기 위해 또는 흙 속에서 소식을 전달할 때 도와주는 균류한테 보상 차원에서도 사용된다.

나무는 원래 매년 1제곱킬로미터당 공기로부터 최대 50킬로그램의 질소 화합물을 걸러내는데, 이는 부차적인 비료 효과로서는 매우 낮은 수치다. 이런 수치는 인간의 활동을 통해 많게는 5000킬로그램까지, 즉 100배 넘게 증가할 수 있다.[99]

하지만 질소 화합물은 마약과 같은 작용을 하며, 이로 인해 나무는 자신의 지속 가능한 한계를 넘어서 성장해버린다. 이에 목재 벌목을 상향 조정하게 되었고, 시장에 내놓는 목재의 양이 점점 더 늘어났다. 그러나 이와 같은 꿈은 깨지고 있다. 숲이 더 이상 그렇게 할 수 없기 때문이다. 질소 함량이 계속해서 늘어나면, 나무의 성장은 다시금 줄어든다. 영양분의 균형 역시 비정상이 되어 나무는 아마도 성장에 브레이크를 밟게 될 것이다.[100]

차량에서 나오는 질소의 양이 줄어드는 동안, 농업에서 나오는 질소의 양은 증가하고 있다. 특히 똥거름과 농촌 전체에 걸쳐 퍼져 있는 가스 때문이다. 이런 것들은 한때 드물었던 자연적인 비료와 함께 지속적으로 숲의 땅에 쌓인다. 그 결과 나무의 성장만 변하는 게 아니라, 지면의 초목계도 바뀐다. 쐐기풀, 딱총나무, 나무딸기는 땅에서 소수의 종들이 그야말로 질소 파티를 즐기고 있다는 걸 보여준다. 이는 질소를 사용하는 데 검소한 종(種)이나 나무의 성장에 해를 입힌다.

이렇듯 과도한 비료에 기후 변화로 인한 스트레스가 더해짐으로써 이제 오래된 산출 일람표는 더 이상 사용할 수 없게 될 것이다. 오랫동안 지속된 건기와 높은 기온은 나무로 하여금 몇 주 동안 성장을 멈추게 만든다.

나무는 열기와 건조가 덮치면 잎의 아랫부분에 있는 입을 닫거나 잎을 떨어뜨리는 방식으로 대응한다. 이 두 가지 일이 일어나면 광합성은 더 이상 불가능해지고, 목재 생산은 그야말로 중단된다. 간략하게 말하면, 심지어 훼손되지 않은 숲에서조차 나무가 앞으로 어느 정도 성장할지 장담할 수 없다. 목재 소비를 계속 늘리고자 하는 사람은 누구든 한마디로 말해 무책임하게 행동하고 있는 것이다.

그런데 화장실 휴지는 어떻게 될까? 재활용 종이로 만든 휴지를 구매해야 한다는 사실은 차치하더라도, 이 부분에서 역시 문명은 계속 발전하고 있다. 엉덩이를 씻어주고 말려주기까지 하는 특수한 변기 시스템이 그것이다. 나는 아직까지 이런 시스템을 시험해보지 않았지만, 만일 우리의 숲이 욕구를 충족시켜줄 만큼의 원료를 더 이상 공급하지 못한다면, 개인적으로 이 새로운 변기를 선택하고 종이는 책을 만드는 데 사용하고 싶다.

그러나 전통적인 산림 경영은 아직도 포기하지 않고 있다. 나무에 뭔가 문제가 있으면 그들은 지금까지 항상 국가가 준비하고 있는 돈을 사용하곤 했다. 국가의 돈궤가 활짝 열리면 열릴수록 숲을 위해 더 많은 돈이 쓰인다.

10

더 많은 돈, 더 줄어드는 숲

숲은 두 번째로 죽어가고 있다. 첫 번째 죽음은 1980년대에 일어났다. 당시 산성비가 우리의 녹색 폐를 위협하는 바람에 나도 두려움을 느낄 정도였다. 1983년 대학에서 산림 경영을 배우던 나는 졸업 전이라 막 실습을 나간 참이었다. 그런데 산성비라는 암울한 현실을 접하자 내가 과연 이 직업에 종사할 수 있을까라는 의심이 들었다. 텔레비전에서는 나무라곤 찾아볼 수 없이 회갈색을 띤 황량한 풍경을 다큐멘터리로 보여주곤 했다. 늦어도 2000년 무렵에는 유럽에서 드넓은 숲을 찾아볼 수 없을 거라고 했다. 그러나 두려움을 불러일으킨 언론의 보도는 정치가들로부터 강력한 반응을 몰고 왔다. 예를 들어, 기술적인 장치를 통해 산업이 방출하는 배기가스에서 나오는 황 성분을 제거하는 조치였다. 또한 배기가스의 대기 방출을 막는 데 촉매 작용을 하는 장치를 자동차에 장착하는 게 표준

이 되었다. 숲이 다시금 숨을 쉴 수 있게 된 것이다. 그런데 유감스럽게도 이처럼 유례없을 정도로 환경을 성공적으로 보호한 사례는 점차 잊혔다. 그래서 우리는 지금 그 어느 때보다 간절하게 나무가 위험에 빠지면 어떤 일이 일어날 수 있는지, 그로 인해 우리의 미래가 어떻게 될지 기억해야만 한다.

두 번째 숲의 죽음은 2018년에 시작했다. 수천 제곱킬로미터에 달하는 거대 농장에 심어둔 가문비나무가 잎을 잃어버렸고, 신속하게 숲의 죽음 2.0이 탄생했다. 20세기의 첫 번째 죽음과 달리 두 번째 과정은 너무나 빨리 진행되어 모두가 분명하게 목격할 수 있을 정도다. 여기서 '분명하다'고 표현한 이유는 가시적인 증상을 완화하기 위해 분주하게 노력했음에도 더 이상 성공하지 못했기 때문이다.

하지만 차례대로 얘기해보자. 숲의 첫 번째 죽음에서는 숲뿐만이 아니라 목재 산업도 희생자였다. 농장에 심은 나무가 훼손당했음에도 불구하고 육중한 기계를 투입했다. 나무의 잎을 더욱 상하게 한 것은 산업과 차량으로부터 나온 더러운 공기 때문이었다. 게다가 산성비가 내리자 땅속에 있는 매우 작은 성분, 그러니까 땅속 영양분을 저장하는 데 매우 중요한 점토 광물이 분해되었다. 이는 인간의 조치로는 더 이상 고칠 수 없는 손상이다. 이와 반대로 '산지기'라는 인간의 이미지는 훼손당하지 않았다. 특히 드라마를 보면 이런 이미지가 확고하게 자리 잡고 있다.

오늘날의 상황은 달라 보인다. 숲의 두 가지 죽음에서 비슷한 점은 위협이 외부에서 닥쳤다는 것인데, 숲을 죽게 만든 원인은 지역에만 국한되지 않는 환경의 변화로부터 찾을 수 있다. 그러나 확연한 차이점은 대농장의 피해가 특별히 심각하다는 데 있다. 이를테면 가문비나무나 소나무처럼 토종 나무가 아닌 것을 심은 농장의 피해가 상당하다. 너도밤나무와 참나무는 벌목이 심한 (또는 약탈당한) 숲에서 가까스로 목격할 수 있다. 그런데 훼손되지 않은 거대한 보호 구역에 있는 활엽수는 저항력이 매우 탁월하다.

다양한 숲을 비교해보면, 숲이 죽어가는 좀더 심오한 원인은 바로 관습적으로 산림을 경영함으로써 생태계가 약화했기 때문이라는 게 드러난다. 기후 변화는 그 전에 확고한 기반을 다지지 못한 시스템을 뒤집어버린다. 청소년들이 기후를 위해 펼치는 '미래를 위한 금요일(Fridays-for-Future)' 운동을 뻔뻔하게 모방한 소규모 운동 '미래를 위한 산림지기(Forester4Future)' 같은 그룹에 참여하더라도 아무런 도움이 되지 못한다. 시민의 도움을 불러일으키려면 재난을 일으킨 장본인들을 불러내야 한다.

그러나 엄격하게 말하면 숲이 죽어가는 게 아니라 '오로지' 나무가 죽어간다. 트로이엔브리첸에서 발생한 산불이 보여주었듯 생태계는 아직도 그 자체로 잘 작동하고 있다. 사람이 개입하지 않은 모든 곳에서는 숲이 즉각 새로운 나무를 자라나게 함으로써 강력하게 잘 대응한다. 오로지 모든 것을 치워버리고 쨍쨍 비치는 햇빛에 노출되어 지면의 온도가 높아지는 곳에서만, 땅 위로 차량들이 지나다녀 부식토가 전혀 없는 곳에서만 숲이 정말 죽어가고 있다.

이렇듯 민둥산으로 이루어진 숲에 국가가 돈으로 축복을 내리더라도, 유감스럽지만 책임 있는 담당자의 행동을 멈추게 하지는 못한다. 그들의 생각에 따르면, 자연은 제대로 된 숲을 다시 조성할 수 없고 산림 행정만이 그렇게 할 수 있다. 그 때문에 거대한 민둥산을 고려할 때 재정적으로 강력한 지원을 하는 게 그야말로 당연하다고 본다.

여기서 대중에게 이런 질문을 던져야 한다. 우리가 병든 숲을 건강하고 저항력 있는 숲으로 되돌려야 하는 중요한 과제를 어떻게 풀어야만 할까?

정부는 2020년 한 해에만 5억 유로 이상을 동원했다.[101] 그러나 이는 다만 뜨거운 돌에 붓는 물 한 방울에 불과하며, 앞으로는 그것으로도 충분하지 않다고 목재 산업은 말한다. 정말 그럴까? 거꾸로 이 물을 부음으로써 냄비가 넘쳐나는 것은 아닐까? 지금 거액의 정부 지원금은 무엇보다 나무를 심는 데 쓰인다. 다시 말해, 새로운 농장을 조성한다는 얘기다. 하지만 이는 경제적으로 전혀 이롭지 않으며, 반대로 지원금을 태워버리는 행동이라는 것을 우리는 트로이엔브리첸 숲의 화재에서 목격했다. 절대 도움이 되지 않는다. 수백만 유로의 정부 지원금은 썩어빠지고 자연과는 거리가 먼 시스템을 지원하는 결과만 가져올 뿐이다. 사실 이런 재정적 지원이 없다면 붕괴하고 말 시스템이다. 이런 시스템은 유연하지 않아서 새로운 숲도 점차 저항력을 잃고, 병들어서 더 빨리 죽는 나무 경작지만 고집한다.

내 생각엔 모든 식림(植林) 프로그램에서 전혀 다른 문제가 중요한 것 같다. 산림 경영은 그들 스스로 유발한 문제를 시각적으로 사라지게 할 목적으로 많은 비용을 들인다. 그리고 해결하지 못할 과제를 해결하려 시도한다. 나무의 크기라든가 전체 숲의 규모를 고려해볼 때, 결코 해결할 수 없는 과제다. 여기서 진정으로 중요한 것은 산림과 연관된 모든 분야에서 저지른 실패의 규모를 공공연하게 기만하는 태도가 아니라, 자신의 책임을 다루는 방법이다. 자신이 만든 인생의 작품이 말라 죽어가거나 곤충한테 잡아먹히는 모습을 보는 것을 과연 누군들 좋아하겠는가? 나는 1990년 당시 여러 차례 폭풍이 몰아쳐 수천 제곱킬로미터에 달하는 지역에 있는 모든 나무가 뿌리 뽑히고, 그리하여 수십 년 동안의 풍경이 바뀌자 일찌감치 퇴직해버린 산림 감독관 동료들을 알고 있다. 그때도 주로 침엽수 농장이 대부분 피해를 입었는데, 사람들은 재빠르게 그것들을 치우고 나무를 다시 심었다.

슬로건은 흔히 감정적인 입장에서 나온다. 눈에서, 감각에서. 비록 성공하지 않을지라도 말이다. 눈에 보이는 불행을 해결하거나 적어도 완화하려는 것은 당국의 은폐 행동이 아니라, 깊은 곳에서 우러나오는 인간의 동요 탓이다. 사람은 자연을 고치고 수리할 수 없다는 사실을 잘 알고 있다. 그럼에도 자행되고 있는 국가의 개입은 자연을 개선하고 수리하고자 하는 거대한 시도로 볼 수 있다. 이런 시도의 배후에는 숲을 처음부터 다시 새롭게 완벽하게 만들겠다는 생각이 숨어 있다. 그래서 적합한 슈퍼 나무를 찾아 이것을 민둥산에 심으려 한다. 말 그대로 그와 같은 불행을 처리하고 다시 숲을 탄생시켜 현안을 신속하게 해결한 것처럼 보이게 하는 것이다.

문제는 이처럼 독일의 산림 경영이 입힌 전반적인 손상으로 인해 많은 비용이 들어간다는 데 있다. 조금 더 정확하게 말하면, 산림 경영이 행하는 강력한 해결 방식에는 많은 비용이 들어간다. 제재소는 죽은 가문비나무를 원하지 않는다. 나무 몸통에는 순식간에 균류와 곤충이 퍼져나가고, 이로 인해 변색과 함께 흉측한 구멍도 생겨난다. 누가 과연 이런 목재로 만든 널빤지, 가구, 지붕의 마룻대를 구매하겠는가? 목재 제품의 가격이 신속하게 떨어지고 벌목과 가공 그리고 숲길에서 목재를 운반하는 비용이 상승하는 것도 놀랄 일이 아니다.

완전하게 가공해 숲에서 가져오는 모든 나무 몸통은 경영학적 실패를 경고하는 기념물이다. 숲에 있었다면 이런 나무 몸통은 수많은 미생물의 터전이 될 것이다. 물을 저장하고 주변을 시원하게 해줄 것이다. 그리고 수십 년이 지나면 부식토로 분해되어 수백 년 동안 땅에서 사는 생명체를 풍부하게 해줄 것이다. 이렇듯 숲에서 일어나는 생태학적 시각은 정치적 결정을 내리는 책임자들에게 예나 지금이나 매우 낯선 게 분명하다. (소중한 유기 물질이라고 할 수도 있는) 훼손당한 나무를 치우기 위해 취하는 행동에 어떻게 국가 보조금을 지원할 수 있단 말인가?

일단 숲에 대한 이야기를 벗어나 임업이라는 업무로 돌아가서 목재의 일시적 과잉이 어떤 상황을 만들어내고 있는지 살펴보자. 보통 독일에서는 매년 2800만 세제곱미터에 달하는 가문비나무를 벌목한다.[102] 이 정도의 목재는 상대적으로 판매하기 좋으며, 수확할 때 들어가는 비용을 빼고 1세제곱미터당 60유로 정도를 목표가로 삼는다. 제재소는 절대적으로 신선한 목재에 가치를 두는데, 목재는 여름이면 몇 주만 지나도 상하기 시작하기 때문이다.

관청의 예상에 의하면 2018년부터 2020년까지 3년 동안 훼손된 목재 1억 7800만 세제곱미터를 벌목했는데, 대부분 균류와 딱정벌레의 공격을 받은 가문비나무다. 이런 목재의 가격이 지하실 바닥에 머무는 것도 결코 놀랄 일은 아니다. 수확 비용을 제하고 나면 숲 소유주는 부분적으로 돈을 더 지불해야 할 때도 있다. 그래서 이들은 국가 보조금이 필요하다고 외친다. 보조금은 이들에게 풍부하게 흘러 들어간다. 주 정부와 지방에 따라 국가로부터 1세제곱미터당 30유로의 보조금을 지급받는다.[103] 이 정도의 보조금은 흔히 노동자가 숲에서 나무둥치를 완벽하게 다듬는 비용을 충당한다. 관료적 측면에서 봤을 때, 목재 시장은 전혀 원치 않는 소중한 유기물질을 숲에서 치워버리도록 자극하는 셈이다.

이처럼 기이한 행동이 갖고 있는 단 하나의 긍정적인 부수 효과를 꼽는다면, 사재기하는 중국인들이 넘쳐나는 독일 목재 시장에서 두꺼운 목재가 헐값으로 팔리는 장면에 주목했다는 것이다. 이런 기회는 반드시 잡아야 해! 그리하여 수천 개의 컨테이너가 독일 항구에서 극동으로 출발하고 있다. 캐나다 브리티시컬럼비아주에 있는 콰카 퍼스트 네이션(Kwiakah First Nation: 캐나다 원주민이 살고 있는 네 곳 가운데 하나—옮긴이)의 관리자 프랭크 푈커(Frank Voelker)와 전화 통화를 하고 난 뒤 나는 독일의 훼손된 나무들이 전 세계에 어떤 영향을 주는지 분명하게 깨달았다. 프랭크는 나에게 캐나다에 있는 그 어떤 민둥산 회사조차도 목재를 그 정도로 싸게 판매할 수 없는 까닭에 보호 구역에 거주하는 원주민이 몇 달 동안 전기톱을 사용하지 않는다고 얘기해주었다. 어쨌거나 태평양 연안에 있는 숲은 한동안이나마 숨을 제대로 쉴 수 있었을 것이다.

물론 정부 보조금 가운데 대부분은 나무좀의 공격을 당한 나무를 벌목하는 데 사용되지 않는다. 보조금은 숲을 새롭게 조성하는 목적으로 쓰여야 하건만 주먹구구식으로 사용처 증명도 없이 지불되고 있다. 1제곱킬로미터당 1만 유로 또는 그 이상을 지불하고 있는데, 이로써 숲은 보조금 및 바람직하지 않은 발전이라는 측면에서 볼 때 마침내 과거의 관습적인 수준까지 되돌아갔다.[104]

돈다발을 받기 위해 산림 경영 분야에서 가장 강력한 로비 단체 가운데 한 곳인 '독일 숲 소유주협회 노동조합(AGDW)'이 적극적으로 나서서 클뢰크너 농림부 장관을 성공적으로 설득했다.[105] 이 여성 장관 위에는 한스게오르크 폰 데어 마르비츠(Hans-Georg von der Marwitz) 총리가 있는데, 그는 독일기독교민주연합(CDU) 의원으로 2021년 abgeordnetenwatch.de(독일의 시민 단체에서 운영하는 의원 감시 사이트—옮긴이)에 따르면 가장 많은 부수입을 올린 의원 리스트 2위에 올라 있다.[106] AGDW는 보수적인 산림 경영을 대표하며, 과거

수치심도 모른 채 농부 단체와 공동으로 살충제 금지를 중단시키려 했다.[107]

AGDW에는 지방 협회를 통해 개인뿐 아니라 지역 및 중앙의 산림청도 관여하고 있다. 국가 기관이 사적인 협회를 이용해 은밀하게 정부의 지원 정책에 영향을 주고 있는 것이다. 돈의 살포는 연방 농림부가 다시 사적인 단체에 위임했는데, 바로 전문 에이전시 '뒤를 잇는 원료'가 그곳이다. 이 단체는 1993년 다른 지원 프로젝트와 연계해서 문제를 해결하기 위해 연방 정부가 만들었다. 그 밖에도 이 에이전시는 '뒤를 잇는 원료'라는 주제와 관련해 생생한 전문 지식을 모으고 제공해야 한다.[108] 까칠하게 말하면, 이 에이전시는 목재 소각은 기후를 훼손한다는 사실에 대해 완고할 정도로 침묵하며, 심지어 난방이 이산화탄소에 중립적이라고 표현한다.[109] 이는 대다수 과학자들의 의견과 반대된다.

이 에이전시에 소속된 회원은—누군지 알아도 놀랍지 않지만—농림부, 목재 및 산림 산업과 그 밖의 국가 공공 기관에서 일하는 자들이다.[110] 간략하게 말하면, 내 생각에 이런 에이전시는 일종의 셀프서비스 가게 형태로 생겨났다고 볼 수 있다. 이를테면 이런 가게는 보조금 수요 목록을 작성하고, 다수와 충돌하다가 마지막에 가서 보조금의 분배를 직접 떠맡는데, 이를 에이전시 소속 회원들의 복리를 위해 지급하곤 한다.

이들은 숲 인증서라고 할 수 있는 PEFC(Programme for the Endorsement of Forest Certification)를 방만하게 발급하는 업무처럼 적은 의무

에만 비용을 지불하는 등 숲에는 조금도 도움을 주지 않는다. 이러한 인증은 법적인 요구 사항을 넘어서는 것도 아니고, 비용 또한 적게 들며 숲 소유주들에게 아무런 의무도 부여하지 않는다.[111] 여기에서 알 수 있듯 독일에서 진행되는 대부분의 산림 경영은 이처럼 생태를 위한답시고 겉치레만 할 뿐이다. 하지만 이런 사실을 목격하더라도 전혀 놀랄 일은 아니다. 이제 그들은 땅바닥에 놓여 있는 높이뛰기 가로대를 훌쩍 뛰어넘은 행동에 대해 충분한 보상을 받게 될 것이다. 혜택을 입은 자들이 파렴치하게 '지속 가능 보조금'이라 불리는 돈으로 새 차를 구입하든 집을 수리하든, 그런 것은 중요하지 않다.[112] 이와 같은 돈을 두고 벌이는 찬반 토론은 의회에서 투표를 통해 결정하기 이전에 반드시 막아야만 했다. 그렇지 않고서는 이런 숲 보조금이 이미 통과된 '농산물-학교 프로그램법'의 부수 조항으로 등장한 이유를 설명할 수 없다.[113] 도통 알 수 없는 법안의 이름 배후에는 과일과 채소를 학교에 다니는 아이들에게 분배하고자 하는 의도가 숨어 있다. 이 법안은 의회에서 너무 늦은 시간에 다뤄졌고, 녹색당과 자민당 소속 의원 2명만이 구두로 반대 의사를 표현했을 뿐이다.

우리가 잘못 이해한 게 아니다. 나는 숲 소유주들을 돕는 데 절대적으로 찬성한다. 그러나 우리는 농업에서 벌어졌던 동일한 실수를 반복해서는 안 된다. 그러니까 중요한 환경 기준과 관련 없는 보조금에서 나온 돈으로만 핵심 사업을 하는 것 말이다. 그 대신 보다 안정적인 생태계로 복귀하고, 이로써 대중을 위해 진정으로 보상해 주는 사업이야말로 지원받아야 마땅하다.

또한 국가 보조금이 없다면 숲에서 일어나고 있는 위기 상황을 더욱 악화시킬 것이다. '숲'이라는 영역은 많은 지방과 국가 산림 경영의 신조이기도 한데, 직원들이 자금을 투자해 이로부터 초과 이익을 낼 수 있도록 비중 있는 사업을 시행해야 한다.

숲에서는 이런 것이 농업에서처럼 잘 작동하지 않는데, 나무좀벌레나 폭풍 같은 재난이 매번 덮쳐서 목재 시장을 그야말로 어지럽히는 탓이다. '훼손된 목재'가 시장에 많이 나오면 그때마다 가격이 붕괴하고, 해당 지역의 재정이 파탄 난다. 대부분 가문비나무와 소나무 농장이 그와 같은 재난을 당하는 편이고, 이런 나무를 동시다발적이고 대대적으로 벌목하면 그걸 구매하려는 사람이 아무도 없다. 영리한 산림 감독관에게는 아무것도 문제 될 게 없다. 이들은 수확 기계를 동원해 흔히 기후 변화에 대항하는 오래된 활엽수 숲을 밀어버린다. 이런 활엽수 숲에는 시장에서 예나 지금이나 괜찮은 돈을 받을 수 있는 튼튼하게 자란 참나무와 너도밤나무가 있는데 말이다. 이로 인한 효과는 참으로 씁쓸하다. 하필이면 가장 안정적이고 생태계에 적합한 소중한 숲이 그런 방식으로 훼손당하는 것이다.

지나치게 간벌을 한 뒤 오래된 나무는 온몸으로 쨍쨍 내리쬐는 햇빛을 받음으로써 큰 고통을 당한다. 매끈한 피부를 가진 아주 예민한 너도밤나무는 매우 쉽게 피부 화상을 입는 것으로 잘 알려져 있다. 그러면 나무껍질이 터져 예민한 부분이 노출되고, 균류와 박테리아가 즉각 이곳에 자리를 잡는다. 이 거대한 나무의 운명은 몇 년 뒤 죽을 게 확실하다. 불꽃 없이 연기만 나오는 연소와 비슷하게 활엽수 숲의 사망은 농장의 붕괴로 번진다. 단 한 가지 차이점은 있다. 농장은 여름의 열기로 붕괴하지만, 오래된 활엽수 숲은 전기톱으로 무너진다. 따라서 사람의 손이 닿지 않은 모든 활엽수 숲에 즉각 벌목 금지를 지시할 필요가 있다.

그러나 의문스러운 수단을 동원해 보호받는 숲의 면적이 늘어나는 것을 막으려는 과학계 인물들이 있다.

11

상아탑이 흔들린다

내 아들 토비아스(Tobias)는 화가 난 채 숲 아카데미에 있는 자신의 사무실에 앉아 있었다. 녹색 너도밤나무 숲을 찍은 거대한 사진이 배경으로 보였다. 이와 달리 모니터에는 예나(Jena)에 있는 막스 플랑크(Max-Planck) 생물지구화학연구소가 발표한 최신 통계 자료가 모니터에서 번쩍이고 있었다.[114] 이 연구소는 지금까지 명성이 자자했다. 연구소는 식물의 탄소 저장이라는 주제와 관련해 의미심장한 연구를 발표했고, 나는 이 결과를 기쁜 마음으로 자주 인용하곤 했다. 하지만 이번에는 통계로 나온 숫자에 뭔가 이상이 있었다. 좀더 정확하게 말하면, 발표된 서류 전체가 그러했다. 이 보고서는 퇴직한 에른스트데트레프 슐체(Ernst-Detlef Schulze) 교수가 작성한 것으로, 그는 오래된 이 연구소를 위해 다른 공저자과 함께 다시 한번 붓을 잡았다. 공저자 가운데 한 사람은 헤르만 슈펠만 교수로, 당시(2020년 2월) 연방 농림부에서 숲 정책을 위한 과학 자문단의 회장을 역임하고 있었다. 따라서 이 두 사람은 정부의 숲 정책에 막강한 영향력을 행사했다.

과학자들이 내린 결론은 심각했다. 즉, 숲을 보호하기보다 나무를 베어서 에너지로 사용하는 방법이 기후에 훨씬 좋다는 것이었다. 과학 자문단 또한 이와 같은 결론에 상응하는 소견서를 첨부해 이를 보강해주었다.[115] 뭐라고? 아마존과 남아메리카 전체뿐 아니라 전 세계에 주는 아마존강의 의미를 생각해보라. 오래된 활엽수 숲이 제공하는 어마어마한 냉각 효과를 연구한 에베르스발데 대학의 기후 연구를 생각해보라. 슐체 역시 2008년 명망 있는 전문 잡지 〈네이처〉에서 자주 인용하는 연구를 함께 발표한 적이 있다. 숲에는 탄소를 저장하는 잠재력이 상당히 많다는 내용이다.[116] 그런데 이제 와서 그런 주장을 하다니!

"우리는 화석 연료의 소각에 부과하는 이산화탄소 세금으로 지속 가능한 목재의 생산을 지원하고, 가능한 한 기후 보호에 큰 기여를 하도록 해야 합니다"라고 슐체 교수는 연구소의 언론 보도에서 말했다. 속내를 들여다보면, 목재 소각을 기후 친화적이라며 과학적으로 무죄를 주장하는 것에 그치지 않고, 세금 수단이라는 보너스까지 덧붙였다. 휘발유를 태우기 위해 국가로부터 지원금을 재촉하는 석유 재벌을 상상할 수 있는가? 물론 슐체 교수는 석유 재벌은 아니지만, 이런 비유가 완전히 동떨어진 것은 아니다. 슐체 씨는 숲 경영이라는 문제와 관련해 적극적으로 활동하며, 독일에서 2개의 산림 경영 회사 대표를 맡고 있다. 나는 루마니아에 미치는 그의 영향력 또한 매우 비판적으로 보고 있다. 막스플랑크 연구소의 홈페이지에 따르면 이곳에서 그는 모(某) 산림 기업의 대표로 소개되어 있다.[117]

카르파티아 산맥에는 지구상에서 마지막으로 볼 수 있는 너도밤나무 숲이 몇 군데 남아 있는데, 이곳에서 아마존강의 열대 우림과 비슷한 일이 벌어지고 있다. 요컨대 이곳은 산림 산업의 노리갯감이 되어버렸다. 독일처럼 이곳에서도 온갖 논쟁을 펼치면서 거대하게 자란 오래된 나무를 벌목하고 있다. 마치 내일이 없는 것처럼 말이다. 그리고 흔히 우리가 독일, 스웨덴, 폴란드를 비롯한 다른 국가의 산림 경영으로부터 듣는 얘기들이 흘러나온다. 좀벌레의 습격을 받은 나무는 시급하게 제거해야 하며, 그렇게 해야만 이 같은 '질병'으로부터 숲 전체가 감염되지 않게 할 수 있다는 주장이다. 결과적으로 그와 같은 벌목은 '위생을 위한 형벌'이라고 할 수 있다. 이런 형벌이 예상보다 더 대대적으로 내려지고, 주변에 있는 나무를 더 많이 벌목하는 출발점이 되기도 한다.

오래된 너도밤나무 둥치를 수확하기 위해서는 사람의 발길이 전혀 닿지 않은 계곡에 불도저가 지나갈 수 있도록 길을 만들어야 한다. 이곳에서 전기톱이 산기슭 좌우로 분주하게 움직이면서 나무를 마구 해치운다. 결국 이곳에서도 열대 우림에서 일어났던 일이 발생한다. 자칭 환경 보호 문제에 잘 대응한다는 유럽연합 국가의 한 가운데에서 말이다.

루마니아는 그사이 유럽에서 목재를 가장 많이 생산하는 국가에 속하게 되었고, 이케아(IKEA) 같은 거대 기업이 그들의 목재를 이용한다. 이곳에서 무분별한 남벌을 막는 산림 감독관은 목재를 훔쳐가는 도둑을 잡으려다 도끼로 살해당한 라두쿠 고르치오아이아(Raducu Gorcioaia)처럼 죽임을 당하기도 한다.[118]

슐체 교수 얘기로 다시 돌아가보자. 해당 지역 환경 보호가의 말에 따르면, 슐체는 퍼거라슈(Făgăraş) 산맥 서쪽에서 벌목을 할 때 참여했다고 한다. 이는 석유 재벌과 비교할 수 있는 일인데, 슐체는 독일 산림 경영 회사 두 곳의 대표로서 목재 생산자이므로 불공정한 입장에 놓여 있다. 이런 상황은 그가 내놓은 특이한 계산으로 인해 문제가 된다. 사실, 특이하다는 표현으로는 부족할 정도다!

내 아들 토비아스는 나에게 슐체가 굉장한 오류를 범했다고 해명했다. 이러한 해명은 진부하게 들리지만 유감스럽게도 해결하기 힘들다. 그래도 나는 그 해명을 숨기지 않을 생각이다. 이 해명을 들어보면, 어떤 속임수로 자칭 산림경영학적 지식이 형성되었는지 알 수 있다. 나는 앞으로 하나의 연구를 둘러싼 논쟁을 다룰 텐데, 이런 논쟁은 산림 경영에서 의견을 주도하는 지도자가 얼마나 거만하게 행동하는지를 잘 보여준다. 사실 이 연구는 숲을 다룰 때 독일에서만 결정적으로 중요한 것은 아니다.

중요한 기초 연구 가운데 하나는 튀링겐(Thüringen)에 있는 하이니히(Hainich) 국립공원에서 이뤄진 측정이다. 이 소규모 국립공원은 주로 오래된 너도밤나무 숲을 보호하며, 과거엔 관습적인 방식으로 경영해 기계들이 돌아다녔지만 지금은 인간이 개입하지 않는 원시림을 향해 발전하고 있다. 슐체는 이 국립공원을 보호받는 숲의 대표적 사례로 인용하지만 이는 지극히 의문스럽다. 그와 같은 숲을 다시 원시림이라고 부르려면 수십 년에서 수백 년은 걸리기 때문이다.

그처럼 관리하지 않는 숲이 얼마나 많은 (또는 적은) 탄소를 자신의 총 유기 물질 가운데 저장할 수 있는지 증명하기 위해 슐체는 이 국립공원에서 측정을 해보았다. 이를 위해 국립공원의 목재 창고에 있는 목재 1200가지에 구멍을 뚫어 견본을 채취했다. 2000년에는 1헥타르당 평균 363.5세제곱미터의 목재가 나왔다. 2010년 동일한 견본을 가지고 조사를 반복하자 수치는 1헥타르당 90세제곱미터가 더 늘어났는데, 나무가 10년 동안 더 두꺼워졌으므로 당연한 결과다. 매년 1헥타르당 9세제곱미터의 목재가 더 증가했다는 뜻이다. 이는 이곳 숲이 대기로부터 빨아들인 이산화탄소 9톤에 해당한다. 이러한 수치는 전문가를 당황시킬 정도는 아니다. 대략 독일에 있는 모든 오래된 너도밤나무가 흡수하는 양이다.

하지만 국립공원은 2010년 두 번째 측정에서 어린 나무가 전혀 없거나 오로지 어린 나무만 있는 면적을 추가로 조사했다. 이는 문제 될 게 없다. 오래된 너도밤나무 숲에서 목재가 얼마나 증가하는지 조사하기 위한 목적이라면 이처럼 부차적인 측정치는 빼버릴 수 있다. 게다가 과학적으로 보면 어린 나무로 이루어진 숲을 포함한 전체 수치는 비교를 위해 전혀 필요하지 않기도 하다. 이미 2000년에 측정한 면적만 고려할 수 있기 때문이다. 국립공원 원장 만프레트 그로스만(Manfred Großmann)은 이 연구에서 분명하게 그 점을 밝혀두었다. 그럼에도 모든 수치를 합산한 사람이 있다면, 그는 실수로 그렇게 한 것이라고 주장할 수 없다.[119]

슐체에게는 전혀 문제 될 것이 없고, 심지어 그에게 기회를 제공한 것일까? 어쨌거나 이 교수는 어린 나무로 이루어진 숲을 계산에 넣었고, 그러자 새로 형성된 나무의 양이 매년 1헥타르당 9세제곱미터에서 0.4세제곱미터로 줄어들었다. 이는 정확한 수치의 20분의 1도 안 된다.[120] 야호! 슐체의 계산에 의하면 사용하지 않은 오래된 숲은 탄소를 거의 저장하지 않는 반면, 오래되고 사용한 숲은 (연방 숲 재고 조사의 정확한 계산에 따르면) 약 20배나 더 많이 저장한다.

이를 바탕으로 슐체와 슈펠만을 비롯한 그의 동료들은 강력한 목재 이용이 숲에서 탄소를 더 많이 저장하며, 이로써 기후 문제의 부담을 덜어준다고 계산했다. 흠, 그것 참. 저장소를 비움으로써 더 많은 탄소를 저장한다고? 목재 산업은 이에 열광했으나, 반대로 자연 보호가들은 완전히 당황했다. 이런 사실은 누군가에게 눈에 띄었을 게 분명했다! 토비아스는 다른 과학자들과 뭉쳤고, '자연 숲 아카데미(Naturwald Akademie: 유럽의 숲, 자연, 기후 변화를 다루는 독립적인 연구 단체로, 2016년에 설립했다—옮긴이)' 소속 토르스텐 벨레(Torsten Welle)와 '에베르스발데 지속 가능 발전 대학(HNEE)'에서 일하는 피레 이비슈를 필두로 그와 같은 오류를 국제적으로 밝히기 위해 비판적인 의견을 발표했다. 아울러 HNEE 홈페이지에 그에 상응하는 언론 보도도 공개했다.[121] 또한 국제적인 연구 팀 두 곳에서도 목재를 더 많이 이용하면 탄소를 더 많이 저장한다는 연구를 비판했다.

반응은 즉각적으로 나왔다. 숲 생태계를 담당하는 튀넨(Thünen) 연구소가 반응을 했는데, 이곳은 율리아 클뢰크너의 농림부 산하 기관이었다. 정부 소속 이 연구소가 맡고 있는 과제는 정치권에 최신 과학적 인식을 제공하는 데 있다.[122] 그러나 기대에 어긋나지 않게 전문가로서 의심스러운 슐체 씨의 연구를 비난하는 대신, 연구소장 안드레아스 볼테(Andreas Bolte)는 트위터를 통해 슐체 교수의 오류를 비난한 과학자들을 오히려 비판했다.[123] 이것으로도 부족했는지 숲 정책에 관한 정부 과학 자문단의 새로운 회장을 맡은 위르겐 바우후스(Jürgen Bauhus)도 한 마디 했다. 이 자문단은 정치를 위해 안건을 개발할 뿐 아니라, 과학적 담론을 확실하게 후원해야 하는 과제도 안고 있다.[124] 프라이부르크 발트바우(Freiburg Waldbau) 대학에서 가르치고 있는 위르겐 바우후스는 담론이라는 개념을 참으로 특이하게 이해했던 것 같다. 문서의 형태로 최후통첩을 첨부해 언론 보도를 정정해줄 것을 요청한 것이다. 이 언론 보도가 슐체와 슈펠만의 입장과 비슷하게 숲을 이용하는 게 숲을 보호하는 것보다 기후를 위해 더 낫다는 주장을 퍼뜨렸던 과학 자문단을 비판적으로 언급했기 때문이다. 마지막으로 바우후스는 독일연구협회(DFG: 학문과 연구의 진흥을 위해 1951년에 설립했다—옮긴이)에서 에베르스발데 대학이 언론 발표를 한 것에 대해 불평을 터뜨렸다. 훌륭한 학문적 실천을 위배했다는 이유에서였다. 이런 방식으로 대학과 무엇보다 직접 연구에 참여했던 에베레스발데 연구원들에게 압력을 행사했다. 그러나 독일연구협회는 그 어떤 위반도 확인할 수 없었고, 그래서 조사를 중단시켰다. 이는 지극히 당연한 결과다.[125]

연구를 둘러싼 온갖 설왕설래는 나에게 산림 정책이라는 문제와 관련해 핵심적인 순간이었다. 만일 의견이 다른 사람들을 비판하는 데 그치지 않고, 이들이 올바르게 행동했음에도 불구하고 입을 다물게 하고 직업적으로도 막강한 피해를 입힌다면, 공공 연구 단체의 존립 여부가 심히 걱정스럽다. 그러나 끔찍한 일은 여기서 끝나지 않는다.

슐체와 슈펠만의 연구는 막스플랑크 연구소와 독일 임학에 민망하기 짝이 없는 무례함을 보여주는 데 그치지 않는다. 이보다 더 심각한 문제를 불러일으키는 요소는 이들이 루마니아에 미치는 영향력이다. 루마니아에서 슐체는 상당한 명성을 향유하고 있다. 독일의 학자가 산림 전문가들로 이루어진 단체와 함께 오래된 숲을 더 이상 보호하지 말고 목재를 이용해야 한다고 추천한다면(그럼으로써 숲의 파괴를 유인한다면), 이는 그곳에서 숲을 보호하는 모든 사람의 따귀를 때리는 행위다. 그중 많은 이들은 인류를 위해서 오래된 너도밤나무를 보호하기 위해 자신의 생명조차 위험에 노출시키고 있다.

카르파티아 보존재단(FCC)[126]의 회장을 맡고 있는 크리스토프 프롬베르거(Christoph Promberger)는 나에게 루마니아가 국가 산림 경영에 슐체의 연구 자료를 열광적으로 받아들였다고 전해주었다. 이 연구는 잔인한 벌목 정책에 대한 결백 증명서로 이용될 것이다. 크리스토프는 또한 숲을 사들여 유럽에서 가장 큰 규모의 숲 국립공원을 조성하려는 자신의 프로젝트를 실천하기 위해 노력하고 있다. 유감스럽게도 환경 보호가들이 자연 보호를 위해 오래된 나무들을 구하고자 한 시도는 불발로 끝나고 말았다.

슐체 교수는 엄청난 환경 파괴가 진행되고 있는 유럽에서 자신의 행동을 정당화하기 위해 연구를 한 게 아닌가라는 생각이 들 수도 있다. 물론 부수적 피해는 슐체의 옷자락 아래에 있는 독일과 루마니아 숲 몇 제곱킬로미터를 훨씬 넘어설 것이다. 만일 당신이 다른 나라 사람일지라도 이 글을 읽는 독일 독자만큼이나 심각하게 생각해야 한다. 우리 모두가 세계적 기후를 공유하고, 그리하여 어느 정도 모든 숲에 의존하고 있기 때문만은 아니다. 19세기부터 오늘날까지 전 세계 산림 경영에 영향을 주고 있는 독일의 임학 탓이기도 하다. 독일 임학은 유감스럽게도 여전히 전 세계의 모범으로 여겨지고 있기 때문이다. 가령 인도의 숲에 미치는 독일의 해로운 영향력을 알아차린 다른 나라 전문가들도 있다.

인도의 명망 있는 환경 보호가이자 자연 전문가 가운데 한 사람인 프라디프 크리셴(Pradip Krishen)은 《나무의 비밀스러운 삶》(우리나라에서는 《나무 수업》이라는 제목으로 출판되었다—옮긴이)이라는 내 저서의 인도판 서문에 인도 원주민에게 나이가 같은 나무로 이루어진 대농장을 이상적인 그림으로 소개한 사람은 바로 독일의 산림 감독관이라고 썼다. 이들은 인도를 민둥산으로 인도했고, 오로지 원하는 나무만 심었으며, 그 밖에 다른 모든 것을 제거했다고 한다. 크리센에 의하면 이와 같은 경제는 인도에 어마어마한 손해를 가져왔고, 오늘날까지 이 시스템은 극복되지 않고 있다.[127]

사람들이 왜 이 정도로 독일 산림 전문가의 말에 귀를 기울이는지 의문이 생길 수 있다. 19세기에는 당시 사람들이 이해하기로 현대적인 산업용 산림 경영이라는 게 프랑스와 독일에만 있었다. 전 세계의 많은 영역이 영국의 지배를 받았고, 영국인은 프랑스인과 어느 정도 갈등이 있었다. 그래서 영국인은 식민지에 독일 산림 감독관을 초대해 그곳의 자연을 철저하게 길들이는 편을 선택했다. 대영제국은 지나간 역사이지만, 농장 경제는 유감스럽게도 그렇지 않다.

목재 소각이 기후에 좋다는 기도문을 고집하는 태도는 석유 산업을 연상케 한다. 네덜란드-영국의 석유 대기업 셸(Shell)은 자체적인 연구를 통해 이미 30년 전에 자신들의 연소 제품이 기후에 미치는 해로움을 잘 알고 있었다. 그럼에도 셸은 거대한 다른 업계와 협력해 기후 변화에 자신들도 책임이 있다는 사실을 부인했다.[128]

산림 산업 역시 목재 소각이 기후를 훼손한다는 과학계의 의견에 반대하고 있다. 과학계가 한 목소리로 주장하는 바에 따르면, 이러한 목재 소각은 심지어 석탄을 사용할 때보다 기후에 더 많은

해를 입힌다. 이미 2017년에 약 800명의 과학자들이 유럽연합위원회에 목재 소각을 경고했다.[129]

같은 해에 나온 연구는 신생 에너지(여기에는 목재도 포함된다)로 전환하려는 목표를 따를 경우, 유럽연합의 목재 소비가 2009년 3억 4600만 세제곱미터에서 2030년까지 7억 5200만 세제곱미터까지 2배 이상 늘어날 것이라고 우려했다. 오로지 땔감으로만 태운다는 점에 주의하라![130] 이는 독일에서 평균적으로 벌목하는 양의 12배에 해당한다. 석유로 환산하면 약 1억 8000만 톤에 달한다. 비교해보자면, 유럽연합의 전체 석유 소비량은 2019년 7억 500만 톤이었다.[131] 목재는 이제 환경 오염과 관련해 석유의 순위를 천천히 따라잡으려 한다. 소각할 때 이산화탄소를 방출하는 것은 목재만 그런 게 아니다. 나무를 도둑맞은 숲의 지면 역시 막대한 양의 탄소 화합물을 방출하는데, 데워진 땅에서는 미생물이 가장 활발하게 활동하고 부식토를 마지막 부스러기가 될 때까지 먹어치우기 때문이다. 그리하여 전체적으로 막대한 양의 온실가스가 발생한다.

주변에 냉각 효과를 주는 기능의 상실과 함께 대규모 생태 숲의 파괴와 강수량 감소는 기후에 너무나 강력한 영향을 끼쳐 오늘날 이미 목재 이용을 석유 연소와 동일하게 언급해야 할 정도다. 그러나 이는 과학적 조사를 선행해야만 한다. 또다시 우리는 논쟁의 출발점에 서 있는데, 산림 산업 분야에서 영향력 있는 과학자들이 직접적이고 가장 단순한 연관성에 대한 인지를 거부하는 한 우리는 이 부분과 관련해 더 이상 앞으로 나아갈 수 없을 것이다.

산림청 역시 이처럼 연관성을 인정하지 않고 거부하는 데 동참하고 있다. 원래 남벌을 막아야 하는 통제 조직이 스스로 독일에서 가장 많은 목재의 판매상인 것도 결코 놀랄 일은 아니다. 다시 한 번 언급하자면, 산림을 통제해야 할 관청이 실제로는 자신을 통제하고 있을 뿐이다. 가능한 한 많은 목재를 숲에서 얻어 판매하고자 하는 국가의 산림 경영이 보여주는 열정은 심지어 이미 몇 차례 법정의 판결로 인해 중단되기도 했다. 1990년 이전에는 이른바 목재 유통 펀드라는 게 있었다. 이 펀드는 유통을 지원하고 더 많은 나무를 베기 위해 원료인 목재를 광고했다. 모든 목재 판매상이 구입한 목재 가운데 국가에서 지정한 비율만큼 강제로 돈을 내야만 했다. 그처럼 필사적으로 숲을 경영했다. 이미 1990년에 헌법재판소는 이러한 공과금을 헌법에 반한다고 공표했다. 특히 공적인 숲의 관리가 목재의 유통이 아니라 숲을 보호하고 휴식의 목적에 봉사해야 하기 때문에 헌법에 어긋난다고 했다.[132]

그럼에도 펀드 기금을 규정한 법을 약간 수정한 뒤 그냥 계속 진행시켰다. 헌법재판소가 두 번째로 이와 같은 규정이 헌법에 반한다는 낙인을 찍고 금지한 뒤, 2009년에야 비로소 목재 유통 펀드를 위한 기여금의 강제 납부가 중단되었다.[133] 물론 공적인 숲에서 나무를 생산하는 일이 산림 경제의 핵심이던 관행은 멈추지 않았다. 이와 관련해 법원의 세 번째 판결을 19년 넘게 더 기다리지 않기만을 바랄 뿐이다.

막대한 양의 목재를 국가가 판매하는 행위는 전혀 다른 곳에서 제동이 걸리고 있다. 수년 전부터 카르텔(기업연합) 감독청은 산림청이 목재를 판매하지 못하도록 하고 있다. 산림청이 진정한 의미에서 경쟁도 하지 않고 판매 카르텔과 유사하게 행동하는 탓이다.[134] 카르텔 감독청은 이미 수년 전부터 판매 행위를 금지하려 했지만 전혀 나아지지 않고 있다. 이제는 미국 회사가 이 사건을 이어받았다. 미국 회사 버퍼드 캐피털(Burford Capital)은 독일 제재소의 위임을 받아 수수료를 반대한다며 독일 주(州) 전체를 고소했다. 그들은 노르트라인베스트팔렌(Nordrhein-Westfalen)주에만 1억 8300만 유로에 해당하는 손해 배상금을 요구하고 있다. 이는 소규모 산림 분야에는 어마어마한 금액이다.[135] 아울러 사건을 위임받은 'ASG 3(라인란트팔츠 제재산업주식회사를 위한 조정협회)'로부터 1억 2100만 유로의 손해 배상 청구 소송을 당한 라인란트팔츠주 환경부 장관 울리케 회프켄은 고소장이 숲에 막강한 영향을 끼쳤다며 한탄했다.[136]

법원의 재판은 오랫동안 지속되며, 지금까지 산림 산업은 자신의 사회적 지위를 지키기 위해 온갖 핑계를 성공적으로 이용해왔다. 그러는 동안 기후 변화는 더 악화하고 있으며, 우리 모두가 행동할 수 있고 행동해야만 했던 소중한 시간도 잃어버리고 있다. 우리는 행동할 수 있다! 그러기 위해 숲에서 믿을 수 있는 집으로 가자. 식사를 하는 곳으로.

12

당신의 접시에는 무엇이 있나요

언론이 기후 변화라는 주제를 다룰 때 등장하는 머리기사는 연기가 뿜어져 나오는 관(管)에 관한 내용이 대부분이다. 자동차 배기관이든 굴뚝이나 항공기 엔진이든, 이런 관은 기후 논쟁의 핵심을 이루는 이산화탄소를 포함한 배기가스를 내뿜는다. 거기에다 남극에서 녹아내리는 빙하나 아마존에서 불타고 있는 숲 같은 장면은 소름 끼치는 세계 종말을 완벽하게 보여주는 것 같다. 이런 장면은, 기후 변화는 인류 전체가 당면한 것이라는 사실을 모두가 알게 하는 데 장점이 있다. 하지만 대부분의 시민은 이를 무엇보다 집에서 텔레비전으로만 시청한다.

하지만 일부 지역의 기온 상승과 거듭되는 가뭄엔 전혀 다른 원인이 있다. 숲을 문화 경관으로 전환시킨 게 그것이다. 당신은 이미 오래된 숲이 가지고 있는 냉각 효과에 대해 잘 알고 있을 것이다.

농지와 비교해 숲의 온도는 많게는 섭씨 10도까지 차이가 난다. (도시와 비교하면 차이는 더 크다.) 이러한 온도 차이는 당신의 접시 위에서도 나타난다.

나는 여기서 모든 문제를 분명하게 보여줄 몇 가지 수치를 제시할 것이다. 그렇다고 해서 걱정할 필요는 없다. 나와 함께 계산을 하고 나면, 당신도 그 결과를 낙관적으로 인정하게 되리라 본다. 마지막으로 나는 기후 변화에 맞서 싸우는 투쟁에서 가장 중요하고 동시에 실행에 잘 옮길 수 있는 해결책 중 하나를 소개할 것이다. 약속한다!

경영자들은 독일의 숲을 국토 면적의 32퍼센트까지 줄어들게 만들고, 그곳을 주로 대농장으로 대체했다.

당시 원시림이던 숲 가운데 남아 있는 부분은 더 많이 변했다. 거주지와 도로를 만들기 위해 14.7퍼센트를 사용하고, 그 밖에 몇 퍼센트는 하천 등의 수면(水面), 광산, 휴경지다. 그리고 47퍼센트, 그러니까 16만 7000제곱킬로미터에 달하는 면적이 농업에 이용되고 있다.

감자·곡물·과일·채소 같은 기초 식량, 그리고 포도를 4만 7000제곱킬로미터의 면적에서 재배하고 있다. 여기에 바이오 연료와 바이오 가스를 생산하기 위한 경작지, 화석 연료를 대체하기 위한 원료를 생산하는 경작지가 2만 제곱킬로미터다. 아울러 달걀과 유제품을 포함해 육류 생산에 들어가는 동물 사료를 위해 10만 제

곱킬로미터를 경작한다. 이는 숲 면적 전체(11만 4000제곱킬로미터)와 거의 맞먹는 수치다.[137]

독일은 식물성 기초 식량의 경우 전반적으로 자급자족할 수 있는 것으로 간주해도 좋지만, 가축 사육을 위해 외국에서 경작하고 있는 어마어마한 면적(콩을 비롯한 농축 사료를 생산하는 면적)을 계산에 넣어야 한다.

나는 끈질기게 사용 면적을 반복할 텐데, 이것이야말로 육류 소비로 인한 온실 효과를 해명할 수 있는 핵심 열쇠이기 때문이다. 많은 계산이 오로지 생산 과정에서 발생하는 이산화탄소의 결과만 직접적으로 고려한다. 반대로 숲을 초지와 경작지로 전환하는 문제는 전혀 고려하지 않는다.

이 같은 대차대조표를 투명하고도 이해하기 쉽게 만들기 위해 소규모로 어림잡은 계산을 해보자. 이러한 계산은 정확한 수치가 아니며, 대략적인 측면만 알 수 있다는 사실을 미리 밝혀둔다.

그러기 위해 우리는 맨 먼저 숲에 있는 유기 물질의 총량에서 평균적으로 어느 정도의 이산화탄소가 탄소 형태로 저장되는지 살펴봐야 한다. 중부 유럽에서 훼손되지 않은 너도밤나무 숲의 경우 1헥타르(1만 제곱미터)당 약 1000톤이 저장된다.[138] 만일 이런 숲을 소들을 위한 초지로 변경하면, 벌목된 나무와 땅에 있던 탄소 가운데 상당한 양이 대기로 흩어지므로 소고기 생산도 함께 계산에 넣어야 한다.

여기서 숲은 이미 수백 년 전부터 개간되었으니 더 이상 계산에 포함해서는 안 된다고 반박할 사람도 있을지 모른다. 이와 관련해 다른 의견을 가진 사람이 있을지라도 계산에 넣도록 하자. 기존의 초지를 포함시키자는 얘기다. 초지는 가축 사육에도 이용할 수 있고, 나무를 새로 심을 수도 있다. 전자의 경우에는 해마다 이산화탄소를 함유한 풀이 소의 위로 들어가며, 소화를 시킨 다음에는 다시 대기로 흩어진다. 이와 반대로 초지에 나무를 심으면 (또는 숲으로 돌아가도록 자연스럽게 내버려두면), 나무가 받아들였던 온실가스 대부분이 목재와 부식토의 형태로 저장된다. 그 양은 얼마나 될까?

풀과 숲은 매년 1헥타르당 놀라울 정도로 비슷한 양, 즉 6~9톤(풀)과 4~7톤(숲)의 탄소를 저장한다. 간단하게 계산하기 위해 두 경우를 앞으로는 6톤이라고 하자. 순수한 탄소를 이산화탄소로 환산하면 인수 3.67이 나오고,[139] 따라서 6톤의 탄소에서는 22톤의 이산화탄소가 나온다. 이 이산화탄소는 바로 식물이 대기 중에서 빨아들인 것이다. 이 중 일부는 풀·부식토·나무를 섭취한 동물과 균류 박테리아에 의해 방출된다. 하지만 숲에서는 최소한 이산화탄소 11톤에 해당하는 양이 오직 나무에 저장된다.[140] 합산하면(나무껍질, 잎, 부식토를 포함해) 매년 15톤이라는 계산이 나온다. 거꾸로 말하면, 이러한 땅에 유용 동물을 기를 경우 나무가 풀로 대체되고, 풀은 계속해서 가축에게 먹히므로 이 면적은 더 이상 15톤을 저장하지 못한다. 이러한 양은 가축 사육을 계산할 때 넣어야 하고, 이제 우리는 1킬로그램의 육류가 어떤 의미인지를 알게 될 것이다.

앞서 말한 1헥타르의 땅에서는 평균적으로 500킬로그램 무게의 소 한 마리가 영양을 섭취할 수 있다. 이 소를 도살하면 53퍼센트, 즉 265킬로그램이 육류로 남는다. 따라서 풀(또는 더 이상 존재하지 않는 숲)에서 265킬로그램의 육류를 위해 15톤의 이산화탄소가 방출된다. 이는 소고기 1킬로그램당 57킬로그램의 온실가스를 방출한다는 의미다. 전체를 결산해보면 좀더 심각한데, 건초를 거둬들이기 위해 농업 기계를 투입하고 소는 도살 과정을 거쳐 슈퍼마켓으로 보내지기 때문이다. 게다가 소는 짧은 생을 사는 동안 매년 200리터의 메탄을 방출한다.[141] 메탄가스는 이산화탄소에 비해 기후에 21배는 더 영향을 준다.

이와 같은 수치를 모두 합산해보면, 원래 숲이었던 곳을 제거할 경우 대기로 방출되는 이산화탄소는 1000톤에 달한다. 우리가 이곳을 200년 동안 가축의 목초지로 이용한다면, 매년 소고기 1킬로그램당 19킬로그램의 이산화탄소가 또다시 발생한다. 순수한 생산, 그러니까 사료 획득과 가공만 하더라도 계산 모델에 따라 또다시 소고기 1킬로그램당 20킬로그램 넘는 이산화탄소가 추가로 방출된다.[142] 이렇게 하면 이제 소고기 1킬로그램당 거의 100킬로그램의 이산화탄소가 발생한다.

다시 한번. 여기서 육류 소비와 관련해 우리가 어느 정도 이산화탄소를 배출하는지 대략적인 수치를 계산해보면 매년 1인당 87.8킬로그램에 달한다(우리의 접시에 올라올 때까지 약 60킬로그램의 소고기).[143] 이는 독일인 1인당 육류 소비를 위해 매년 8.8톤의 이산화탄소를 배출한다는 얘기다!

환경청이 전체 식량을 계산해본 수치는 2017년 1인당 매년 1.74톤이었다.[144] 관청은 독일에서 숲이 사라지고 있는 현상을 적절하게 고려하지도 않은 채 육류를 상당히 적게 계산한 게 분명하다. 많은 포털에서는 원래 우림 지역이었던 곳을 벌채하고 키우는 남아메리카의 소는 소고기 1킬로그램당 335킬로그램이라고 계산하는데,[145] 이는 우리가 대략적으로 계산한 수치의 3배나 된다.

그런데 모든 사람이 소고기만 먹는 것은 아니다. 돼지고기와 가금류는 기후에 피해를 덜 준다고 알려져 있어 대부분의 계산에서는 벌채 요인으로 고려하지 않는다. 이로 인해 기후에 영향을 미치는 가장 중요한 요소, 즉 식량을 계산에 넣지 않고 대중은 이를 인식하지 못한다. 설령 그걸 언급하더라도 설득력이 많이 떨어질 수밖에 없다.

엄격하게 말해, 적어도 유럽에서 결과가 형편없어 보이게끔 하는 요인은 벌목이 아니라 숲의 재건을 방해하는 일이다. 이는 동시에 많은 출판물이 이와 같은 점을 왜 충분히 고려하지 않는지에 대한 설명이기도 하다. 오늘날 초원과 초지가 되어버린 과거의 숲은 기후 재난이라는 분위기를 조성하기보다는 오히려 목가적인 인상을 퍼뜨린다. 연기 나는 굴뚝은 경고의 기념물이지만, 나비가 날아다니는 초지는 전혀 그렇지 않다.

나는 당신과 함께 머릿속으로 작은 실험을 해보고 싶다. 만일 육류를 과거처럼 일요일에만 먹는다면 어떻게 될까? 그러면 독일에서는 얼마나 많은 숲이 다시 생겨나고, 미래의 기온에는 어떤 영향을 미칠까?

고기 1인분은 약 150그램이다. 이것을 1년으로 계산하면 1인당 52주×150그램=7.8킬로그램이라는 계산이 나온다. 그런데 현재 1인당 연간 고기 소비량은 60킬로그램이다. 따라서 육류 소비를 52.2킬로그램 또는 87퍼센트 줄일 수 있다는 얘기다. 이로써 우리는 사료를 생산하기 위해 사용해온 넓은 면적을 다시 숲으로 되돌릴 수 있다. 이와 같은 수치는 사료의 상당량을 여전히 수입에 의존하고 있다는 점을 지적하기 전에 그냥 퍼센트로 멋지게 예측해본 결과일 뿐이다. 사료를 87퍼센트 줄이면 우리는 사료 생산을 위해 반드시 필요한 면적도 줄일 수 있을 것이다. 독일뿐 아니라 외국에서도 마찬가지다.

그러나 우리가 육류를 더 적게 먹는다면, 부족한 칼로리를 보충하기 위해 더 많은 식물성 식량을 생산할 면적이 필요할 것이다. 이는 말할 필요도 없지만, 바이오 가스와 바이오 연료를 생산하기 위한 면적을 예로 들어보자. 이것들은 육류 생산이 기후에 입히는 만큼 피해를 주는데, 나는 이미 2008년 집필한 책에서 바이오 에너지에 대한 조사를 서술하며 확실하게 설명한 바 있다. 바이오 가스 장치는 인위적인 커다란 소와 결코 다르지 않다. 풀과 옥수수는 거품의 형태로 발효된다. 이때 직·간접적으로 이산화탄소와 메탄이 흘러나온다. 가능한 한 빨리 이것을 중단시켜야만 한다. 바이오 연료를 심는 면적에 식물성 식량을 재배할 수 있고, 이로써 우리의 식량을 보충할 수 있으니 말이다.

따라서 육류 소비를 최대한 87퍼센트 줄여야 87퍼센트의 숲을 재건할 수 있다. 사료를 생산하는 10만 제곱킬로미터의 면적에서 새로운 나무 8만 7000제곱킬로미터가 생겨나는 것이다. 이렇게 하면 독일에서는 숲의 면적이 20만 제곱킬로미터까지 늘어나고, 이는 전체 국토의 56퍼센트에 달한다!

바로 우리 집 앞에 있는 경치가 변화하면 특별한 장점이 생긴다. 만일 우리가 육류 소비를 줄여 넓고 새로운 숲이 생겨나는 것을 본다면, 지역의 기후가 다시 서늘해지고 심지어 더 많은 비가 내리는 모습을 본다면, 어쩌면 정치도 마침내 나서서 산업적 육류 생산 방식을 금지하기 위해 박차를 가할지도 모른다.

네덜란드에서는 이미 그런 일이 일어나고 있다. 정부가 농부들에게 19억 유로의 보상금을 줌으로써 10년 내에 대량 가축 사육을 그만두도록 지원하고 있다. 그 대신 농부들에게 축사를 헐어버리고, 예를 들면 관광업에 투자하라고 권장한다.[146] 나는 그와 같은 조치가 독일에서도 이뤄졌으면 좋겠다. 독일에서는 매년 860만 톤의 육류가 생산되고 있다.[147] 이는 시민 1인당 100킬로그램 이상이며, 국내 육류 소비보다 훨씬 더 많은 양이다. 독일이 수출용으로 값싼 육류를 많이 생산한다는 얘기다. 특히 열대 우림을 개간한 지역에서 수입한 사료로 말이다. 네덜란드의 방식, 그러니까 대량 사육자들에게 지원금을 주면서 끔찍한 일을 그만두게 하는 방식을 나는 미래의 절충안이라고 생각한다. 이러한 지원금은 환경과 우리 모두를 위한 비용을 상당히 줄여줄 수 있으므로 매우 훌륭한 사용처라고 할 수 있다. 우리의 지하수를 생각해보라. 가축의 똥거름이 넘쳐나서 점점 나빠지는 우리의 가장 중요한 식량원을 생각해보기 바란다.

다시 숲이라는 주제로 돌아가자. 끊임없이 신랄한 논쟁이 불거지는 값싼 고기 사업에 비하면 숲은 농부에게 긴장을 덜 해도 되는 사업이다. 만일 농부가 숲을 그냥 내버려둠으로써 매년 1헥타르당 1000유로를 벌게 된다면, 그들의 계좌는 저절로 채워질 뿐 아니라 이미지도 훨씬 좋아질 수 있다. 이런 일에 어울리는 직업의 이름도 있다. 기후 지킴이.

우리가 정말 넓은 면적의 숲을 되돌려받게 된다고 가정해보자. 그러면 초원에 살던 모든 생명체는 어떻게 될까? 나는 아이펠 고원에 있는 숲을 방문한 사람들을 안내할 때, 내가 더 많은 초원에 나무를 심자는 제안을 하면 참가자들이 격분하면서 반대하는 경우를 많이 봤다. 초원은 인간의 손으로 일궈낸 문화적 영토에서는 버틸 수 없는 온갖 종류의 약초와 풀, 곤충과 파충류한테 너무나 소중하다면서 말이다. 이러한 방어적 발언이 칭찬할 만하더라도, 그 기저에 깔려 있는 가정은 틀렸다.

우리 고향의 탁 트인 지역에서 사는 종들, 예를 들어 많은 곤충처럼 숲의 밝은 곳을 필요로 하는 종들은 초원에서 대체로 살아남을 수 없다. 이들은 초원이 아니라 방목장이 필요한데, 이 둘은 엄청나게 큰 차이가 있다. 방목장(목초지—옮긴이)에서는 덩치 큰 초식동물이 풀을 대부분 또는 모조리 뜯어 먹는다. 그와 같은 방목장은 과거에는 강가의 활엽수 숲에서 자연적으로 생겨나 강의 좌우로 몇 킬로미터씩 뻗어 있곤 했다. 20세기 중반에도 이런 강물은 매번 꽁꽁 얼었고, 그러면 간접적으로 자연적인 방목장이 생길 수 있는 좋은 여건이 된다. 연초에 녹은 유빙이 나무가 없는 지역을 만들곤 하는데, 이런 곳에서 풀과 약초 그리고 덤불이 자랄 수 있는 기회를 얻는 것이다.

그처럼 절반쯤 공개되어 있는 풀밭에서, 다시 말해 나무가 듬성듬성 서 있는 곳에서 한때 들소와 오로크스(aurochs: 소의 일종으로, 유럽을 비롯해 유라시아 대륙에 넓게 분포했으나 17세기에 멸종했다—옮긴이), 그리고 야생마가 풀을 뜯었다. 강가의 활엽수 숲은 조금 남아 있는 부분마저 사라졌고, 홍수는 지극히 드문 예외를 제외하면 이미 오래전의 일이 되었다. 유빙은 두말하면 잔소리다. 이렇듯 소중한 숲이 가지고 있던 전반적인 동력이 완전히 정지해버렸다. 이것이야말로 본질적인 원인이다. 즉, 풀을 뜯는 야생 동물 대신 이제 사람들이 강의 계곡에 자리 잡고 있다. 이런 곳은 소중한 경작지다. 하천의 진흙이 범람할 때마다 풍성한 비료를 제공하는 탓이다. 이런 곳에 거주지와 도시가 들어서고 문명을 발전시켰다. 이러한 문명은 물에 상당히 취약하며, 그래서 둑이나 제방을 통해 물을 차단한다. 문명이 자리를 잡으면 그야말로 좁은 땅만이 받쳐주는 지주(支

柱) 역할을 하고 물이 범람할 수 있는 공간의 형태로 남아 있을 뿐이다. 물론 이런 땅은 단기간 물을 저장한다는 것이지 진짜 강가의 활엽수 숲이라는 의미는 결코 아니다.

그러므로 만일 우리가 초지의 동물을 위해 뭔가 해주고 싶다면, 이들 동물이 원래 살았던 장소에서 그렇게 해야 한다. 우리에겐 라인 계곡이나 엘베강에 훨씬 넓은 국립공원이 시급히 필요하다. 오데르(Oder)강 계곡 아래 위치한 국립공원은 작은 시작일 뿐이며, 100제곱킬로미터라는 면적은 소규모 국립공원에 불과하다. 자연에는 오직 이러한 면적만 제공하는데, 농부와 낚시꾼의 이익을 대변하는 로비스트들이 압력을 가하는 바람에 면적의 50.1퍼센트만이 인간의 사용 영역에서 제외되었다. 나머지 면적은 계속해서 경영해도 된다는 뜻이다. 사람들은 의식적으로 50.1퍼센트를 선택했는데, 명시된 면적의 절반 이상을 국립공원으로 엄격하게 보호해야 한다고 규정되어 있는 까닭이다. 그래서 공원은 아슬아슬하게 면적의 절반을 넘겼고, 국립공원이라는 호칭도 계속 붙일 수 있게 되었다.[148]

강가의 활엽수 숲에서 자라는 나무와 동물한테 안식처를 제공하는, 이른바 진정한 의미에서 강가의 광활한 숲은 여전히 부족하다. 그 대신 우리는 중간 규모의 산악 지대에 초목을 잘 조성하고 정부 지원금을 들여서 양들이 풀을 뜯어 먹게 한다. 하지만 이렇듯 언덕이 있는 곳에서는 과거 너도밤나무 숲이 우세했고, 야생 소나 말이 결코 많지 않았다. 그러나 이런 곳에서 종을 보호하는 프로젝트가 진행되고 있다. 기업가이자 자인비트겐슈타인베를레부르크(Sayn-Wittgenstein-Berleburg) 가문의 리하르트(Richard)가 들소들이 정착할 수 있는 프로젝트 하나를 시작한 것이다.[149] 이러한 목적으로 사용할 숲은 물론 강가가 아니라, 노르트라인베스트팔렌주의 중간 규모 산맥인 로타어(Rothaar)에 조성되었는데, 자세히 말하면 자워란트(Sauerland)에 있는 나지막한 구릉지다. 이 가문의 리하르트 왕자는 들소가 돌아다닐 수 있는 면적 40제곱킬로미터를 제공했다. 이 40제곱킬로미터는 넓게 들릴 수 있겠지만, 1톤 정도의 무게가 나가는 동물들에게는 그야말로 너무 좁다. 비교를 해보자. 집고양이보다 더 크지 않은 야생 고양이도 활동 구역으로 10제곱킬로미터 또는 이보다 더 넓은 면적을 필요로 한다. 동물은 우리가 예상한 활동 영역에 머무는 것이 아니라 초지, 경작지와 숲을 거리낌 없이 돌아다닌다. 이렇게 돌아다니며 나무의 껍질을 먹어치우는데, 이는 나무의 가치를 떨어뜨리는 결과를 초래한다. 그러니 숲 소유주들이 불만을 호소하고 손해 배상이나 동물을 멀리 쫓아버리는 비용을 요구하는 것도 놀랄 일은 아니다. 그러면 초지에서 사는 동물의 수를 줄이거나 그들을 울타리 안에서 살게 해야 한다. 일종의 야생동물 보호 구역 같은 곳에서 말이다. 그러면 자연은 달라 보일 것이다.[150] 또한 몸집이 큰 포유동물의 시각에서 보면 우리는 적어도 넓은 강가의 활엽수 숲이 시급하게 필요하다.

정치가 더 적은 육류 소비, 더 많은 숲과 국립공원이라는 방향으로 나아갈 때까지 분명 시간이 걸릴 것이라고 본다. 적어도 우리 각자는 육류 소비를 줄이는 일을 시작할 수 있다. 그리고 당신이 묻기 전에 대답하겠다. 그렇다. 나는 3년 전쯤부터 육류를 완전히 끊었다. 동물의 고통 외에도 나의 아내와 나는 자연을 걱정하게 되었고, 그리하여 식습관을 바꾸었다. 그러나 모든 사람이 자신의 집 앞에서 즉각 실천할 수 있는 또 다른 방법도 있다.

3부

미래의 숲

01

모든 나무가 소중하다

단 한 그루의 나무도? 한 그루의 나무가 도대체 무슨 일을 할 수 있는가? 나는 그런 질문을 받을 때가 자주 있다. 전 세계적으로 봤을 때 기후 변화를 막기 위한 투쟁에서 나무 한 그루는 달군 돌에 떨어뜨리는 물 한 방울만큼의 효과도 발휘하지 못한다. 게다가 나는 많은 곳의 숲은 저절로 회복할 수 있다고 확신한다. 그러나 지역적으로 식목은 이미 달라졌다. 그러니까 예를 들어 당신의 집 앞에서는 다르다. 이런 곳에서는 단 한 그루의 나무도 날씨에 좋은 효과를 줄 수 있다. 이런 사실을 당신도 직접 체험해볼 수 있다. 겨울에 차를 나무 밑에 주차해보라. 그러면 자동차 유리가 그렇게 빨리 얼어붙지 않는다. 이유는 기온이 극단으로 내려가는 것을 완화해주기 때문이다. 나무 밑에서는 지붕 밑에서처럼 그렇게 춥지 않다.

여름에는 완전히 정반대다. 나무는 서늘하게 해주는 효과가 있다. 그늘 때문만이 아니다. 기온이 내려가면서 물이 증발하는 까닭이다. 이 역시 직접 체험해볼 수 있다. 아주 더운 여름날 양산을 펴고 앉아 있어보라. 그러면 양산 밑에서도 덥기는 하지만 없을 때보다는 덜 덥다. 이제 나무 아래 앉아서 그 차이를 느껴보라. 특별히 크고 오래된 활엽수는 섭씨 2도 정도 기온을 더 내려가게 해준다. 이는 결코 놀라운 일이 아니다. 오래된 너도밤나무 한 그루가 많게는 500리터의 물을 잎에 공급하는데, 이 물은 주변 공기로부터 열 에너지를 증발시키는 데 쓰인다. 우리의 신체도 땀을 흘리며 서늘해질 때 그와 동일한 효과를 달성한다.

나무가 상대적으로 가까이 있으면, 흔히 막대한 증발량을 집의 벽에서 관찰할 수 있다. 그리하여 나무 꼭대기 아래 만들어지는 그늘에는 특별히 습도가 높아 녹색-회색 바닷말 형태의 층이 형성된다.

나는 숲에 있는 집에서 비슷한 경험을 한다. 앞에서 말했듯 숲에 있는 산림 감독관이 머무는 집은 나무로 빙 둘러싸여 있다. 그 중 오래되고 거대한 자작나무가 눈에 띈다. 자작나무 종 가운데 내가 본 가장 큰 나무다. 이 나무는 사무실에서 8미터가량 떨어져 있고 텅 비어 있는 줄기는 새끼 새들에게 둥지를 제공한다. 산림 감독관이 근무하는 집에 비치된 날씨 알림판은 (인근 마을인 베르스호펜에서 제일 가까운 산등성이에 있는) 숲 아카데미와 비교해 늘 섭씨 2도 정도 차이가 난다. 두 곳에 다른 점이 있다면, 숲 아카데미의 나무들이 아직 작다는 것뿐이다. 건물과 정원은 2019년 말에야 비로소 완성했다. 더울 때는 섭씨 2도 더 서늘하고, 추울 때는 섭씨 2도 더 따듯하다. 거기다 습도는 더 높다. 이는 무엇보다 오래된 자작나무와 1년 내내 눈에 띄는 정원에 있는 다른 오래된 나무들의 효과다.

따라서 단 한 그루의 나무도 바로 집 앞에 있으면 지역의 기후에 영향을 줄 수 있다. 나는 이런 점에 주의를 기울이는데, 개인은 아무것도 변화시킬 수 없을 거라는 치명적인 견해를 정원에 있는 나무 한 그루로 반박할 수 있기 때문이다. 정원이나 길거리에 심기에 가장 적합한 나무는 무엇일까? 어떤 경우에도 토종 나무여야 한다. 이는 숲에서와 동일한 원칙이 적용되는 까닭이다. 이어지는 먹이 사슬은 적어도 부분적으로는 나무에 달려 있다. 〔전(全) 생명체라고나 할까.〕 여기에서 도움을 주는 것은 문 앞에 있는 자연적인 숲을 바라보는 것이다. 독일에서는 참나무, 너도밤나무, 단풍나무, 개쉬땅나무 또는 미루나무가 여기에 속한다. 이들은 민둥산이 된 곳은 어디에서든 용감하게 자리를 잡는다. 만일 또 다른 혜택을 보고 싶다면, 과일나무가 좋은 선택이다. 특히 아이들이 나무와 함께 자라면 정말 좋다. 거대한 나무가 우리한테 중요하다는 직감은 평생 남을 테니까.

지난 몇 년 동안 여름 가뭄이 지속되자 많은 도시에서 감동적인 장면을 볼 수 있었다. 주민이 도시에 있는 나무들을 걱정해 직접 물을 주기 시작했다. 많은 도시에서는 이것으로 그치지 않았다. 사랑으로 충만한 사람들이 보살핌이 필요한 거리의 나무들한테 물을 주는 공동체를 만들었다. 이것은 희망의 표시였다. 더 이상 참나무, 플라타너스 또는 단풍나무를 녹색 장식품으로 보지 않고 더욱 소중하게 여긴다는 뜻이었다. 이렇게 행동한 이유는 목마른 나무들한테 사람들이 동정심을 느꼈기 때문이다. 그들은 물뿌리개를 이용해 나무 주변의 바짝 말라가는 흙에 물을 주었다. 하지만 이렇게 하는 것으로 충분할까?

숲 아카데미에서, 나무를 도와주려는 이 같은 행동이 과연 도움을 주는지 물어보는 사람이 많았다. 이런 질문에 대답하기 위해 우리는 자연이 이에 관해 무슨 말을 하는지 살펴봐야 한다. 바짝 마른 땅을 적시는 비는 1제곱미터당 많게는 10리터까지 내리더라도 흙 속으로 침투되지 않는다. 환산해보면 이 강수량은 1센티미터의 물기둥에 상응한다. 물론 수분은 1~2센티미터 넘게 땅속으로 스며들 수 있다. 그러나 이처럼 작은 양도 물을 주는 공동체한테는 과도한 부담이다. 뿌리가 있는 좁은 공간에만 물을 주는 게 아니다. 뿌리가 나무의 높이보다 2배나 더 넓은 면적에 퍼져 있다는 사실은 대체로 잘 알려져 있다. 이미 다 성장한 가로수의 높이가 10미터라면 뿌리의 지름은 20미터에 달한다. 수학적으로 정확하게 환산해보면 뿌리 면적은 314제곱미터다. 따라서 다음과 같은 사실이 분명해진다. 즉, 만일 당신이 1제곱미터당 10리터의 물을 주고 싶다면, 3세제곱미터 이상의 물이 필요하다. 이는 물 주기 공동체에 과도한 부담이며, 이런 점을 간과하더라도 당신은 모든 뿌리에 물을 줄 수 없다.

대부분의 도시 지역은 포석과 아스팔트가 깔려 있어 수분을 차단한다. 도시 설계자들이 나무한테 허용하는 공간이란 줄기 주변의 좁은 땅밖에 없다. 이런 자리에 이따금 물뿌리개로 물을 주는 게 의미 있는 행동일까? 그렇다! 이런 모습을 상상해보라. 당신이 사막을 건너고 있는데 목이 말라서 거의 죽을 지경에 처했다고 치자. 당신의 몸엔 몇 리터의 물이 필요하지만 남아 있는 식수가 하나도 없다. 그런데 어떤 사람이 나타나서 고맙게도 당신한테 물 한 모금을 마시라며 내어준다면, 이것도 좋지 않은가? 게다가 나무에 물을 줌으로써 다른 사람들한테 연대감 같은 것도 느끼게 할 수 있다. 그러면 우리 사회에 더 많은 공감대를 형성하고, 나아가 장기적으로 더 많은 숲이 들어설 수 있다.

나무를 되찾고 주변을 서늘하게 만드는 완전히 다른 가능성은 '혼농 임업(임업을 겸한 농업—옮긴이)'에 있다. 기술적으로 무슨 뜻인가 하면, 나무와 유용 식물을 어떤 곳에는 더 밀착해 심고, 어떤 곳에는 덜 밀착해 심는 방법이다. 이런 방법은 농작물뿐 아니라 자연에도 많은 장점이 있다.

우선 농작물을 한 번 살펴보자. 농작물은 대부분 비교적 오래된 나무 아래 깊숙한 그늘에서는 잘 자라지 못한다. 이들의 조상은 대체로 햇빛을 온전히 받을 수 있는 초원에서 살았다. 따라서 나무 바로 근처에서 자라는 농작물의 수확은 그리 좋지 않다. 그러나 어느 정도 멀리 떨어지면 나무가 전혀 없는 경작지와 초원에 비해 수확량이 눈에 띄게 늘어난다. 나무는 바람을 쉬어가게 해준다. 여름의 땅을 건조하게 만드는 미풍이 없으면 흙은 습기를 더 많이 유지한다. 그리고 지난 몇 년 동안 우리가 쓰라린 경험을 했듯 습기는 농업 상품에 열쇠와 같은 요소다. 심지어 가뭄 시기에는 나무의 그늘이 도움이 된다. 오로지 이곳에 있는 초원만이 2018~2020년의 가뭄 기간에도 촉촉한 녹색을 띠었다. 가축은 나무 밑에서 적어도 몸을 식힐 수 있었다.

임업을 겸한 농업의 또 다른 장점을 꼽는다면, 이른바 수압기 같은 기능을 들 수 있다. 나무는 다른 식물을 위해 일종의 물 펌프 같은 작용을 한다.

곡물과 감자 같은 식물의 뿌리는 땅에서 깊이 내려가지 않고 상부에 머문다. 그런데 바로 이 층이 제일 먼저 건조해진다. 당신도 여름에 화단에서 쉽게 그런 현상을 발견할 수 있다. 땅의 윗부분에서는 모든 것이 딱딱하고 잘 부스러지는 반면, 5~10센티미터만 파고 내려가도 촉촉함을 느낄 수 있다. 이런 습기는 지질의 구성 성분에 따라 몇 미터 깊이까지 이어질 수 있다. 하지만 우리가 경작하는 식물과 풀은 이렇듯 깊은 곳에까지 뿌리를 내리지 못한다.

이와 반대로 나무는 그런 곳까지 뿌리를 뻗는 데 아무런 문제가 없다. 나무는 직접 충분한 수분을 섭취하기 위해 상대적으로 땅속 깊은 곳에 있는 물을 위로 끌어올릴 수 있다. 오래된 너도밤나무나 참나무의 무게를 살아 있는 상태로 달아보면 20톤 넘게 나간다. 이는 여름에 매일 수백 리터의 물을 공급해야 한다는 의미다. 그래서 뿌리가 균류의 협력을 받아 땅에서 상당한 양의 물을 끌어온다. 낮에는 이 물이 잎을 거쳐 필요한 곳에 공급되고, 이산화탄소와 햇빛을 이용해 당분을 생성한다. 물론 많은 양의 물은 잎사귀 뒷면에 있는 입 비슷한 아주 작은 구멍을 통해 숲의 대기로 날아가고, 이로써 생태계 전반을 서늘하게 해준다.

이와 반대로 밤이 되면 가게 문은 닫히고 활동이 멈춘다. 그러면 지상에서는 고요함이 지배하지만, 유일하게 예외가 있다. 잎을 더 이상 사용하지 않기 때문에 나무의 줄기가 약간 부풀어 오른다.[151] 조직은 수분으로 가득 차지만, 어느 순간이 되면 충분해진다. 그러면 딱딱한 나무줄기는 잘 팽창할 수 없다. 그러나 뿌리는 많은 경우 물을 위로 끌어당기는 일을 멈추지 않는다. 미국 뉴욕주 이타카(Ithaca)에 있는 코넬 대학의 토드 도슨(Todd E. Dawson)은 고향에서 자라는 토종 설탕단풍나무를 조사한 결과, 나무줄기 주변으로 넓게는 5미터까지 땅이 밤에 더욱더 촉촉해진다는 사실을 확인했다.

수압을 이용해 물을 위로 끌어당기는 능력은 나무한테 이득을 제공하는데, 부식토의 위쪽에 특히 많은 영양분이 저장되어 있기 때문이다. 부식토는 썩은 식물에 의해 생성되며, 땅에 떨어진 식물은 대부분 이곳에서 지렁이를 비롯한 다른 동물에 의해 분해된다. 이렇게 분해될 때 많은 영양분을 방출하는데, 식물은 오로지 물이 있어야 이 영양분을 흡수할 수 있다. 나무는 이와 같은 물을—참으로 실용적이게도—스스로 획득한다.

연구원들은 이처럼 물을 위로 끌어당기는 능력을 유럽의 활엽수 숲에서도 발견했다. 그들은 너도밤나무와 참나무로 이루어진 젊은 숲에서 연구를 수행했다. 심각한 가뭄을 연출하기 위해 연구 구역에 지붕을 설치하자 땅이 말라버렸다. 위로 올라가는 물을 빼내기 위해 어린 나무의 줄기에 탐침(探針)을 설치했다. 그런 다음 관을 통해 화학적으로 표시된 물을 75센티미터 깊이까지 뿌려주고 나무가 어떻게 반응하는지 관찰했다. 비교적 땅속 깊은 곳까지 뿌리를 뻗고 있는 참나무에서는 표시한 물이 곧 줄기에서 발견되었다. 그러나 이와 반대로 얕은 곳까지 뿌리를 내리는 너도밤나무는 그렇지 않았다.

땅의 중간층은 말라 있던 반면, 표시한 물은 6일 후 땅의 상층부에 등장했다. 심지를 이용해 물을 위쪽으로 올라가게 하는 모세관 작용을 통해 그곳까지 물을 도달하게 할 수는 없었다. 그러려면 땅이 전반적으로 촉촉한 상태여야 했을 것이다.

연구원들은 나무들 사이에서 물을 교환하는 모습을 확정 지을 수 없었다. 그러나 이들의 의견에 따르면, 참나무는 가뭄 시기에 숲이 유지되는 데 매우 중요한 기여를 할 수 있다. 너도밤나무는 이롭지 않은지 어떤지 확정 지을 수 없었다. 측정 장치가 너무 비싸 프랑스 연구 팀은 네 그루만 조사하는 데 그쳤기 때문이다.

연구 팀의 의견에 따르면, 땅의 상층에 있는 습기로부터 이득을 얻는 것은 나무뿐만이 아니다. 그 밖의 다른 식물, 균류, 박테리아와 땅에 사는 작은 동물로 이루어진 다양한 종들 역시 이득을 본다. 이들 모두는 생태계를 유지하고 있으며, 그 덕분에 너도밤나무

도 튼튼하게 자라는 것이다.[152]

중요하지는 않지만 한 가지 언급할 게 있다. 너도밤나무 숲은 태생적으로도 그러하지만 **주로** 너도밤나무로 이루어져 있다. 그 밖에 다른 많은 나무 종도 있는데, 특히 참나무가 그렇다. 이 두 가지 종의 나무가 반드시 직접적으로 협력하지는 않더라도, 둘은 기후 변화의 시대에 서로에게 힘이 되어준다.

농지로 다시 돌아가보자. 이곳은 나무한테 커다란 문제를 안겨준다. 우리는 이미 뿌리가 압축되어 있고 산소가 부족한 땅에서는 나무가 자라는 게 힘들다는 점에 대해 언급했다. 유감스럽게도 농지는 대부분 빽빽하게 압축되어 있다. 오늘날 누가 말을 이용해 농사를 짓겠는가? 무거운 트랙터가 수백 번을 지나가고, 이로 인해 땅은 완전히 압축되어 있다. 이렇게 손상을 입은 땅은 수천 년이 지나야 재생 가능하다. 다만 땅의 상층부는 서리가 내리거나(이때 물이 팽창하고 빽빽하게 눌려 있던 흙이 느슨해진다) 크고 작은 동물이 파헤치면 약간 부드러워질 수 있다.

그러나 여기에서도 토드 도슨의 연구 결과가 희망을 품는 계기를 준다. 그가 조사한 나무들은 강력한 뿌리를 통해 압축되어 있는 흙을 뚫고 들어가 밤에 그곳에 있는 흙으로부터 물을 위로 펌프질했다. 이런 물은 부드러운 땅의 얕은 곳에 자리 잡고 있는 뿌리에 제공되었다.[153]

자연에서는 그 어떤 일도 우연히 일어나지 않는다. 나무가 물을 위로 끌어올리려면 에너지가 필요하다. 나무가 밤에 이렇듯 물을 펌프질하는 것을 그치지 않음으로써 건조한 여름에 여러 가지 장점이 생긴다. 깊숙한 곳에 있는 물은 지표면 아래 가까운 곳에서 자라는 가늘고 수많은 뿌리에 의해 끌어올려진다. 그러면 다음 날 아침 나무는 곧장 식사를 할 수 있다. 광합성을 시작할 수 있다는 얘기다. 그러기 위해 나무는 물 이외에도 영양분이 필요한데, 이 영양분을 물로 용해해 즉각 작은 뿌리로 빨아들인다.

나무가 밤중에 땅을 촉촉하게 만드는 것을 체스와 비교하면 참으로 영리한 한 수다. 정원에서도 이를 확인할 수 있다. 만일 당신에게 정원이 있다면, 언제 물을 주는 게 가장 좋은지 이미 알고 있을지 모른다. 바로 저녁이다. 이때쯤 되면 태양은 더 이상 비치지 않고 점점 서늘해진다. 뿌려준 물이 금세 증발하지 않는다는 뜻이다. 이 물은 천천히 땅에 스며들고, 다음 날 아침 식물은 이를 완벽하게 사용할 수 있다. 그런데 나무가 직접 스스로에게 물을 줄 수 있다면, 왜 다른 방식을 선택했겠는가? 게다가 나무가 오로지 밤에만 물을 끌어올린다면, 있는 힘을 다해 그 물을 잘 관리할 것이다. 만일 광합성과 냉각 효과를 가장 잘 성취하기 위해 낮에도 물을 끌어올린다면, 나무는 펌프질 능력을 엄청나게 높여야만 한다. 밤에 그만큼 많이 펌프질할 필요가 없을 정도로 말이다. 그리하여 펌프는 밤낮으로 작동하지만, 목적은 서로 다르다.

우리가 나무를 농업에 그렇듯 유용하게 투입한다면, 그 외에도 한 조각의 자연을 돌려받을 수 있다. 논이나 밭이랑에 있는 나무는 새를 비롯해 그 밖에 다른 많은 동물에게 은신처와 식량을 제공한다. 도륙당한 들판은 나무 덕분에 한 조각 야생의 영혼을 돌려받는다. 이것만으로도 가치가 있지 않을까.

나무의 장점이 그처럼 공공연하게 드러난다면, 숲에서 이뤄지는 관습적인 방법이 실패했다면, 뭔가를 변화시키는 게 왜 이토록 오래 걸리는 것일까? 어쩌면 우리는 최후의 강경파가 이해해주길 너무나 자주 기대하는 것은 아닐까?

02

모두가 한배를 타야 하나

2020년 가을, 우리는 환경보호론자들끼리 모여서 산림을 모범적으로 관리할 만한 구상이 있는지 토론했다. 우리는 대규모 농장을 해체하고 '손상된 목재 제거' 작업을 분주하게 수행한 다음 숲을 되살리기 위해 나무를 심는 이러한 시기에 대안이 될 수 있는 구상을 실험하고 관찰해보는 것이 좋다고 생각했다. 생태학적 경영 방법은 앞으로도 읽을 수 있도록 문서로 남겨두어야 했다. 논쟁을 하던 중에 목재 수확 기계가 돌아다니더라도 당분간 눈감아줄 수 있느냐는 질문이 등장했다. 이런 질문 자체가 이미 나를 상당히 분노하게 만들었다. 왜냐하면 전통적인 산림 경영에 대해 몇몇 환경 단체들이 취했던 타협적인 자세가 수십 년 동안 목재 수확의 잔인함을 막지 못했고, 오히려 정반대의 결과가 나오게끔 했기 때문이다. 육중한 수확 기계는 1990년대부터 승리를 거두기 시작했고, 민둥산의 규모는 수십 년에 걸쳐 가장 넓게 확장되었다. 그리고 중간에 간혹 줄어들었을 뿐이다. 이런 상황에서도 산림 경영은 자신들의 이미지만 포장할 뿐 땅을 지속적으로 파괴하는 행동을 포기하지 않는다. 나는 이러한 파괴 행동을 배려하는 것은 더 이상 시대에 적합하지 않다고 생각한다. 논쟁에서는 의미심장한 말도 등장했는데, 우리 모두가 마침내 한배를 타야 한다는 것이었다. 그러나 이러한 전략은 숲에서 최종적으로 실패했다고 간주해도 무방하다.

모두와 함께하자는 말은 또한 가장 느린 속도에 적응한다는 뜻이기도 하다. 마지막까지 의심하는 사람을 같은 편으로 만들고자 하는 게 무슨 뜻인지, 우리는 지난 수십 년 동안의 환경 정책에서 체험했다. 새로운 기술이 발전했음에도 불구하고 전 세계의 이산화탄소 방출량은 계속 증가하고 있다. 아울러 코로나19가 대유행하고 있는데도 결정적인 방향 전환은 일어나지 않고 있다.

숲에서도 비정부 단체(NGO)의 성공은 한눈에 볼 수 있다. 끝없이 많은 대화를 나누고 부분적으로 격렬하게 공격했음에도 불구하고 산림 경영 시스템은 전혀 나아지지 않았다. 이미 언급했듯 우리는 오늘날 수십 년 이래로 최대의 민둥산을 기록하고 있다. 비록 독일의 모든 주 정부가 정반대 노선을 설정해두었음에도 불구하고 말이다. 물론 한자(Hansa) 도시 뤼베크(Lübeck)처럼 몇몇 구역의 숲을 모범적으로 관리하는 경우도 있다. 하지만 이렇게 잘 관리되는 작은 땅은 달군 돌에 떨어뜨린 물 한 방울처럼 거의 아무런 효과가 없다. 이 경우에 달군 돌이란 산림 경영이 대형 기계를 동원해 점점 더 잔인하게 숲을 다루는 태도를 뜻하고, 나아가 거대한 숲 위에 헬리콥터를 띄워 독성 물질을 뿌려대는 행동을 의미한다.

이보다 훨씬 중요한 것은 실수에 대해 논쟁을 펼치지 않는다는 점이다. 누구에게 책임이 있는지 가려내는 게 아니라, 지금까지 실행한 방법이 실패했다는 사실을 인정하는 게 중요하다. 그러나 이와 같은 통찰력은 부족하며, 오로지 기후 변화에만 책임이 있다고 말한다. 전문가가 아닌 일반 사람도 숲에 산책을 나가보면 대규모 숲을 관리하는 방법이 실패했다는 점을 알 수 있을 정도다. 따라서 녹색 운동을 하는 숲 보호자들이 직접 나서서 전설 같은 이야기를 퍼뜨리게 된 것이다. 그로 인해 지금과 같은 사태가 벌어졌다고 볼 수 있다.

산림 경영은 죽어가는 침엽수 숲을 보며 그 잘못이 윗세대에 있다고 단언한다. 제2차 세계대전 이후 우리 윗세대는 무너진 건축물을 재건하기 위해 목재를 신속하게 공급해야 했고, 이로 인해 가문비나무와 소나무로 이루어진 거대한 단일 재배 구역이 생기는 단초가 마련되었다는 것이다. 오늘날까지도 침엽수 대농장이 들어서고 있다는 사실은 차치하더라도, 이와 같은 방식은 훨씬 오래된 전통에 기인하고 있다. 미국 출신 산림 감독관이자 자연 보호가 알도 레오폴드(Aldo Leopold)는 1930년대에 조상의 나라였던 독일을 방문했다. 이때 그는 유명한 독일 숲이 주로 사냥 목적의 야생 동물이 살 수 있는 환경이자 자연과는 동떨어진 침엽수로 이루어져 있다는 사실을 기록하며 이런 재앙을 '독일 문제(German problem)'라고 불렀다. 그리고 이러한 문제는 오늘날까지 지속되고 있다.

휠씬 더 친자연적으로 숲을 개조했다고 칭찬이 자자했지만 2012년 마지막 숲 재고 조사에 따르면 그와 같은 개조는 이루어지지 않았다. 우리에게 가장 소중한 종인 너도밤나무와 참나무는 숲에서 10~15퍼센트만 차지할 뿐이다. 실제로 숲의 개조가 지난 수십 년 동안 일어났다면, 최근에 조성한 숲에서 20년 된 활엽수가 많이 발견되어야 한다. 그러나 상당히 부족한 상태로, 활엽수가 차지하는 비율은 6~12퍼센트에 머물렀다.[154] 알도 레오폴드 시대 이후부터 산림 경영은 기껏해야 제자리걸음만 하고 있을 뿐이다.

이렇듯 풀기 어려운 고르디우스(Gordius)의 매듭을 어떻게 해결해야 할까? 뤼베크의 산림 관리소 소장을 맡고 있는 크누트 슈투름(Knut Sturm)이 라디오 방송에 출연해서 밝혔듯 이런 난제를 뚫고 나가는 방법이 있다. "산림 감독관들로부터 숲을 빼앗아버리세요!"[155] 물론 그처럼 과격하게 해결하지는 않겠지만, 우리는 녹색의 폐를 위해 다르게 교육받은 직원들이 시급하게 필요하다. 그러나 이러한 길은 멀고도 울퉁불퉁하다. 그럼에도 우리 가운데 몇몇은 그런 길을 단축해서 걸어갈 수 있는데, 이 부분에 대해서는 다음 장에서 서술하기로 하겠다. 많은 숲에는 이와 같은 신선한 바람이 너무 늦게 도달할 것이다. 왜냐하면 모든 오래된 나무를 베어버리면, 숲이 재생할 때까지 수십 년, 아니 수백 년이 걸릴 테니까. 우리는 이렇듯 긴 세월을 더 이상 기다릴 수 없다. 따라서 나무를 보호하기 위해 또 다른 민주적인 도구를 사용할 수밖에 없다. 바로 법원에 소송을 제기하는 방법이다.

이런 방법으로 숲을 얼마나 성공적으로 도울 수 있는지는 그뤼네 리가 작센(Grüne Liga Sachsen)과 '라이프치히 강가의 활엽수 숲 자연보호협회', 즉 NuKLA라는 2개의 자연 보호 단체가 보여주었다. 이들 단체는 라이프치히시를 법정에 세웠다. 법적 다툼의 계기가 된 것은 중부 유럽에 남아 있는 가장 큰 (강가의) 활엽수 숲 가운데 하나인 라이프치히 활엽수 숲에서 진행된 벌목 행위였다. 25제곱킬로미터의 면적에 달하는 이 활엽수 숲 주변에는 작은 강, 저수지와 도랑 따위가 있다. 또한 이곳에서 산림 감독관과 도시 산림원 소속 담당자들은 숲을 돕는다는 명목으로 열심히 벌목을 자행했다. 그런데 라이프치히에 있는 강가의 활엽수 숲 아우발트(Auwald)는 유럽연합이 지정한 보호 구역이며, 숲이 견딜 수 있는지 시험하지 않고서는 벌목 행위를 해서는 안 된다. 2개의 환경 단체는 바로 이 점에 착안했다. 그들은 바우첸(Bautzen) 고등행정법원으로부터 2020년 6월 9일 지침이 될 만한 판결 결과를 받아냈다. 즉, 산림 행정은 현재 진행하고 있는 벌목을 즉각 중단하고, 앞으로는 벌목을 위한 조치를 철저하게 시험해야 한다는 판결문이었다. 이로써 벌목은 보호 구역과 관련한 규정보다 하위에 속하며 2개의 환경 단체와 논의를 거쳐야만 했다.[156]

이와 관련해 나는 보호 구역을 다시 한번 언급하고 싶다. 독일에서 가장 오래된 너도밤나무가 서식하고 있는 작은 구역 주변에 숲이 뻗어 있고, 이 숲은 유럽연합의 법으로부터도 보호를 받고 있다. 이런 숲의 상태는 법적인 판결에서 명시하듯 더 이상 악화해서는 안 된다. 하지만 이 지역의 산림 관리소는 이런 점에 대해 그다지 관심이 없었다. 그리하여 수많은 오래된 나무를 베어버렸고, 그러는 사이 숲은 대부분 수풀에 뒤덮이는 상황이 되었다. 유감스럽게도 이는 보호 구역에 극적인 결과를 가져왔다. 보호 구역은 이제 67헥타르로 줄어들어 뜨거운 여름에 자발적으로 공기를 냉각시키지 못하고 수분도 더 이상 머금고 있을 수 없게 되었다. 그러기 위해서는 숲의 허리띠와 보호 구역이 더 넓어져야 하는데, 숲의 허리띠에 위치한 구역은 현재 매우 심하게 손상을 입은 상태다.

에베르스발데 대학의 피레 이비슈 교수는 법적인 소견서의 도움으로 벌목 행위를 철저하게 파고들었다. 이 지역의 산림 관리소는 변호사의 서류를 무시했고, 그리하여 우리는 2020년 12월 나의 소셜 미디어 채널을 통해 이런 사실을 공개했다. 두 곳의 텔레비전 방송사가 이에 반응을 했고, 일간 신문도 보도를 했다. 이에 메클렌부르크포어포메른주의 환경부 장관 틸 바크하우스(Till Backhaus: 독일 사민당 소속 정치가—옮긴이)가 달려왔다. 그는 관광객이 방문하는 지역에 손해를 입히길 원치 않았고, 우리와 함께 온라인 회의를 진행하기로 약속했다. 그리고 대대적으로 실시하던 벌목 행위를 중단하고, 이 문제를 담당할 단체를 조직하고, 보호 구역을 확장하기 위해 깊이 고민할 것이라고 밝혔다.

나에게 이 사건은 개인도 힘을 행사할 수 있다는 아름다운 본보기다. 소셜 미디어 계정도 커뮤니티에서 많은 관심을 불러일으키는 내용을 올리면 (더 적합하게 표현해서 '좋아요'라는 호응을 많이 받으면) 잘 작동하는 까닭이다. 클릭은 중요하다.

산림 경영은 의심스러운 경우 감정에 불을 지르고 논리적 사고를 차단할 수 있는 최후의 논거를 가지고 있다. 목재가 일자리를 지켜준다는 논점이다. 나는 이런 논점을 어디를 가든 들을 수 있다. 캐나다, 폴란드, 스웨덴은 물론 독일에서도 이와 같은 진술은 그야말로 가장 잔인하게 변해버린 민둥산조차도 정당화시킨다. 어쩌면 당신은 석탄업의 중단과 관련한 소동을 기억할 것이다. 지금까지의 삶이 위태롭게 되는 까닭에 두려움이 들끓었고, 석탄 채굴 지역에서는 생산 중단을 반대하는 무리가 시위를 벌였다. 지금까지 했던 방식을 앞으로도 계속한다면 우리 모두에게 엄청난 손실이 발생할 것이라는 사실도 그처럼 잔뜩 흥분한 분위기에서는 분명하게 제시하기 어려운 법이다. 수십억 유로에 달하는 보상금을 석탄 산업에 지불함으로써 평화가 다시 정착되었고, 출구로 삼은 하나의 목표(비록 요원할지라도)를 확정할 수 있었다. 이는 기후에 피해를 주는 또 다른 업계, 예를 들어 산림 경영의 청사진처럼 들린다.

산림 경영은 당연히 경제 분야에서 매우 작은 영역을 차지하고 있으며, 따라서 거대한 발전에 비해 중요성이 적다. 그러나 만일 우리가 숲의 냉각 효과와 강수량을 생각해보면, 산림 경영이 어떻게 행동하느냐에 따라 다른 어떤 영역보다 지역의 날씨에 영향을 많이 준다. 산림 경영은 무게감은 적고 부정적 영향은 많이 끼친다고 볼 수 있으므로, 신속하게 정치적 합의를 이뤄내 그들의 행동을 막을 필요가 있다. 궁지에 몰리자 산림청 종사자들은 새에게 잡혀 먹힐 위험에 처한 두꺼비같이 행동한다. 위험에 처한 두꺼비는 더 크게 보이기 위해 몸을 엄청 부풀리곤 한다. 이처럼 잔뜩 부풀리는 행동을 하는 주인공은 바로 산림과 목재 분야에 종사하는 무리다.

이런 무리 혹은 클러스터는 실재가 아닌 환상, 이를테면 전체 업계를 포괄하는 가상의 조직이다. 이 무리는 너무나 소규모이기 때문에 그 업계에 속하지도 않은 세 분야까지 끌어들인다. 바로 그런 그룹에 속해도 당연한 것처럼 들리는, 숲에서 일하는 노동자와 산림 감독관 그리고 제재소 직원이 그들이다. 이런 그룹의 종사자 모두를 합하면 대략 11만 명인데, 이는 노동 시장 전체를 고려했을 때 매우 소수에 불과하다. 정치적 무게감을 올리기 위해 그들은 가구 제작, 종이 생산과 출판 같은 대규모 업계도 포함시킨다. 중요하지는 않지만 사소한 사항을 언급하자면, 여기에 속한 업계는 자신이 클러스터에 참여할지 여부를 묻는 질문조차 받지 못했다. 내가 하도 궁금해서 함께 일하는 출판사 직원들에게 물어봤더니, 자신이 산림과 목재 클러스터에 속해 있는지 아는 사람은 지금까지 한 명도 없었다.

이처럼 아무것도 모른 채 참여한 업계 종사자까지 모두 합해 이제 클러스터에 속한 사람은 110만 명이 되었다. 이는 원래 인원의

10배에 해당한다. 이렇게까지 되다니![157] 이들은 이제 정치적으로 무게감 있는 헤비급이 되었고, 숲을 보호하고 아끼는 태도와 정반대 입장에서 일자리를 갖고 논쟁을 펼칠 수 있다. 나무를 베지 않으면 모두가 직장을 잃게 되니 말이다!

데이비드 스즈키(David Suzuki)가 나에게 얘기해주었듯 캐나다의 벌목꾼이 훨씬 더 분명한 대답을 해준 것은 아닌지 모르겠다. 캐나다 출신의 이 유명한 환경보호론자는 벌목 캠프를 촬영하기 위해 밴쿠버(Vancouver)섬을 방문했다. 그러자 숲에서 건장한 남자 3명이 나타나더니 촬영 팀을 내쫓으려 했다. 그러다가 당황스럽게도 토론을 하게 되었고, 데이비드는 이렇게 말했다. "환경보호론자들은 그 누구도 목재 산업을 반대하지 않아요. 우리는 다만 우리의 자식과 손주들이 베어낼 수 있는 튼튼한 나무가 있는지 알고 싶을 뿐입니다!" 그러자 벌목꾼 가운데 한 사람이 그에게 말했다. "내 자식들은 절대 벌목꾼이 안 될 거요. 그때까지 나무가 남아 있지 않을 테니까!"[158]

질문에 대한 나의 개인적 대답은 이번 장의 제목처럼 우리 모두가 굳이 한배를 탈 필요는 없다는 것이다. 만일 우리가 최후의 강경파들이 합류할 때까지 기다린다면, 필요한 개혁 과정을 참을 수 없을 정도로 희석해버리는 결과가 올지도 모른다. 이들 강경파는 수십 년 동안 시민이 자신들을 믿고 맡긴 숲을 책임 있게 다룰 능력이 있다는 것을 증명할 충분한 시간이 있었다. 그런데 유감스럽지만 숲이 처한 상황이 분명하게 증명하듯 그들은 성공하지 못했다. 그토록 오랜 세월에 걸쳐 철저하게 실패한 사람에게는 두 가지 가능성만 남아 있을 뿐이다. 자신이 저지른 실수를 인정하고 태도를 바꾸거나, 그렇지 않으면 개인적으로 결론을 내리고 숲의 재생 과정을 보다 유연하게 처리할 수 있도록 다른 사람들에게 일을 맡기는 것이다.

이런 그룹에 속한 사람들이 모든 것을 향상시키는 방향으로 성공할지 여부를 앞으로 수십 년 동안 지켜볼 수는 없다. 아니, 숲은 신선한 바람을 필요로 하고, 이런 바람은 전반적인 경영 시스템을 바꿔야만 발생할 수 있다.

그리고 이런 산들바람은 이미 불어오고 있다!

03

신선한 바람

산림 경영이라는 시스템을 바꿀 때가 되었다. 이 시스템을 내부에서부터 쇄신하는 것보다 더 나은 방법이 어디 있겠는가? 나처럼 늙은 사람한테 그렇게 하기는 어렵지만, 젊은 사람들에게 처음부터 다른 교육을 왜 시키지 않는가? 대학에서는 분명 달리 평가하겠지만, 지금까지 독일 대학에서는 관습적인 산림 경영만을 가르쳐왔다. 전체 대학 교육, 학업 과정에 이어 주 정부 산림 관리소에서 행하는 실습은 포괄적인 산림 경영이 아니라, 공적인 업무에 맞춰져 있다. 심지어 국가의 산림 경영은 교육 내용에도 상당히 많이 개입하는데, 산림소장들의 회의를 통해서 그렇게 한다. 이러한 협의회는 연방 정부와 주 정부에서 산림 경영을 담당하는 소장들로 이뤄져 있다. 이들은 전국적인 사안에 대해 공통된 결정을 내린다. 임학의 경우 이 협의회는 미래의 대학 졸업자에 대한 요구 사항을 카

탈로그로 만든다. 목재 시장 외에도 공적인 산림 경영은 이 업계의 노동 시장도 지배하고 있어 적지 않은 압력을 행사한다.

얼마나 압박이 강한지는 이들이 사용하는 몇 가지 단어에 숲을 원료 생산 공장으로 보는 프레이밍 혹은 획책에서 적나라하게 드러난다.

이들은 침엽수나 활엽수를 식림한다고 말하지 않고, 침엽 목재 또는 활엽 목재를 식림한다고 말한다. 마음을 가다듬고 생각해보라. 우리는 목재를 절대 심을 수 없다. 땅에 심은 널빤지에서 싹이 나고 잎이 돋아날 수도 없다. 그렇다고 주장한다면, 이는 양돈업자가 자신은 돼지고기 스테이크를 기르고 있다고 말하는 것과 다름없다.

나중에 나무가 국가에서 원하는 크기로 자랐을 때도, 숲은 생태계로 묘사되지 않는다. 가장 중요한 지표는 1헥타르당 목재 재고다. 다시 말해, 살아 있는 나무의 형태로 1세제곱미터당 목재의 양이다. 따라서 숲은 산림 감독관이 관리하는 거대한 창고와 다를 바 없다. 산림 감독관은 상품이 충분히 자랐는지 살펴보고, 나무를 심어서 부족한 나무를 보충하고, 무슨 나무를 수확할 수 있는지 살펴본다. 오래된 나무는 '따도 될 만큼 익은(Hiebsreif)' 나무라고 부르는데, 이는 원래 수확할 수 있고 그래해야만 하는 딸기에 사용하는 말이다. 빨갛게 익은 딸기와 달리 '따도 될 만큼 익었다'고 표기되는 나무는 흔히 자연적인 수명의 3분의 1도 못 살았을 경우가 많다. 그래서 비유하자면 덜 익은 녹색 과일이라 할 수 있다. 나무의 수확 나이는 관리 규정에서 확정되고, 목재 시장이 무엇을 요구하는지에 따라 변한다. 오래되고 굵기도 한 너도밤나무와 참나무는 자연의 기적과 같은 존재이지만, 사람들의 평가를 받고 어느 정도 지름이 되었을 때부터 '최종 사용' 목적으로 분류된다. 이는 결국 죽음이라는 끔찍한 연상으로 끝난다.

양심의 가책을 떨치기 위해 적합한 이야기는 대학에서뿐만 아니라, 오래된 숲에서 벌목을 막는 많은 산림 감독관의 입에서도 나온다. 그들은 법적으로 중요하다고 명시해서는 안 되는 목재 획득이 중요한 게 아니라고들 말한다. 그게 아니라, 어미 나무의 그늘에서 제대로 성장하지 못하는 불쌍한 어린 너도밤나무를 돕는 게 중요하다고들 말한다. 따라서 이와 같은 원료 획득은 막강한 부수적 피해를 동반함으로써 '숲의 회춘'이라 불린다. 청소년 나무를 지원하는 일이 지극히 오래된 뿌리의 네트워크를 파괴하는 일보다 훨씬 듣기 좋은 듯하다. 나무를 베어내는 모든 조치를 '숲의 관리'라는 개념으로 파악하는 일은 그야말로 빈정대는 태도가 아닐 수 없다. 이는 마치 도축업자가 자신은 동물을 보살피고 관리하는 사람이라고 주장하는 것과 비슷하다.

대학에서 공부하는 내내 숲을 목재 제품을 제공하는 기계로 배운 사람은 자연의 기적에 대해 무뎌질 수밖에 없다. 육중한 수확 기계가 땅에 있는 모든 것을 눌러서 평평하게 만들어버려도 더 이상 나빠질 것 없고, 어마어마한 양의 유기 물질을 박멸하더라도 중요하지 않다. 멸종 위기에 처한 종과 관련한 전문 지식은 대학에서 공부한 뒤에도 지극히 부족한데, 이런 사실은 내 스웨덴 친구 세바스티안 시르푸(Sebastian Kirppu)가 반복해서 언급하고 있는 문제이기도 하다. 그는 산림에 종사하는 동료들에게 가령 지의류(地衣類)처럼 지극히 드문 종을 어디에서 찾아볼 수 있는지 보여주곤 한다. 이를 통해 벌써 많은 영역의 숲을 산림 산업의 저항에 맞서 보호할 수 있었고, 세바스티안은 스웨덴에서 가장 미움받는 환경보호론자 중 한 명이 되었다.

또한 숲 소유주들이 질문 사항이 있을 때 2차 의견을 참조할 수 없다는 사실은 매우 불리한 조건이다. 산림에 관해 잘 알고 있는 프리랜스는 대부분 대학에서 공부하고 국가의 산림 경영 방식을 실습함으로써 거의 이들의 말을 반복할 뿐이다.

나 역시 베르스호펜에 있는 우리 구역에서 이런 일을 직접 경험할 수 있었다. 우리는 2018년 이곳에서 법으로 정한 숲 재고 조사를 프리랜스로 일하는 전문가들에게 맡기고 싶었다. 국가의 재고 조사는 항상 나이 등급을 기준으로 숲을 분류한다. 다시 말해서 동일한 형태, 대농장의 형태를 띤 숲을 계획한다. 베르스호펜에 있는 숲은 그렇게 되지 않길 바랐기 때문에 지역 주민은 '볼레벤(Wohlleben) 숲 아카데미'의 충고에 따라 독립적인 감정을 받기로 결정했다. 그런데 결과는 커다란 실망을 안겨주었다. 감정을 실시한 전문가는 지역 주민 대표 회의에서, 베르스호펜 숲이 숲 아카데미의 영향을 받아 점점 활엽수 숲으로 변하고 있으며 침엽수 대농장이 줄어들고 있다고 경고했다. 감정을 맡은 이 전문가는 다른 숲들로부터 완전히 이탈하지 않기 위해, 가문비나무와 더글러스전나무를 더 많이 심어야 한다고 충고했다. 또한 오래된 너도밤나무 숲에서는 시급하게 벌목을 더 많이 해야 한다고 했다. 익히 알고 있듯 그때는 기록적 가뭄이 있던 3년 가운데 첫 번째 해인 2018년 5월이었다. 이 기간 동안 도처에서 가문비나무 대농장이 전멸했고, 그리하여 산림 경영에서 이 품종의 종말을 알렸다. 말할 것도 없이 주민 대표 회의는 그의 충고를 따르지 않았다.

몇 년 전부터 개방적인 산림 감독관들 사이에서, 생태학적 숲 관리를 위해 대학에 새로운 학업 과정이 필요하다는 논쟁이 벌어졌다. 산림 감독관이라는 노동 시장에 대안이 생겨날 수 있도록 신선한 바람을 불어넣어야 한다는 것이다. 우리 숲 아카데미에서도 이미 오래전부터 그와 같은 생각을 여기저기서 피력했다. 하지만 우리 같은 스타트업에는 최고의 우선권을 주지 않았다.

그런데 최종적인 자극은 우연한 기회에 생겨났다. 2020년 여름에 잡지 〈GEO〉의 편집장 옌스 슈레더(Jens Schröder)와 마르쿠스 볼프(Markus Wolff)가 이끄는 편집 팀이 나를 방문했다. 이들은 새로 단장한 우리 건물도 한 번 구경하고, 이어서 함께 점심을 먹은 다음 〈볼레벤의 세계(Wohllebens Welt: 볼레벤 숲 아카데미와 〈GEO〉에서 출간하는 자연 관련 잡지—옮긴이)〉의 현재 상황에 대해 얘기하자고 했다. 우리는 잡지의 미래에 관해, 잡지 시장이 무너지고 있는 상황에서 우리가 앞으로 어떻게 협력할지에 관해 논의했다. 몰락하고 있는 출판 시장과 반대로 이 잡지는 너무나 용감했다. (야호!) 그래서 2021년에도 잡지를 계속 발행하겠다고 했다. 우리는 지역에 있는 호텔의 테라스에서 대화를 나누었는데, 야외에서 모이면 코로나19 대응 체제를 잘 따를 수 있을 뿐 아니라, 아렘베르크(Aremberg)산을 구경할 수 있었기 때문이다. 잠자고 있는 화산 꼭대기는 오래된 활엽수 숲으로 뒤덮여 있었다. 식사를 마친 뒤 커피를 마시며 파노라마처럼 펼쳐지는 광경에 감탄하는 동안, 편집장 옌스 슈뢰더는 나에게 미래의 꿈이 무엇인지 물었다.

솔직히 말해서 내가 그때 뭐라고 대답했는지 기억나지 않는다. 하지만 만나고 몇 주가 지난 뒤 편집장이 나에게 이메일을 보냈다. 기꺼이 나만의 고유한 학습 과정을 만들고 싶다는 내 꿈을 실현시켜보자는 내용이었다. 그는 우리가 피레 이비슈 교수와 함께 스폰서와 단과대학을 찾아본 다음 일단 일을 시작해보자고 했다. 내 꿈이 곧 실현될 것이라는 사실이 분명해지자, 나는 전기에 감전된 것처럼 찌릿했다.

나를 아는 이들은 내가 상당히 빨리 행동하는 사람이며, 어떤 미친 아이디어일지라도 진정한 진보를 의미할 경우 신속하게 그걸 실현시켰다는 점을 잘 알 것이다. 그렇듯 나는 1990년대 말에 수익을 얻고 내 고향에 있는 오래된 너도밤나무 숲을 구하기 위한 목적으로 숲에서 서바이벌 트레이닝을 개최했다. 이런 트레이닝을 통해 나무를 베는 톱이 사라졌다. 그러나 무엇보다 부족한 목재 수익을 다른 방식으로 보상할 수 있다는 사실을 시장(市長)에게 설득시키는 데 성공했다. 관광 담당 부처가 싫어하고 산림청 또한 나의 행동에 신경을 곤두세워가며 참아주었음에도 '아이펠 고원에서의 서바이벌' 행사는 그야말로 성공을 거두었다. 방문객들과 함께 하루 종일 숲을 돌아다니며 뿌리와 곤충의 애벌레한테 먹이를 주는 산림 감독관의 모습을 많은 텔레비전 방송국에서 촬영했다. 그리하여 줄어든 목재 수익으로 인해 힘들어하는 지역 주민을 보지 않아도 되었다.

그런데 고유한 학습 과정은 전혀 다른 주제, 전혀 다른 기회도 물론 제공한다. 먼저 기회부터 생각해보자. 가장 큰 기회라고 한다면, 대학에서 그와 같은 학습 과정이 그야말로 존재한다는 것이다. 만일 이런 과정을 '생태학적 숲 경영'이라고 부른다면, 다른 모든 산림 학습 과정은 무엇이란 말인가? 이러한 학습 과정은 보수적인 구석으로 내몰릴 터이다. 전통적인 농업이 대중의 의식에서 이미 구석으로 몰려났듯 말이다.

놀랍게도 우리는 신속하게 한 명의 코디네이터와 2명의 재단(財團) 교수를 위해 보수를 지불하겠다는 기부자를 발견했다. 이렇게 해서 앞으로 자체적인 학습 과정을 포함시킬 단과대학은 비용을 지불할 필요가 없게 되었다.

내가 원하고 바라는 고유한 학습 과정은 어디에 정착시킬 수 있을까? 물론 혁신과 생태학을 기치로 내건 단과대학으로, 우리는 에베르스발데에 있는 지속 가능 대학을 선택했다. 이곳은 독일에서 가장 작은 단과대학에 속하지만, 숲이라는 주제와 관련해 반항적인 전통을 가지고 있다. 우리는 말한 것을 당장 실천에 옮겼다. 2020년 12월 첫 번째 대화를 시작했다. 이후에 벌어진 일은 말벌 집을 찌르는 일과 비슷했다. 담당 전공 학과에서는 단과대학 총장의 바람과는 반대로 이 주제를 단 한 번도 논의하려 들지 않았고, 이와 동시에 온갖 믿을 만한 정보가 외부로 흘러나갔다. 끔찍한 인터넷에서는 물론이고, 공적인 발언도 우리의 의도를 전공 분야는 물론 그 너머로까지 번져나가게 했다. 옌스 슈레더는 진지한 보도가 나가도록 애를 썼는데, 숲과 숲의 유용성을 둘러싸고 비교적 폭넓게 사회적 논쟁을 펼치는 것이 우리 계획 중 일부였다.

업계가 자신들이 제공할 수 있는 것을 내놓으며 불쾌한 방어적 자세를 취하는 사이 대중의 시선은 그와 같은 태도를 어떻게 볼지 두려워하는 듯했다. 단과대학과 종합대학이 임학과의 학습 과정에 대해 공동으로 성명을 발표하며 우리의 계획을 포기하라고 권유했다. 알고 보면 생태학이 이미 기존의 학습 과정에서 핵심적인 부분을 차지하고 있다면서 말이다. 만일 실제로 그러하고 우리가 제시한 새로운 학습 과정이 불필요하다면, 전통적인 교육 제공자들은 새로운 학습 과정이 수강 학생 부족으로 인해 다시 사라지는 모습을 그냥 지켜보면 그만이다. 중요하지는 않지만 세부 사항을 신랄하게 지적하자면, 성명서에는 전체 학과와 단과대학이 서명을 했으며, 이는 전체 업계가 단결해서 우리의 제안을 거절한다는 인상을 불러일으켰다.[159] 다행스럽게도 다양한 단과대학이 우리에게 전달한 회신에서 볼 수 있듯 적어도 일부 단과대학은 공동 성명에 찬성하지 않았다.

그 밖에 큰 걱정을 하게 만든 대상은 젊은 대학생들이었다. 그들은 엉뚱한 말에 올라탄 것일까? 만일 전통적인 교육을 받은 그들이 우리가 자체적으로 만든 고유한 학습 과정을 이수한 대학생들을 만나면 무슨 일이 벌어질까? 두려움을 느끼면 단순한 위험도 과대평가하는 경우가 다반사다. 우리는 계획한 학습 과정을 매년 20~30명 이상의 수강 신청자에게 제공하고 싶다고 밝혔다.

우리는 대립하는 것을 썩 좋아하지 않음에도 그와 같은 두려움을 가지고 논쟁하는 과정에서는 어쩔 수 없이 갈등을 빚었다. 전통적인 산림 경영은 길고도 파괴적인 여행의 종착역에 이르렀다. 바깥에 나가서 민둥산이 되어 있는 숲을 보면 그러한 사실이 분명하게 드러난다. 숲은 관습적 학습 과정을 마친 대학생들에게 그야말로 정직한 자격증을 부여한다. 이런 관습적 학습 과정이 여전히 대농장 방식의 경제에 적응해 있거나, 아니면 그 누구도 대학에서 획득한 전문 지식을 숲의 상태를 향상시키는 목적에 투입하지 않더라도 졸업 증명서를 교부받는다. 따라서 나무가 교부하는 이 증명서는 가난의 증명서라고 할 수도 있다. 대학 교육을 완전히 개혁할 시기가 되었고, 이런 교육을 통해 젊은이들이 숲을 바라보는 시각과 관리 방식을 철저하게 바꿀 수 있도록 준비를 충분히 잘 시켜줘야 한다. 다행스럽게도 숲이라는 생태계는 그 모든 훼손을 당했음에도 불구하고 여전히 유연하고 강인하기 때문에 아직 늦지 않았다.

04

숲은 돌아온다

나는 결론에 이르러 의도적으로 긍정적인 소식을 전하고자 한다. 우리가 숲이 그렇게 하도록 허락만 한다면, 숲은 돌아온다.

이는 적어도 오늘날 아직 숲이 남아 있는 모든 지형에 유효하며, 이런 숲에서 나무가 현재 고통을 당하고 있다손 치더라도 마찬가지다. 숲은 모든 시기에 재생할 수 있는데, 수백 년 혹은 수천 년이라는 리듬에 맞춰 재난이 항상 불어닥쳤기 때문이다. 지역에 따라 재난은 (나무의 수명과 연관해서) 드물게 혹은 자주 등장했다. 북아메리카 동부의 활엽수 숲은 오늘날까지 특별히 많은 피해를 입곤 하는데, 산맥들이 대체로 북쪽에서 남쪽으로 뻗어 있는 탓이다. 그로 인해 남쪽에서 부는 따뜻한 공기와 북쪽의 차가운 공기가 섞이면 폭풍이 특히 격렬하게 몰아칠 수 있다. 유럽의 알프스처럼 가로로 늘어선 산맥은 없다. 그래서 너도밤나무, 참나무, 단풍나무로 이루어진 숲조차도 다음 폭풍이 몰아치기 전까지 100년 이상 나이를 먹는 경우가 드물다.

유럽은 전혀 다르다. 이곳에서는 흔히 활엽수가 쓰러지기 전까지 500년 또는 그 이상의 수명을 원시림에서 누린다. 큰 규모의 폭풍이 불어닥치는 경우는 드물지만 그래도 발생하기는 한다. 그럼에도 사람들이 이런 과정을 그냥 내버려두면, 숲 공동체는 재생한다.

그러나 많은 사람은 이처럼 비용이 들어가지 않는 (자체) 도움을 반대한다. 자신들이 좋아하는 침엽수 목재 제품을 고집하는 많은 대농장 소유주가 절망적인 투쟁을 벌이는 모습은 감동적인 측면도 있기는 하다. 적어도 숲과 관련해서는 말이다. 나는 이미 수년 전부터 나의 관할 구역 근처에서 가문비나무 숲이 몰락하는 모습을 자주 관찰했다. 이런 몰락은 산림 경영이 불러온 전반적인 딜레마를 전형적으로 보여주며, 이와 동시에 새로운 기회 또한 보여준다.

2018년 여름 나무좀벌레가 대농장 가장자리에 있는 한쪽 구석에서 맹렬한 공격을 시작했다. 이미 멀찌감치 떨어진 거리에서도 죽음과 맹렬하게 싸우느라 녹색에서 적갈색으로 변색해가는 가문비나무 잎이 반짝거리는 게 보였다. 이제 당신도 알다시피, 적어도 완전히 죽은 나무를 그냥 서 있게 내버려두는 것이 가장 이성적인 방법이다. 죽은 나무에는 나무좀벌레가 공격하지 않으니까. 그러나 숲 소유주는 죽은 나무가 있는 공간을 치우기 위해 벌목을 시켰다. 이듬해 겨울이 되어 중간 규모의 폭풍이 벌목한 필지에 불어닥쳤다. 작은 숲 가장자리에 생겨난 공간은 폭풍이 공격하기 좋은 땅을 제공했다. 이미 폭풍과 싸움을 치러봤던 가장자리의 나무들도 없어졌다. 그러니까 바람을 막아주는 일종의 방파제는 이미 사라진 상태고, 뒤에 선 채 바람에 마구 흔들리는 가문비나무를 측면에서 받쳐주는 지지대도 없어져버렸다. 그 결과 나무 수백 그루가 쓰러졌다. 연초에 숲 소유주는 계속 그 장소를 치우며 쓰러진 나무를 제거해 땅을 정리했다. 하지만 그 이듬해에 겨울 폭풍이 불어와 남아 있던 가문비나무 대부분을 쓰러뜨리고 말았다.

그러는 동안 독일의 목재 시장은 붕괴했고, 많은 숲 소유주도 마찬가지였다. 나무좀벌레는 이어서 대농장에서 살아남은 나무를 공격했고, 이는 숲 소유주들을 더욱더 자극했다. 결국 숲은 완전히 민둥산이 되었다. 오로지 폭풍에 살아남은 것은 쓰러진 나무의 뿌리밖에 없었다. 이제야말로 생각을 전환해야 할 기회였다. 하지만 맙소사, 또다시 가문비나무를 심었다. 이제는 더글러스전나무와 함께. 어떻게 사람들이 그토록 무지할 수 있을까라는 생각이 내 머리를 스쳤다.

2020년 초 산비탈에 일직선으로 늘어선 침엽수들이 위로 뻗어 올라갔고, 그사이 활엽수와 많은 풀도 잎을 피웠다. 마치 자연은 수줍게 자신한테 집중함으로써 비용이 들어가지 않는 도움을 제공하는 것 같았다. 사람들이 한 그루의 침엽수라도 더 얻기 위해 분투하든 상관없었다. 늦은 봄이 되자 사람들은 모든 푸릇푸릇한 것들을 잘라냄으로써 가문비나무 묘목을 무성하게 자라난 초목으로부터 해방시켰다. 하지만 자연의 대답은 오래 기다리지 않아도 나왔다. 맨 먼저 5월 중순에 내린 늦서리로 인해 많은 침엽수의 새싹이 꽁꽁 얼어버리고 말았다. 어린 나무 옆에서 자라던 풀을 베어내지 않았다면 이 풀들이 냉기를 완화시켜줄 수도 있었을 것이다. 그 다음에 더욱 건조하고 무더운 날씨가 이어졌다. 이제 어린 묘목에게는 그늘이 부족했다. 그래서 묘목 대부분이 식목한 지 1년 만에 모두 죽어버렸다. 하지만 자연의 선물인 수천 그루의 포플러, 자작나무, 수양버들 그리고 너도밤나무는 그렇지 않았다.

드라마는 아직 끝나지 않았고 뭔가 희망이 엿보이기도 하는데, 자연엔 시간이 있는 까닭이다. 심지어 숲 소유주가 침엽수 목재 경영이 피할 수 없는 실패라는 사실을 수용하기 싫어서 다시 한번 침엽수만 심는다 하더라도, 자연은 항상 자신이 해줄 수 있는 도움을 제공한다. 매년 새로운 활엽수의 싹이 트고, 기후 변화와 여름 가뭄에도 불구하고 씩씩하게 성장해서 자신들이야말로 비용도 들어가지 않고 훨씬 더 나은 대안이라는 사실을 보여준다. 민둥산은 원래 기분을 나쁘게 하는 편이지만, 나는 매번 이런 민둥산을 지나갈 때면 미소를 짓곤 한다.

대부분의 숲 소유주가 일련의 전통적인 산림 산업이 추천하는 방향으로 나아간다는 것을 생각하면, 사람들의 행동도 그다지 놀랍지는 않다. 농림부 숲 정책의 과학 자문 역할을 맡고 있는 위르겐 바우후스 교수조차도 2020년에 수억 년이 지난 뒤 자연이 숲을 직접 재건할 수 있다는 사실을 믿지 않았던 게 분명하다. 그는 〈슈투트가르트 신문〉과의 인터뷰에서, 보수적인 임학의 거만함과 연계되어 있는 딜레마에 관해 얘기했다. "과학 자문단(저자의 추측에 따른 것)은 과학적으로 보다 확실한 인식을 바탕으로 해서 검증을 하며, 증거 없는 발언, 예를 들어 자연에 자체적으로 회복하는 힘이 있다는 발언을 정치적인 자문으로 제시할 수는 없다."[160] 사람들은 이와 같은 문장을 혀 위에 올려 살살 녹이며 무슨 의미인지 곱씹어봐야 한다. 숲이라는 주제에 관해 가장 유명한 위원회의 자문 담당자들이 자연은—자유롭게 말해서—더 이상 잘해낼 수 없다고 정치계에 충고하고 있는 것이다. 이런 말이 정말 정확하다면, 적극적으로 조치를 취하는 사람이 없었다면 숲은 살아남지 못했을 수도 있다. 끝없이 펼쳐진 시베리아의 침엽수림 지대 타이가나 아마존의 열대우림은 어떻게 유지될 수 있을까? 이와 같은 입장을 취함으로써 산림 경영은 마침내 존립의 근거를 상실해버렸다. 기후 변화가 우리를 위해 준비해둔 요구를 고려해볼 때 더 많이 겸손해야 할 필요가 있지 않을까 싶다.

돌아온 숲의 힘이 얼마나 강력한지 당신은 직접 정원이나 그렇지 않으면 시내에서 관찰해볼 수 있다. 꽃밭을 한 번 살펴보면, 거기에는 늘 묘목이 눈에 띌 것이다. 만일 당신이 정원을 가꾸지 않는다면, 10년 안에 꽃밭은 어린 숲으로 변할 것이다. 여름의 엄청난 가뭄 속에서도 처마 물받이와 담 위에서 자라는 자작나무는 생존 의지를 보여준다.

나는 숲 아카데미 행사를 하던 중 어떤 그룹을 기다리다가 감탄해 마지않았던 순간을 경험했다. 만남의 장소는 우리의 베르스호펜에서 그릴 파티를 여는 오두막이었다. 주차장 옆에 테니스장이 주목을 받지 못한 채 근근이 자리 잡고 있었는데, 아마도 사람들이 이용하지 않았던 것 같다. 가뭄이 심했던 2018년, 2019년 그리고 2020년 아무도 테니스장을 관리하지 않자 작은 나무들이 이곳을 대담하게 이용했다. 작은 나무 수백 그루가 건조하고 압축이 잘 되어 딱딱한 모래 바닥에 자리를 잡았고, 쨍쨍 내리쬐는 햇빛에도 불구하고 뿌리를 지표면 아래로 내려 이곳에서 3년 동안 지속된 가뭄에도 훼손되지 않고 살아남았던 것이다. 비록 이처럼 극단적으로 불리한 조건에서 새로운 숲이 등장한다 하더라도, 이 숲의 미래를 나는 너무 불안해하지는 않을 것이다. 물론 우리는 원료 사용을 줄여야 하며, 막대한 양의 온실가스를 대기 중으로 발산하는 행위를 멈춰야 한다. 종의 멸종을 중단시킴으로써 자연에 다시금 더 많은 공간을 제공하는 것이 시급하다. 자연이, 숲이 저절로 회복할 수 있는가라는 질문에 테니스장의 용감한 어린 나무들이 확실한 대답을 해주고 있다.

이처럼 어린 나무는 상당히 소중한 장점을 보여준다. 이들은 그 지역의 기후에 최적으로 적응한 상태이며, 폭넓은 유전적 다양성을 보여준다. 나무 학교의 제품은 소수의 잘 알려진 씨앗으로 구성되어 있다. 다시 말해, 이런 씨앗에서 자라는 나무는 산림 산업이 원하는 자그마한 숲으로 성장할 뿐이다. 날씬하고 똑바로 자라는 나무는 줄기에 두꺼운 가지가 별로 없고, 그래서 널빤지와 각목으로 쉽게 가공할 수 있다. 이때 주로 시각적이고 기술적인 특징이 중요하다. 나무는 서로에게 얼마나 사회적일까? 그들은 어느 정도 배우는 능력이 있을까? 이런 문제는 나무를 선별할 때 전혀 고려하지 않으며 논리적인 사고방식만 묻는 데 그친다. 이는 사회적 능력을 전혀 묻지 않는 인간의 아이큐 테스트를 떠올리게 한다.

야생 나무는 항상 산림 산업이 원하는 대로 성장하지 않지만, 생존하는 데 있어서는 최상의 무기를 장착하고 있다. 이로써 야생 나무는 우리 인간에게도 더 나은 선택이다. 미래에는 우리가 얼마나 많은 목재를 생산할 수 있느냐는 질문이 중요한 게 아니다. 그것보다 오히려 숲이 여전히 존재할 것인가라는 질문이 더 중요하다.

방문자들에게 숲을 안내할 때 늘 등장하는 질문이 있다. 야생에서 성장한 나무들이 원시림으로 발전할 수 있을까? 또는 불가능할까? 잘 생각해보면, 이른바 관리를 한다는 사람들은 육중한 수확기계를 동원해 땅을 되돌리기 힘들 정도로 압축시키고, 이로써 야생 나무의 뿌리가 성장할 수 있는 기회를 차단해버린다. 그 밖에도 사람들이 대체할 수 없는 많은 종(특히 박테리아처럼 매우 작은)이 멸종했다. 이러한 제약이 없더라도 오래된 나무가 부족하고, 죽었지만 줄기가 두꺼운 나무 또한 부족하다. 우리는 신기루나 허상을 좇고 있는 것은 아닐까?

나는 그렇게 생각하지 않는다. 오히려 나는 우리의 시각을 바꿔야만 한다고 믿는다. 하나의 원시림이 생기려면 유리한 조건 속에서 적어도 인간의 개입 없이, 다시 말해, 전기톱 없이 나무 한 세대가 자랄 수 있는 기간이 필요하다. 나무 종류에 따라 이러한 기간은 수백 년이 걸리기도 한다. 이는 인내심 없는 우리 인간에게는 나쁜 소식이다. 게다가 그와 같은 숲이 실제로 생겨날지 어떨지에 대한 불확실성도 있다. 이는 실행에 옮기려면 어떤 노력을 해야 하는지에 대한 처방전으로 들리지는 않는다. 하지만 꼭 원시림이어야만 할까? 그 대신에 야생은 어떨까? 〈두덴(Duden)〉 사전은 야생을 "길도 없고, 건물도 없는 서식지"라고 정의한다. 거기에 '조종당하지 않은'이라는 표현을 덧붙인다면, 우리는 바로 이것을 갖게 된다. 바로 자연! 자연은 우리가 수백 년에 걸쳐서 수고해 만들어놓은 문명의 땅과는 정반대다. 우리가 자연에서 물러나는 즉시 도처에서 내가 베르스호펜의 테니스장에 관해 썼던 것과 똑같은 일이 발생한다. 우리가 어떤 구역을 오랫동안 조용하게 내버려두면 둘수록 그만큼 더 많이 야생화(野生化)가 이루어진다.

야생이라는 개념이 자연이라는 표현보다 내 마음에 드는데, 야생은 부수적으로 훨씬 더 감정을 포함하고 있기 때문이다. 그러니까 야생이라는 개념을 듣는 동시에 자유와 모험이라는 냄새가 난다. 그리고 관청에서 사용하는 은어보다 훨씬 정직하다. 즉, 연방정부의 자연보호법에 따르면 독일에서는 8833곳의 자연 보호 구역이 있으며, 이는 전체 면적의 6.3퍼센트에 해당한다. 그 외의 범주에 속하는 나투라(Natura)-2000 지역(유럽 전체의 보호 구역 네트워크)은 독일에서 더 많은 면적을 차지한다. 이러한 목적에 이용되는 지역은 총면적의 15퍼센트다.[161] 이것이 옳지 않다는 사실은 이미 메클렌부르크에 있는 오래된 너도밤나무 숲 하일리게할렌이 보여주었다. 많은 보호 구역에서 국립공원에 이르기까지 비슷한 보고들이 나왔다. 이러한 맥락에서 '자연'이라는 개념은 너무 확대되고 잘못 쓰여서 보호 구역이 사람들이 기대하는 만큼 서류상으로만 존재하게 되었고, 또한 사람들은 이런 곳에 전혀 개입할 수 없다.

이와 반대로 야생은 그야말로 조용하게 내버려둬야 한다. 그래서 야생은 우리가 실제로 얼마나 많은 면적을 야생의 생명체한테 내어주고자 하는지 가늠할 수 있는 훌륭한 지표가 된다. 독일의 경우 이와 같은 지표는 2020년 총면적의 0.6퍼센트였다. 오로지 0.6퍼센트만이 진정한 보호를 받는 것이다. 정치적 목표는 2020년까지 2퍼센트였다.[162] 이는 동시에 무엇을 의미하는가 하면, 그때까지 우리의 관심이 다른 범주로 향해 있으며, 흔히 제한도 별로 가하지 않았다는 얘기다. 그리하여 국립공원에서조차 경제적 조림과 정반대 방향인, 상당히 넓은 면적의 민둥산을 만들어도 된다는 뜻이기도 하다. 그러고는 목재를 가까운 제재소에서 판매하고, 이로 인해 보호 구역은 소중한 유기 물질과 연관시켜보면 그야말로 출혈로 인해 죽을 수도 있다.

따라서 야생이라는 개념에 주의를 기울여야 하며, 그 밖에 다른 모든 것은 흔히 속임수일 경우가 많다.

우리 숲 아카데미의 보호 프로젝트는 비슷한 의미의 변화를 겪었다. 원래 이 팀의 목표는 남아 있는 오래되고 어느 정도 훼손되지 않은 너도밤나무 숲을 임대차 형태로 유통하지 못하게 하는 데 있었다. 그러니까 가능하면 신속하게 원시림을 재건하는 게 목표였다.

소유주들은 대부분 자치 단체인데, 보호 구역에서 목재를 더 이상 베어내지 않음으로써 그에 상응하는 경제적 보상을 받는다. 대대적인 임대차는 단 한 그루의 나무도 베어내지 않는 산림 경영은 어떠할지 가상 실험을 하는 것이다. 1헥타르당 금액의 합계는 민둥산에서 벌목하는 목재의 판매가보다 더 비싼 가격이다. 돈을 지불한 뒤에는 두 가지 경우 모두에서, 그러니까 소작을 주든 그렇지 않으면 민둥산이 되었든, 앞으로 몇십 년 동안은 더 이상 사용하지 않게 될 가능성이 있다. 물론 소작의 경우 숲은 유지되며, 숲 소유주는 즉각 돈을 받음으로써 이자로 이득을 보고, 이 모든 것은 목재 시장과 무관하게 진행된다. 그사이 우리는 이러한 목표를 모든 숲으로 확장했다. 만일 우리가 자연에 스스로 진정한 숲이 될 수 있게끔 허락한다면, 죽었던 가문비나무 대농장에 야생이 생겨날 수 있다. 그러니까 죽은 가문비나무는 숲에 남게 된다. 이곳에서 죽은 나무는 어린 나무를 서늘하게 해주고, 창백한 나무줄기도 여전히 그늘 비슷한 것을 제공한다. 게다가 해방된 가문비나무 대농장은—어린 활엽수 숲도 마찬가지로—지극히 오래된 너도밤나무 지역 주변에서 기후의 완충제 역할을 한다.

흔히 하는 질문은 숲 생태계의 기능에 본질적으로 중요한 기여를 하는 미생물이 과연 돌아올 것인가이다. 진드기나 톡토기같이 땅에 사는 생명체한테 그러한 질문은 이미 대답을 한 것이나 마찬가지다. 그것은 가문비나무와 소나무 대농장 덕분이다. 이들 작은 생명체는 대부분 유럽이 고향이 아니며, 그 때문에 유럽에서는 원래부터 이런 나무에 잘 적응한 종은 없다. 내가 담당하고 있는 구역을 조사해보니 신맛이 나는 침엽수의 잎을 맛있게 먹는 작은 생명체가 있었다. 이렇듯 과거 대농장이었던 곳에서 자라는 전체 종은 보호 구역에서 자라는 오래된 너도밤나무 숲의 종과는 분명하게 차이가 있다.

그런데 이런 불쾌한 녀석들은 자신한테 맞는 숲을 어떻게 찾아온 것일까? 가장 그럴듯한 가능성은 바로 동물이다. 야생 멧돼지는 자신의 털에서 기생충을 떼어내기 위해 진창 속을 뒹군다. 멧돼지는 또 다른 곳에 있는 진창에서 뒹굴다가 무임승차한 녀석들을 털에 묻힌다. 이와 같은 방법이 많은 톡토기와 진드기의 생존을 확실하게 보장해주지는 않는다. 하지만 이보다 더 안전한 운송법도 있는데, 바로 새를 이용하는 것이다. 새는 멧돼지처럼 초대하지 않은 손님을 몸에서 떼어내기 위해 흙에서 목욕을 하곤 한다. 날개를 이용해서 깃털 사이에 끼어 있는 먼지와 부식토를 털어내는 것이다. 이런 행동은 몇 분 동안 지속된다. 새는 그런 다음 다시 한번 격렬하게 몸을 털어내고 다른 숲으로 이동한다. 그리고 이때 탑승한 몇몇 승객이 다음번 목욕 장소에서 내려 서식지를 찾는다.

더 작은 여행객은 박테리아와 균류다. 이들이 없으면 나무도 완전하지는 못하다. 나무(그리고 우리도)가 수천 종의 미생물과 함께 형성하는 생태계를 한 번 생각해보라. 동물 외에도 이들은 또 다른 훨씬 나은 방법으로 이동할 가능성이 있다. 바로 바람에 실려 가는 것이다. 바람은 땅에 있던 균류의 지극히 작은 곰팡이 포자를 날려서 도처로 운반한다. 환경과학자 발라 초드하리(Bala Chaudhary) 박사가 이끄는 팀은 시카고에 있는 6층 대학 건물의 지붕에서 12개월 동안 4만 7000개의 곰팡이 포자를 통해 이를 증명할 수 있었다. 이 곰팡이들은 땅에서 식물의 뿌리와 공생했는데, 특별한 점도 있었다. 요컨대 땅 위에서 성장하는 균류와 달리 자신의 포자를 잘 확산시키지 못했다. 그들이 발견한 종 대부분은 경작지에서 서식하는 것으로, 쟁기로 흙을 팔 때 먼지와 함께 곰팡이 포자가 밖으로 나온다.[163]

숲에서는 물론 쟁기질을 하지 않는다. 이곳에 사는 나무는 뿌리를 통해 바람에 날아가지 않도록 땅을 꼭 붙들고 있다. 하지만 균류는 초원이나 방목장에 사는 동료들처럼 미리 덩이를 만들어놓고 여기서 수많은 포자를 내보낸다. 그러면 바람이 이 포자들을 나른다. 버섯의 갓을 하룻밤 동안 하얀 종이 위에 올려놓으면 이런 포자를 직접 관찰할 수 있다. 다음 날 아침 모자를 들어 올리면, 얇은 층 또는 관이 지나가는 자리에서 갈색으로 변색한 것을 볼 수 있다. 이것은 지난밤에 밖으로 빠져나온 균류 먼지다.

당신은 그와 같은 균류 먼지를 늘 흡입하는데, 이 책을 읽는 동안에도 그러하다. 공기 1세제곱미터당 평균 1000~1만 개의 포자가 둥둥 떠다니고, 호흡할 때마다 그중 10개 정도가 당신의 폐 속으로

들어간다.[164]

원시림에서 성장하는 종의 균류 포자를 여행시키기 위해 무엇보다 한 가지 필요한 게 있는데, 바로 원시림이다. 이와 같은 이유로, 유럽의 마지막 원시림을 유지하는 것은 매우 중요하다. 더 이상 원시림이 없는 곳에는 메르켄부르크에 있는 숲 보호 구역처럼 원시림과 비슷한 형태의 것이 남아 있다. 우리는 이를 지속적으로 보호해야만 한다. 이와 같은 섬에서부터 균류, 박테리아와 그 밖의 땅에 사는 모든 작은 동물이 바람을 타고 새로운 젊은 숲에 다다를 수 있다. 이 젊은 숲에서 작은 녀석들은 나무가 원래의 생태계를 재건할 수 있도록 도와준다.

숲의 귀환은 매우 긴장감이 넘칠 수 있고, 우리에게 다시 한번 분명하게 다음과 같은 사실을 보여준다. 즉, 자연은 변화한다는 것이다! 우리가 이상적인 상태의 진자(振子)를 멀리 떨어뜨릴수록, 그 진자는 다시 놓아주었을 때 더욱 격렬하게 되돌아온다. 다시 말해, 자연이 원하는 대로 하도록 내버려둔다면. 많은 움직임이 있는 곳에서는 변화 또한 특별히 더 잘 보인다. 몇 년 만에 다시 어린 나무로 덮인 경작지, 포플러와 자작나무가 1년이나 2년마다 1미터씩 성장하는 젊은 숲, 이 모든 것은 당신이 산책을 가보면 잘 관찰할 수 있다. 전혀 자연적이지 않은 대농장의 붕괴는 특히 더 눈에 띈다. 대농장을 건드리지 않고 가만히 놔두면, 한때 녹색의 사막이었던 곳이 다시금 녹색의 야생으로 변한다. 바로 이곳에서 해를 거듭할수록 가장 많은 변화가 일어난다. 우선 가문비나무와 소나무의 잎이 흘러내리고, 모든 게 갈색의 불모지로 변한다. 그리고 늦어도 1년이 지나면 땅 전체가 풀, 잡초 그리고 수천 개의 작은 묘목으로 뒤덮인다. 이로부터 또 1년이 지나면 어린 활엽수들이 모든 다른 식물보다 우뚝 솟아 돌출하고, 땅에 그림자를 만들기 시작한다. 그리고 5~10년 후에는 젊은 숲이 전체 면적을 뒤덮는다. 풀, 잡초, 덤불이 점차 사라진다. 이들에게는 숲이 너무 어둡기 때문이다. 자작나무와 포플러나무 아래에서는 참나무, 너도밤나무 또는 단풍나무가 교묘하게 자라난다. 맨 먼저 도착한 나무의 종을 따라잡고 더 많이 성장해서 몇십 년 후에는 숲을 완전히 장악하기 위해서 말이다.

만일 이런 과정을 직접 목격하고 싶다면, 숲에 가서 동일한 장소의 사진을 규칙적으로 찍어볼 것을 권한다. 이는 몇 년 후에도 알아볼 수 있는 인상적인 갈림길이나 특별한 조망 지점이 될 수 있다. 나무는 느리게 자라지만 일련의 사진을 보면 자연의 변화가 보다 신속하게 눈에 들어온다.

왜 이렇게 해야 할까? 우리에게 동기를 부여하기 위해서다! 우리가 어떻게 나아지는지를 직접 체험하면, 미래를 위해서도 새롭게 용기를 낼 수 있다. 그리고 이것은 사람들의 반응을 살펴보기 위해 내가 나서서 보여주는 과시적 낙관주의가 아니다. 우리는 숲이 우리가 내놓은 도전을 잘 극복할 것이라는 희망을 품을 충분한 이유가 있다. 중요한 것은 나무가 어떻게 해야만 타고난 자신의 생태계를 다시 구축할 수 있는지 가장 잘 알고 있다는 사실을 마침내 우리가 깨닫는 데 있다.

과학자들은 최근 새로운 지질학상의 연대를 고안해냈다. 바로 인간이 지구의 기후와 생태계를 변화시켜 탄생한 지질 시대를 일컫는 인류세(人類世)다. 우리는 인류세를 종식시켜야만 한다. 인류가 퇴장해야 한다거나 우리의 문명을 바꿔야 한다는 뜻이 아니다. 우리는 다시 자연이라는 순환 속에 들어가야 하고, 우리와 함께 살고 있는 생명체한테도 걱정 없이 미래를 바라볼 수 있을 만큼의 자유로운 공간을 제공해야 한다. 한때 대부분의 대륙을 뒤덮었던 숲이 대대적으로 귀환하는 모습은 그야말로 희망을 품을 수 있는 징후일지도 모른다. 어떻게 이것이 가능할지, 나는 육류 소비를 줄이는 것을 통해 그 사례를 보여주었다. 나는 가까운 미래에 다음번 지질 연대가 등장하길 바란다. 바로 '나무의 시대'다.

나는 이번 장의 제목을 다시 한번 언급하고, 영화 〈나무의 비밀스러운 삶〉에서 했던 얘기를 보충함으로써 이 책을 마무리하고자 한다. 우리가 시각을 바꿔서, 숲은 귀환한다는 사실을 알면 된다. 만일 우리가 그때까지 살아 있다면 너무나 아름다울 것이다!

05

무지와 숲에서 주의할 점에 관하여: 피레 이비슈의 후기

인간으로 인해 발생한 기후 변화는 몇 가지를 완전히 엉망으로 만들어버렸다. 부드럽게 표현해도 그 정도다. 기후 변화는 우리가 알고 있듯 세계의 막대한 위험을 의미한다. 몇십 년 전에 과학자들이 인간 때문에 발생한 온실 효과로 인한 온난화가 자연에 어떤 영향을 미칠지에 대해 집중적으로 생각하기 시작했을 때, 위험성은 그때까지만 하더라도 추상적이었다. 사람들은 무슨 일이 일어날지 몰랐다. 하지만 몇 년 전부터 문제가 현실화하고 있다. 많은 지역에 있는 숲이 위기에 처했다. 지형 전체가 건조해지고, 산불이 늘어나고 있다. 수년 동안 지속되는 가뭄을 견디지 못해 수백 년 된 나무들이 갑자기 죽어간다. 뜨겁고 건조한 공기가 민감한 식물의 조직을 손상시킨다. 동물은 열기, 물 부족 그리고 영양분 부족으로 고통을 당하고 있다.

기후 변화는 인간과 자연에 스트레스를 준다. 또한 기후 변화는 지금까지 한 번도 경험한 적이 없을 정도로 심각하게 자연과학과 임학을 뒤흔들어놓고 있다. 사람들은 좋은 대답이 존재하지 않는 질문에 과학자들이 대답해주길 기대한다. 무슨 일이 일어날까? 미래의 숲은 어떤 모습일까? 미래의 도전을 조금 더 잘 준비하기 위해 우리는 지금 어떻게 적응해야 할까? 갑자기 새로운 지식을 창출하고 보다 확실한 사실을 전달하는 것만 중요한 게 아니다. 상당한 불확실성을 지적이고 현명하게 잘 해결하는 일도 중요하다. 산림 감독관은 보다 장기적인 시간을 계획하고 있다. 그리고 산림 경영은 미래를 두고 늘 내기를 해왔다. 미래가 지금까지처럼 흘러갈 것이라고 가정한다면, 그렇게 해도 별다른 문제는 없을 것이다.

과학자들은 가능한 한 정확하게 측정하고 서술하는 법을 배웠으며, 자연의 인자들을 그것의 형태 그리고 발생과 기능에 따라 분류했다. 연구자들은 자연 법칙과 규칙을 발견하고, 이로써 왜 어떤 현상이 존재하는지를 설명한다. 예를 들어, 산림학자는 나무가 어떻게 성장하고 평생 얼마나 많은 목재를 생산하는지에 집중한다. 산림 감독관은 수확 목록을 가지고 언제 어느 정도의 목재를 수확할지 결정할 수 있었다. 입지 조건에 대한 판단과 다양한 나무 품종에 대한 적합성은 산림 감독관에게 숲이 발전할 방향을 결정하는 데 있어 중요한 기준을 제공한다. 디지털 시대에 이르자 그와 같은 질문에 보다 더 정확한 대답을 제공한다는 컴퓨터 모델도 있다. 물론 그와 같은 모델의 바탕에 깔려 있는 전제만큼은 좋을 수도 있다. 그런데 모델을 구성하는 중요한 요소를 잊어버리거나 그러한 요소가 있다는 사실을 알지 못하면, 결과는 금방 완전한 오류로 우리를 인도할 것이다. 과거에 어떤 나무가 성장했는지 측정하고 문서화할 수는 있다. 하지만 미래에 전혀 다른 기후가 지배하면, 과거의 경험과 공식은 더 이상 가치가 없다.

기후 변화는 우리의 계획을 좌절시킨다. 이를테면 갑작스레 식물의 성장을 위한 새로운 조건이 등장하는 것이다. 몇십 년 후에는 전혀 다른 입지 조건—예를 들면 훨씬 더 덥고 건조한 조건—이 지배적이 될 거라는 예감이 서서히 든다. 그리하여 우리에게 잘 알려진 식물과 동물 가운데 많은 종이 어쩌면 더 이상 고향과 같은 땅에서 생존하지 못할 수도 있다. 어쩌면! 그러나 언제 그렇게 된다는 말일까? 그래서 우리는 지금 행동을 해야만 할까?

산림 감독관은 자신이 보호하고 관리하는 나무들이 훗날 후계자들에 의해 100~120년 후 수확될 것이라는 사실을 의심할 필요가 없었다. 그런데 오늘날에는 전혀 그렇지 않다. 우리는 미래를 바라보는 게 얼마나 중요한지 감지하고 있지만, 전망은 과거보다 더 흐릿하기만 하다. 우리는 이미 수백 년 동안 점점 더 많은 비용을 들이고 점점 더 정확한 도구와 방법을 동원해 자연을 연구하고 있다. 그럼에도 그야말로 단순한 질문에조차 대답할 수 없다는 사실을 인식해야 한다. 어떻게 될까? 우리는 모른다. 이러한 무지는 연구자들이 더 많이 노력하면 멈출 수 있는 지식의 부족이 아니다. 이러한 무지는 해결할 수 없으며, 누그러뜨릴 수도 없다. 사람들은 이러한 무지와 더불어 살아가는 법을 배워야 할 뿐이다.

2018년부터 극단적인 여름 날씨가 숲에 스트레스를 주었을 때, 점점 더 많은 나무가 죽고 부분적으로는 지역이 녹색에서 갈색으로 변했다. 텔레비전, 라디오, 신문에 종사하는 기자들은 숲을 구하기 위해 이제 무엇을 해야 하는지 알고 싶어 했다. "숲은 얼마나 병이 들었나요?" "또다시 숲이 죽게 될까요?" "이제 우리는 어떤 식물을 심어야 합니까?" 그리고 이런 질문도 있다. "미래의 숲은 어떤 모습이죠?" 정치가들 역시 그와 같은 질문을 한다. 이는 과학자들을 심히 불편하게 한다. 언론의 대표자와 결정권자는 지극히 짧은 답을 기대하고 "이런 것도 가능하고 저런 것도 가능하다"라는 애매한 대답을 싫어하며 "모른다"라는 대답은 정말 싫어하기 때문이다.

그들은 간단한 대답을 하지 않는 사람에게 다시는 질문하지 않을 수도 있다. 그리하여 외양적으로 보이는 발전 과정을 서술하고 구체적 사안을 추천해주고 싶은 유혹이 커진다. 예를 들어, 많은 과학자가 미래에 잘 클 수 있는 나무의 종류를 구체적으로 추천하기도 하는데, 흔히 더글러스전나무, 로부르참나무, 일본 낙엽송처럼 다른 대륙에서 온 종일 경우가 많다. 이런 충고를 듣고 대대적으로 그와 같은 나무들을 숲에 심곤 한다. 그런데 이런 나무가 정말 미래에 도래할 기후를 잘 견뎌낼지는 불확실하다. 물론 미래에 우리가 생각하는 기후가 도래하지 않을 수도 있겠지만 말이다. 게다가 자칭 그와 같은 슈퍼 나무가 생태계에 통합될 수 있을지, 아니면 질병으로 인해 죽어버릴지 질문해볼 수도 있다. 아마도 그런 방식으로 많은 나무를 심는 조림은 자연적으로 조성된 숲에 부차적으로 해를 입힐 것이다.

물푸레나무 질병(Chalara fraxinea: 균류에 의해 발생하는 나무의 질병—옮긴이), 단풍나무-나무껍질 질병 혹은 다양한 나방이나 나무좀벌레 같은 해충들로 인한 질병은 많은 나무한테 실제로 압박을 가한다. 나무가 그 전에 가뭄이나 열기로 인해 이미 손상을 입은 상태라면, 특별히 질병의 공격으로 더욱 고통을 당한다. 과거에 산림 감독관과 과학자들은 어떤 나무의 종류가 어디에서 그리고 언제 손상을 입고 힘들어하는지를 보고 늘 당황하곤 했다. 이렇듯 나무가 겪었던 위기 가운데 그 어떤 것도 예견할 수 없었다. 이는 불가능한데, 너무나 많은 개별적 요소가 함께 작용하는 까닭이다. 기본적으로 과거나 지금이나 분명한 것은 기후 변화를 통해 숲과 숲에 사는 모든 생명체에 대한 위험성이 엄청나게 증가할 것이라는 사실이다. 나머지는 불확실하다. 이는 그 자체로 상당히 큰 문제다. 마치 이러한 불확실성이 존재하지 않는 것처럼 행동하는 것은 위험하다.

너무나 자주 소개되지만 온전한 지식이 아니라 외양상으로만 지식 같은 지식도 역시 매우 위험하다. 그리하여 몇몇 과학자는 컴퓨터 모델을 통해 알록달록한 카드를 제시하는데, 여기에는 어디에서 어떤 나무가 미래에 자라날지 혹은 어려움을 겪을지 표시되어 있다. 여기서 다루는 미래는 21세기 중반기에 해당한다. 예를 들면 2041~2070년이다. 이러한 연도 한 가지만 하더라도 있지도 않은 것을 요술을 부려 믿게 하는 행동이다. 이러한 계산에서는 매우 특수한 조건에서만 나타나는 특정 기후를 전제로 삼는다. 그런데 정작 기후는 매우 짧은 기간에도 늘 새로운 효과로 우리를 놀라게 할 수 있다. 유감스럽게도 현재의 학설들은 우리가 기후 변화의 규모와 불확실성을 과소평가했다는 것을 보여준다. 작년 4월의 날씨가 갑자기 정해진 틀에서 벗어나 이례적으로 건조하고 따뜻할 것이라고는 아무도 예견하지 못했다. 우리는 또한 제트 기류가 여름에 기록적인 기후를 선물할 것이라고 예견하지 못했다. 우리는 이러한 제트 기류가 존재하는지 또는 이 제트 기류가 우리의 날씨에 영향을 주는지조차 전혀 몰랐다. 어떤 컴퓨터 모델도 독일의 넓은 영역에서 수년 동안 가뭄이 일어날 것이라고 경고하지 않았다. 오로지 지극히 소수의 산림학자들만 우리가 오늘날 경험하는 바와 같은 종류의 숲 위기를 단기간 겪게 될 것이라 내다보았다. 하지만 그런 문제는 계산할 수 없었다.

우리와 숲은 앞으로 어떤 일을 겪을 것이며, 무엇을 해야만 할까? 이런 상황은 높은 산에서 지극히 위험한 구간을 용감하게 차를 몰고 가는 모습과 비교할 만하다. 우리는 이곳을 한 번도 차를 몰고 지나가본 적이 없다. 다만 이 구간에는 좁은 커브 길과 가파른 절벽이 있으며, 추락 사고를 막기 위한 방지턱도 없다. 우리는 그런 비좁은 길에 있을 때 하필이면 반대편에서 갑자기 차가 다가올 수도 있다는 사실을 예감할 뿐이다. 게다가 토사 붕괴와 낙석의 위험도 있다. 무엇보다 비 오는 날에는 길이 미끄럽고 안개도 끼어 시야가 확보되지 않는다. 여기서 세 가지 유형의 운전자가 있다고 상상해보자. 우선, 위험을 즐기는 운전자는 지금까지 자신이 한 번도 사고를 당해보지 않았다고 말하면서—뭐 그렇게 끔찍한 사고가 생길 수 있겠느냐면서—이 구간을 쌩하고 달려간다. 이런 경우에는 물론 과거의 경험이 미래의 구간에서 조건에 따라 도움을 줄 수 있다는 건 분명하다. 두 번째 유형은 기술을 신뢰하는 운전자다. 그는 출발하기 전에 무엇보다 최신 일기 예보를 찾아보고, 교통 관련 뉴스에서 뭔가 중요한 사건이 있는지 살핀다. 차량의 에어백, 조정 장치와 브레이크 그리고 경고등도 체크한다. 마지막 유형의 운전자는 조심스럽고 위험을 의식하는 사람이다. 그는 기술적인 안전에 만전을 기한다. 안전벨트를 착용하고, 무엇보다 속도를 줄여서 운전한다. 커브에서 예상치 못한 역주행 차량이 나타나면 경적을 울리고, 필요하면 완전히 차가 멈추도록 브레이크를 밟을 것이다.

이를 숲에 적용하면 이러하다. 우선 "항상 잘되었으니까 지금처럼 계속하는 거야"라는 슬로건은 선택 사항이 아니다. 두 번째로, 더 많은 지식과 더 향상된 기술도 우리를 통제할 수 없다. 너무나 빨리 닥치는 변화로부터 우리를 보호해줄 수 없다. 단 하나 남은 선택은 주의하며 미리 대비하는 것이다. 우리는 미래가 예상치 못한 위험을 숨기고 있다는 사실을 분명히 알아야 하고, 그로 인해 우리가 놀라게 되리라는 사실을 받아들여야 한다. 우리는 가능한 한 위협적인 위험에 대해 많은 정보를 얻어야 한다. 그러나 계산할 수 없는 것을 정확하게 계산하려는 태도는 무의미하다. 따라서 밟고 있던 페달에서 발을 떼야만 한다.

우리는 숲으로부터 너무 많은 것을 기대하지 말고, 가능한 한 강력하게 조작하거나 이용하지도 말고, 숲이 저항력을 키울 수 있도록 지원해야 한다. 날씨가 극단적으로 덥고 건조해지면 언제 어떤 기후 조건이 지배적이 될 수 있다거나, 150년 전에 비해 전 세계의 기온이 섭씨 2도 또는 섭씨 3도 올라갈 것이라는 지식은 그다지 중요하지 않다. 이보다 훨씬 중요한 것은 숲이 스스로 시원하고 습기를 유지할 수 있도록 지원해주는 일이다.

숲 생태계는 근본적으로 복잡한 초(超)조직으로서 모든 요소 사이에 훼손되지 않은 연결망을 가지고 있으면 더욱 건강하다. 그 때문에 이런 모든 부분과 연결망을 정확하게 공부하고 서술하는 것보다 그것들이 파괴되지 않도록 보살피는 게 더욱 중요하다.

숲 생태계가 앞으로 직면하게 될 도전에 적응할 충분한 힘을 가지고 있는지 없는지 우리는 모른다. 그러나 앞으로 문제가 생길 것이라는 사실을 미리 알 수 있다고 해서 왜 우리 인간이 문제를 더 현명하게 해결할 수 있다고 믿는 것일까? 자연은 영원히 동일하게 똑딱거리며 돌아가는 단순한 시계가 아니다. 오히려 숲은 복잡한 정보를 가공하는 시스템을 갖추고 있다. 이러한 시스템 안에는 문제에 대한 해결책을 담은 정보가 조직의 유전자와 이것들의 협력 작용 형태로 저장되어 있다. 진화 과정에서 이러한 정보는 끊임없이 시험을 거쳤고 지속적으로 발전했다. 그 때문에 생태계적 지성이라는 게 존재한다고 말해도 좋다. 이와 같은 지성은 의식(意識)을 전제하지 않으며, 미래를 상상할 수 있는 능력도 전제하지 않는다. 그러나 이러한 지성은 자연에서 예측하지 못한 사건이 발생했을 때 이에 대해 반응할 수 있게 하는 조건이 된다.

만일 어떤 숲이 불에 타버리면, 생태계를 새롭게 시작하기 위해 자신의 씨를 상대적으로 빨리 운반하는 선구적인 나무들이 있다. 이런 선구자 같은 나무는 산불 따위의 힘든 조건 속에서도 잘 대처하는 방법에 이미 적응해 있다. 이런 나무는 부식토 없이도 싹이 트고, 극심한 화학적·물리적 조건을 참아낸다. 또한 이런 나무—예를 들어 미루나무—는 화재 구역에서 균근(菌根) 같은 중요한 파트너를 발견하고 이들의 도움을 받아 새 출발을 더 잘할 수 있다.

이런 모든 것을 화재가 일어난 다음에 새롭게 발명할 필요는 없다. 생태계는 해결책—완전히 무의식적으로—을 자신의 '기억'에서 불러낼 수 있다. 이런 방식으로 숲 생태계는 화재나 폭풍처럼 예측하지 못한 방해물로 인해 발생한 '상처'를 아물게 한다. 식물은 다시 문을 잠그고, 땅은 신속하게 안전을 기한다. 선구자 식물의 활동으로 그늘이 지고 서늘한 새로운 땅이 만들어진다. 시급하게 필요한 물을 붙잡아두고, 점점 많은 나무의 종이 생겨나 생태계가 재건된다. 이와 같은 과정을 '자체 치유력'이라 부르더라도 억지로 끼워 맞춘 것처럼 보이지는 않는다. 이에 견줄 만한 과정과 기능은 여러 가지 생태계에서 설명할 수 있다. 만일 환경의 변화나 어떤 질병이 중요한 단일 종을 파멸시키면, 그와 같은 과정과 기능이 등장할 수 있다. 이는 숲이 겪는 위기에서도 관찰 가능하다. 극단적 상황의 무서운 가뭄으로 인해 너도밤나무가 죽어버린 곳에서도 숲 자체가 죽는 것은 아니다. 가뭄을 좀더 잘 견디는 다른 종류의 나무, 예를 들면 유럽서나무나 보리수 같은 것들이 숲의 재건에 참여할 새로운 가능성을 갖게 된다.

산림 감독관이 기후 변화를 고려해 과거보다 더 강력한 조치를 취해야 한다—결코 자연적인 과정을 신뢰해서는 안 된다—는 주장을 정당화하기 위해 프라이부르크 발트바우 대학에서 조림학을 가르치는 한 명망 있는 교수가 〈쥐도이체 신문(Süddeutsche Zeitung)〉과의 인터뷰에서, 자연의 자체 치유력이라는 개념엔 "증거가 없다"고 말했다. 이는 과학자들이 뜻밖의 경쟁자에게 할 수 있는 가장 끔찍한 비난 가운데 하나다. "증거가 없다"는 말은 주장이나 추천할 내용이 하나도 없다는 의미다. 다시 말해, 비과학적이라는 뜻이다. 이런 경우 비난은 임학이 직면한 이중의 위기를 공공연하게 보여주는 것 같다. 우선, 자연에서 일어나는 사건에 관해 존재하는 지식은 이미 희미해져가고, 자신의 행동을 정당화하기 위해 매번 그러한 사실을 거부한다는 것이다. 두 번째, 심각한 학문적 오해가 넌지시 드러나고 있다. 다시 말해, 과학자들에겐 심각한 시기에 숙고를 하며 어떤 충고를 할지 알아내기 위해 최종적인 증거를 제시하는 게 더 이상 중요하지 않다. 생태계가 미래에 모든 도전을 제대로 극복할 것이라고 과연 누가 증명할 수 있겠는가? 물론 아무도 그렇게 하지 못한다. 오히려 그 반대되는 정황이 많다. 납득할 만한 시나리오처럼 기후 변화가 강력하게 일어나는 것 말이다. 하지만 실제로 여기서 중요한 것은 신뢰다. 몇 년 전만 하더라도 숲의 심각한 위기를 예언하지 못했던 산림학자들이 미래에 숲이 어떻게 될지 자연보다 더 잘 알 수 있다는 말을 우리더러 신뢰하란 말인가? 수백만 년 전부터 무지와 깜짝 놀라운 일들에 직면해 충분히 훈련해온 자연보다 그들이 더 잘할 거라고?

기후 위기는 이와 같은 측면에서 우리에게 겸손을 가르친다. 우리는 우리의 무지를 과거보다 더 잘 관리하는 법을 시급하게 배워야 한다. 우리는 우리의 문제에 대해 지나치게 확신을 가져서도 안 되고, 자연의 지식을 가볍게 무시해서도 안 된다. 똑똑한 기술자와 그들의 기술적인 해결책이 구해줄 수 있다고 믿는 대신, 오래되었으나 훌륭한 원칙, 즉 주의를 기울이고 사전에 준비하는 원칙에 따라 행동해야 한다. 우리가 인지하고 존중하는 모르는 상태 또는 무지는 우리에게 좋은 충고가 될 수 있다.

감사의 말

나는 이미 많은 책을 냈고 내 가족에게 책을 헌사한다는 글도 많이 썼다. 또한 출판사에서 일하는 직원들에게 감사를 표한 경우도 적지 않다. 그런데 이 책에서는 사무실에서 그림자처럼 일하고 있는 라르스 슐체코사크(Lars Schultze-Kossack)를 소환하고 싶다. 그는 평소엔 겸손하게 업무에 임하지만, 내 책을 책임 있게 관리해야 할 경우에는 지극히 효과적으로 행동한다. 라르스와 그의 아내 그리고 에이전시에 소속된 모든 직원은 조건을 협상하고, 질문에 답하고, 저작권이 침해당하지 않도록 막아주고, 심지어 영화를 찍기도 했다. 협상은 내가 잘하는 분야가 아니므로 나는 기꺼이 이와 관련한 모든 일을 다른 누군가에게 맡긴다. 라르스는 필요한 만큼 경계를 그어두고 있으나 무엇보다 문을 열어주는 주인공이라 멋지다. 그가 없었다면 나는 이토록 편안한 느낌으로 책을 출간할 수 있게 해준 루트비히(Ludwig) 출판사를 알지도 못했을 것이다.

두 번째로 감사의 말을 전하고 싶은 사람은 숲 아카데미에서 일하는 직원들이다. 그들은 질문거리가 있는 사람, 나에게 영감을 주는 나무들이 어디에 있는지 보기 위해 숲 아카데미를 방문한 사람, 그리고 모든 독자를 위해 상담소 역할을 기꺼이 해준다. 이 팀이 모든 일을 다 해주는 덕분에 나는 강사로서 일에 집중할 수 있다. 숲 아카데미에서 나는 사람들과 함께 아이펠 고원의 숲을 돌아다니며 내 삶을 채우고 있는 것을 실천함으로써 재미를 느낀다. 내 삶을 채우는 것이란 바로 나무의 삶에 대해 얘기하는 일이다.

주

1. https://www.sueddeutsche.de/kastanien-schaedlinge-bluete-umwelt-1.5052988.
2. 예를 들어 다음을 참조하라. https://www.infranken.de/ratgeber/garten/garten-jahreszeiten/kurios-im-herbst-bluehende-baeume-schmuecken-die-natur-in-franken-art-3666516.
3. https://www.swr.de/wissen/haben-pflanzen-gefuehle-100.html.
4. https://www.bloomling.de/info/ratgeber/haben-pflanzen-ein-gehirn.
5. Hagedorn F. et al.: Recovery of trees form drought depends on belowground sink control, in: Nature Plants(2016), DOI: 10.1038/nplants.2016.111.
6. Solly, E. F., et al.: Unravelling the age of fine roots of temperate and boreal forests, https://www.nature.com/articles/s41467-018-05460-6.
7. https://www.ncbi.nlm.nih.gov/pmc/articles/PMC6015860/.
8. "Man kann die Erbse trainieren, fast wie einen Hund(사람들은 완두콩을 마치 개처럼 훈련시킬 수 있다)", *GEO* No. 09/2019에서 했던 인터뷰, https://m.geo.de/natur/naturwunder-erde/21836-rtkl-kluge-pflanzen-man-kann-die-erbse-trainieren-fast-wie-einen-hund?utm_source=Facebook&utm_meium=Post&utm_campaign=geo_fanpage.

9. https://www.mecklenburgische-seenplatte.de/reiseziele/nationales-naturmonument-ivenacker-eichen.
10. K. Weltecke et al.: Rätsel um die älteste Ivenacker Eiche, in: AFZ Nr.24/2020, pp. 12-17.
11. Roloff, A.: Vitalität der Ivenacker Eichen und baumbiologische Überraschungen, in:AFZ Nr.24/2020, pp. 18-21.
12. https://www.br.de/wissen/epigenetik-erbgut-vererbung100.html.
13. Epigenetik in Bäumen hilft bei Altersdatierung(나무의 후생유전학은 나이를 측정하는 데 도움이 된다), 2020.11.18. 뮌헨 공과대학의 언론 보도.
14. Bose, A., et al.: Memory of environmental conditions across generations affects the acclimation potential of scops pine, in: Plant, Cell & Environment, Volume 43, Issue 5, 28.01.2020, https://doi.org/10.1111/pce.13729.
15. Hussendörfer, E.: Baumartenwahl im Klimawechsel: Warum(nicht) in die Ferne schweifen?!, in: Der Holzweg, oekom Verlag, München, 2021, p. 222.
16. Allen, Scott T., et al.: Seasonal origins of soil water used by trees, https://doi.org/10.5194/hess-23-1199-2019, 2019년 3월 1일 출간.
17. https://www.kiwuh.de/service/wissenswertes/wissenswertes/wald-boden-wasserfilter-wasserspeicher.
18. Veränderung der jahreszeitlichen Entwicklungsphasen bei Pflanzen(계절에 따른 식물의 변화), 환경부, https://www.umweltbundesamt.de/daten/klima/veraenderung-der-jahreszeitlichen#pflanzen-als-indikatoren-fur-klimaveranderungen.
19. Zimmermann, Lothar et al.: Wasserverbrauch von Wäldern, in: LWF aktuell 66/2008, p. 16.
20. R. C. Ward, M. Robinson: Principles of Hydrology, 3쇄, McGraw-Hill, Maidenhead, 1989.
21. Pressmitteilung der Bayerischen Landesanstalt für Wald und Forst-

wirtschaft(숲과 임학에 관한 바이에른 주립 기관의 언론 보도), https://www.lwf.bayern.de/service/presse/089262/index.php?layer=rss.
22. Flade, M. and Winter, S.: Wirkungen von Baumartenwahl und Bestockungstyp auf den Landschaftswasserhaushalt, in: Der Holzweg, oekom Verlag, München, 2021, p. 240.
23. https://www.ncbi.nlm.nih.gov/pmc/articles/PMC125091/.
24. Hamilton, W.D. and Brown, S. P.: Autumn tree colours as a handicap signal, https://doi.org/10.1098/rspb.2001.1672.
25. Döring, T.: How aphids find their host plants, and how they don. t, in: Annals of Applied Biology, 16,Juni 2014, https://doi.org/10.1111/aab.12142.
26. Archetti, M.: Evidence from the domestication of apple for the maintenance of autumn colours by coevolution, in: Proc. R. Soc. B.2762575-2580, https://doi.org/10.1098/rspb.2009.0355.
27. Zani, Deborah et al.: Increased growing-season productivity drives earlier autumn leaf senescence in temperate trees, in: Science Vol.370, Issue 6520, pp. 1066-1071, 27.11.2020.
28. Winter in Deutschland werder immer wärmer(독일의 겨울은 점점 따뜻해지고 있다), Deutschlandfunk, 21.12.2020, https://www.deutschlandfunk.de/klimawandel-winter-in-deutschland-werden-immer-waermer.676.de.html?dram:article_id=489700.
29. Bäume spüren den Frühling(나무는 봄을 감지한다), in: SVZ, 25.03.2019, https://www.svz.de/ratgeber/eltern-kind/baeume-spueren-den-fruehling-id23115812.html.
30. War der letzte Winter zu warm für unsere Waldbäume?(지난겨울은 우리 숲에서 자라는 나무한테 너무 따뜻했을까?) Pressemitteilung der Eidg. Forschungsanstalt für Wald, Schnee und Landschaft WSL vom 19.03.2020.
31. 법정은 함바흐 숲의 개간을 일시 중단시켰다. https://www.spiegel.de/

wirtschaft/soziales/hambacher-forst-gericht-verfuegt-einstweiligen-rodung-stopp-a-1231705.html.

32. Ibisch, P. et al.: Hambacher Forst in der Krise: Studie zur mikro- und mesoklimatischen Situation sowie Randeffekten, Eberwalde/Potsdam, 14. August 2019.

33. https://www.greenpeace.de/themen/klimawandel/folgen-des-klimawandels/hitze-sichtbar-gemacht.

34. Landesforsten RLP: Einschlagstopp für alte Buchen im Staatswald(주립숲에서 오래된 너도밤나무의 벌채 중지), 환경, 에너지 식품 및 숲 관할 부처의 알림 03.09.2020, https://mueef.rlp.de/de/pressemeldungen/detail/news/News/detail/landesforsten-rlp-einschlagstopp-fuer-alte-buchen-im-staatswald/?no_cache=1.

35. Zimmermann, L. et al.: Wasserverbrauch von Wäldern, in: LWF aktuell, 66/2008, p. 19.

36. Makarieva, Anastassia & Gorshkov, Victor, (2007), Biotic pump of atmospheric moisture as driver of the hydrological cycle on land. Hydrology and Earth System Science, 11.10.5194/hessd-3-2621-2006.

37. Unterscheiden sich Laubbäume in ihrer Anpassung an Trockenheit? Wie viel Wasser brauchen Laubbäume?(활엽수는 건기에 적응하는 데 서로 얼마나 차이가 날까? 활엽수는 어느 정도의 물을 필요로 할까?), Max-Planck-Institut für Dynamik und Selbstorganisation, https://www.ds.mpg.de/139253/05.

38. Sheil, D.: Forests, atmospheric water and an uncertain future: the new biology of the global water cycle, in: Forest Ecosystems 5, 19(2018). https://doi.org/10.1186/s40663-018-0138-y.

39. van der Ent, R.J., H. H. G. Savenije, B, Schaefli, and S. C. Steele-Dunne (2010), Origin and fate of atmospheric moisture over continents, Water Resour, Res., 46, W09525, doi:10.1029/2010WR009127.

40. Dörries, B.: Kampf ums Wasser, Süddeutsche Zeitung, https://www.sueddeutsche.de/politik/aegypten-aethiopien-nil-damm-1.4950300.
41. Holl, F.: Alexander von Humbolt. Mein vielbewegtes Leben. Der Forscher über sich und seine Werke Eichborn Verlag, 2009, p. 118.
42. Arabidopsis thaliana, https://www.spektrum.de/lexikon/biologie-kompakt/arabidopsis-thaliana/815.
43. Crepy, M. and Casl, J.: Photoreceptor-mediated kin recognition in plants, in: New Phytologist (2015) 205: 329-338, doi: 10.1111/nph.13040.
44. Wu, K.: Eine Astlänge Abstand: Social Distancing unter Bäume, in: National Geographic, 08.07.2020, https://www.nationalgeographic.de/wissenschaft/2020/07/eine-astlaenge-abstand-social-distancing-unter-bauemen.
45. Bilas, R. et al.: Friends, neighbours and enemies: an overview of the communal and social biology og plants, https://onlinelibrary.wiley.com/doi/pdf/10.1111/pce.13965?casa_token=z8gB0Z9Cny8AAAAA:fSwX9nnNww9tJcASawxW0kdRht_J1vED1Zc5ZrGnH-ifRcgZXgdDz0Cm91qclyNBS28rg5B6GF-Dfs8.
46. Ramirez, K. et al.: Biogeographic patterns in below-ground diversity in New York City's Central Park are similar to those observed globally, in: Proceedings of the Royal Society B, 22.11.2014, https://doi.org/10.1098/rspb.2014.1988.
47. 영어를 독일어로 번역, Ibisch, P. L. and Blumröder, J. S.: Waldkrise als Wissenskrise als Risiko, Universitas 888: 20-42, 2020, in: Rodrigues, R. J. et al. 2009. Fungal endophytes: diversity and functional roles, 182(2): 314-330.
48. Hubert, M: Der Mensch als Metaorganismus, Deutschlandfunk, 30.12.2018, https://www.deutschlandfunk.de/meine-bakterien-und-ich-der-mensch-als-metaorganismus.740.de.html?dram:article_id=436989.

49. Entstanden Nervenzellen, um mit Mikroben zu sprechen?(미생물과 대화하기 위해 신경세포가 등장했을까?), 10.07.2020, 킬 소재 크리스티안알브레히츠 대학의 보고, https://www.uni-kiel.de/de/universitaet/detailansicht/news/168-klimovich-pnas.
50. https://www.bfn.de/themen/artenschutz/regelungen/vogelschutzrichtlinie.html.
51. Fierer, N. et al.: The influence of sex, handeldness, and washing on the diversity of hand surface bacteria, in: PNAS November 18, 2008 105(46) 17994-17999, https://doi.org/10.1073/pnas.0807920105.
52. Schüring, J.: Wie viele Zellen hat der Mensch?, https://www.spektrum.de/frage/wie-viele-zellen-hat-der-mensch/620672.
53. Ibisch, P. L. and Blumröder, J. S.: Waldkrise als Wissenskrise als Risiko, Universitas 888: 20-42, 2020.
54. Cypiomka, H.: Von der Einfalt der Wissenschaft und der Vielfalt der Mikroben, https://www.pmbio.icbm.de/download/einfalt.pdf.
55. Wir sind von Milliarden Phage besiedelt(우리 몸에는 수십억 마리의 박테리오파지가 거주한다), in: Scinexx, https://doi.org/10.1128/mBio.01874-17.
56. Werner, G. et al.: A single evolutionary innovation drives the deep evolution of symbiotic N2 fixation in angiosperms, in: Nature communications, 10.06.2014; doi:10.1038/ncomms5087.
57. Raaijmakers, J. and Mazzola, M.: Soil immune response, in: Science, 17.Juni 2016, DOI: 10.1126/science.aaf3252.
58. https://www.bpb.de/nachschlagen/zahlen-und-fakten/globalisierung/52727/waldbestaende.
59. Erste Baumsprengung in Thüringen stellt Experten vor Probleme(튀링겐에서 최초로 나무를 폭파시킴으로써 전문가들에게 문제를 제기하다), in: Thüringer Allgemeine, 8.September 2019.
60. BGH, 2012년 10월 2일의 판결—VI ZR 311/11.

61. Deutliches Ergebnis: Nadelholz ist nicht ersetzbar(분명한 결과: 침엽 목재는 대체 불가하다), in: Holzzentralblatt Nr.18. 30.04.2015, p. 391.
62. 예를 들어 다음을 참조하라. https://www.maz-online.de/Brandenburg/Wegen-des-Klimawandels-Pakt-fuer-den-Wald-schliessen.
63. Von Koerber, Karl et al.: Titel: Globale Ernährungsgewohnheiten und -trends, München, Berlin 2008, 글로벌 변화에 관한 독일자문회(WBGU)–주요 감정서의 외부 전문가 "Welt im Wandel: Zukunftsfähige Bioenergie und nachhaltige Landnutzung".
64. Rock, J. and Bolte, A.: Welche Baumarten sind für den Aufbau klimastabiler Wälder auf welchen Böden geeignet? Eine Handreichung. https://www.wbvsachsen-anhalt.de/index.php/component/jdownloads/send/14-dokumenteoeffentlich/115-ig-waldbodenschutz-st-rock?option= com_jdownloads.
65. Vogel, A.: Rheinbacher Wald in katastrophalem Zustand, https://ga.de/region/voreifel-und-vorgebirge/rheinbach/rheinbacher-wald-in-katastrophalem-zustand_aid-43889517.
66. Blattfraß an Baumhasel durch die Breitfüßige Birkenblattweste(넓은 발을 가진 수중다리잎벌이 터키개암나무의 잎 갉아먹기), in: AFZ Der Wald, 21.10.2020, https://www.forstpraxis.de/blattfrass-an-baumhasel-durch-die-breitfuessige-birkenblattwespe/?utm_campaigen=fp-nl&utm_source=fp-nl&utm_medium=newsletter-link&utm_term=2020-10-23-12&fbclid=IwAR0X84tLDDHuYNs-ZyGIR7uwb7EssQCXPovMiZ1soNrH7oXx6YBaP7GPinA.
67. Können Bäume eine schwere Grippe bekommen?(나무도 심각한 독감에 걸릴 수 있을까?), 베를린 훔볼트 대학의 언론 보도, 2020년 8월 6일, https://idw-online.de/de/news752279.
68. Bauhaus pflanzt eine Million Bäume(바우하우스가 100만 그루의 나무를 심는다). https://richtiggut.bauhaus.info/1-million-baeume/initiative.

69. https://richtiggut.bauhaus.info/1-million-baeume/initiative/faq.

70. https://www.sdw.de/ueber-uns/leitbild/leitbild.html.

71. https://www.sdw.de/cms/upload/pdf/Pflanzkodex_Bewerbungsbogen.pdf.

72. https://growney.de/blog/langfristig-sind-reale-renditen-entscheidend.

73. 100년 뒤에 800세제곱미터의 목재가 나오고, 이 가운데 최대 400세제곱미터는 톱질을 해도 되는 고품질의 목재다. 이런 목재를 수확하고 관리하는 비용은 30유로/세제곱미터로 총 1만 2000유로에 달한다.

74. Dr. Tottewitz, Frank et al.: Streckenstatistik in Deutschland—ein wichtiges Instrument im Wildtiermanagement, https://web.archive.org/web/20191103113631/https://www.jagdverband.de/sites/default/files/1-WILD_PosterGWJF_2016_Jagdstrecke.pdf.

75. 늑대에 관한 연방의 기록실과 상담실, https://dbb-wolf.de/Wolfsvorkommen/territorien/zusammenfassung.

76. https://www.nabu.de/tiere-und-pflanzen/saeugetiere/wolf/15572.html.

77. 늑대에 관한 연방의 기록실과 상담실, https://www.dbb.de/mehr/faq/was-ist-ein-territorium-und-wie-gross-ist-es.

78. Knauer, F. et al.: Der Wolf kehrt zurük—Bedeutung für die Jagd?, in: Weidwerk Nr. 9/2016, pp. 18-21.

79. Hoeks, S. et al.: Mechanistic insights into the role of large carnivores for ecosystem structure and functioning, in: Ecography 43, pp. 1752-1763, 29.07.2020, doi: 10.1111/ecog.05191.

80. 많은 예들이 있는데 그 가운데 하나만 들어보자. https://www.wald.rlp.de/de/forstamt-trier/angebote/brennholz/10-gruende-mit-holz-zu-heizen/.

81. Pretzsch, H.: The course of tree growth. Theory and reality, in: Forest Ecology and Management, Volume 478, 2020, 118508, https://doi,org/10.1016/j.foreco.2020.118508.

82. Der Wald in Deutschland(독일의 숲), 3차 연방 숲 조사 결과 가운데 선

별, p. 16, Bundesministerium für Ernährung und Landwirtscahft(BMEL), Berlin, April 2016.

83. Piovesan, G. et al.: Lessons from the wild: slow but increasing long-term growths allows for maximum longevity in European beech, in: Ecology 100(9):e02737.10.1002/ecy.2737, 2019.

84. Frühwald, A. et al.: (2001) Holz—Rohstoff der Zukunft nachhaltig verfügbar und umweltgerecht. Informationsdienst Holz, DGfH e.V und HOlZABSATZFONDS, Holzbauhandbuch, Reihe 1 Teil 3 Folge 2, p. 32.

85. https://www.fnr.de/fileadmin/allgemein/pdf/broschueren/Handout_Rohstoffmonitoring_Holz_Web_neu.pdf.

86. https://www.robinwood.de/blog/aktionstag-wilde-wälder-schützen-nicht-verfeuern.

87. Letter from scientists to the EU Parliament regarding forest biomas, 14.01.2018, https://plattform-wald-klima.de/wp-content/uploads/2018/11/Scientist-Letter-on-EU-Forest-Biomas.pdf.

88. ClimWood2030, Climate benefits of material substitution by forest biomass and harvested wood products: Perspective 2030, Thünen Report 42, Hamburg, April 2016, p. 106, https://www.thuenen.de/media/publikationen/thuenen-report/Thuenen_Report_42.pdf.

89. Klima: Der groß Kohlenspeicher(기후: 거대한 탄소 저장실), Heinrich Böll Stiftung, 08.01.2015, https://www.boell.de/de/2015/01/08/klima-der-grosse-kohlenspeicher.

90. Literaturstudie zum Thema Wasserhaushalt und Forstwirtschaft(수자원 관리와 산림 경제에 대한 도서 연구), Öko-Institut e.V., Berlin, 08.09.2020, p. 12.

91. Dean, C. et al.: The overlooked soil carbon under large, old trees, in: Geoderma, Volume 376, 114541, https://doi,org/10.1016/j.geoderma.2020.114541.

92. Soppa, R.: Waldbauern fordern 5% aus CO_2-Abgabe als Anerkennung für die Klimaschutzleistung ihrer Wälder, https://www.forstpraxis.de/waldbauern-fordern-5-aus-co2-abgabe-als-anerkennung-fuer-die-klimaschutzleistung-ihrer-waelder/.
93. Für diese Technologie will Elon Musk einen Millionenpreis vergeben(이 같은 기술을 위해 일론 머스크는 수백만 달러의 상금을 지불하겠다고 했다), in: Frankfurter Allgemeine Zeitung,22.01.2021, https://www.faz.net/aktuell/wirtschaft/co2-bindung-elon-musk-preis-fuer-diese-technologie-17159260.html.
94. Carbon Capture and Storage(탄소 포집 및 저장), 환경부, 15.01.2021, https://www.umweltbundesamt.de/themen/wasser/gewaesser/grundwasser/nutzung-belastungen/carbon-capture-storage#grundlegende-informationen.
95. 폭스바겐 사장 Herbert Diess: "Ich wünsche mir eine höhere CO_2-Steure von der Politik(나는 정치계에 더 높은 이산화탄소 세금을 원한다)", WiWo, https:www.wiwo.de/unternehmen/industrie/autoindustrie-vw-chef-herbert-diess-ich-wuensche-mir-eine-hoehere-co2-steuer-von-der-politik/25467716.html.
96. Ellison, D. et al.: Trees, forests and water: Cool insights for a hot world, Global Environmental Change, Nr.43/2017, pp. 51-61, https://doi.org/10.1016/j.gloenvcha.2017.01.002.
97. Eckert, D.: 150,000,000,000,000 Dollar—der Wert des Waldes schlägt sogar den Aktienmarkt, in: Die Welt, https://www.welt.de/wirtschaft/article 2122771705/Neue-Studie-Waelder-der-Welt-sind-wertvoller-als-der-Aktienmarkt.html?fbclid=IwAR0RCQF1F2mmE7KREGT0rrybT8sVIOrpDpV08qW6LHHqa2_0eQBALtP0L0.
98. 독일연방 식품 및 농림부의 언론 보도, https://bonnsustainabilityportal.de/2012/09/bmelv-13-kubikmeter-holzverbrauch-pro-kopf-in-deutschland/.

99. Stickstoff im Wald(숲속의 질소), https://www.fawf.wald-rlp.de/fileadmin/website/fawfseiten/fawf/downloads/WSE/2016/2016_Stickstoff.pdf.

100. Etzold, S. et al.: Nitrogen deposition is the most important environmental driver of growth of pure, even-aged and managed European forests, Forest Ecology and Management, 458; 117762(13pp), doi: 10.1016/j/foreco.2019.117762.

101. https://www.bmel.de/DE/themen/wald/wald-in-deutschland/wald-trockenheit-klimawandel/html.

102. https://de.statista.com/statistik/daten/studie/162378/umfrage/einschlagsmenge-an-fichtenstammholz-seit-1999/.

103. https://alf-ku.bayern.de/forstwirtschaft/245181/index.php.

104. https://privatwald.fnr.de/foerderung#c39996.

105. https://www.waldeigentuemer.de/verband/mitglieder/.

106. https://www.abgeordnetenwatch.de/blog/nebentaetigkeiten/das-verdienen-die-abgeordneten-aus-dem-bundestag-nebenbei.

107. https://www.waldeigentuemer.de/neustart-beim-insektenschutz/.

108. https://www.fnr.de/fnr-struktur-aufgaben-lage/fachagentur-nachwachsende-rohstoffe-fnr.

109. https://heizen.fnr.de/heizen-mit-holz/der-brennstoff-holz/.

110. https://www.fnr.de/fnr-struktur-aufgaben-lage/fachagentur-nachwachsende-rohstoffe-fnr/mitglieder.

111. 이에 관해서는 잡지 〈생태 테스트〉를 참조하라. "PEFC-라벨 뒤에는 산림산업과 숲 소유주 단체들의 증명서 발급 시스템이 숨어 있다. ……그 어떤 환경 단체도 PEFC-라벨을 지원하지 않는다. 세계자연보호기금(WWF)은 숲 증명서 발급 시스템을 '신뢰할 수 없는' 것으로 간주한다." https://www.oekotest.de/freizeit-technik/Waldsterben-Was-jeder-einzelne-dagegen-tun-kann_11401_1.html.

112. https://www.bundeswaldpraemie.de/hintergrund.

113. https://www.bundestag.de/mediathek?videoid=7481950&url=L21lZGlhdGhla292ZXJsYXk=&mod=mediathek#url=L21lZGlhdGhla292ZXJsYXk/dmlkZW9pZD03NDgxOTUwJnVyD1MMjFsWkdsaGRHaGxhMjkyWlhKc1lYaz0mW9kPW1lZGlhdGhlaw==&mod=mediathek.

114. 2020년 2월 10일, 막스프랑크 생물지구화학연구소의 언론 보도, https://www.mpg.de/14452850/nachhaltige-wirtschaftswalder-ein-beitrag-zum-klimaschutz.

115. Waldschutz ist besser für Klima als Holznutzung: Studie des Max-Planck-Instituts für Biogeochemie mehrfach widerlegt(숲 보호는 목재 보호보다 기후에 더 좋다: 막스플랑크 생물지구화학연구소의 연구를 몇 배 반박하다), 2020년 8월 10일, 에베르스발데 지속 가능 발전 대학의 언론 보도.

116. Luyssaert, S. et al.: Old-growth forests as global carbon sinks, in: Nature Vol 455, 11.09.2008, pp. 213-215.

117. https://www.bgc-jena.mpg.de/bgp/index.php/EmeritusEDS/EmeritusEDS.

118. Verseck, K.: Holzmafia in Rumänien—Förster in Gefahr, 2019년 11월 1일 Spiegelonline, https://www.spiegel.de/panorama/justiz/holzmafia=in-rumaenien-zwei-morde-an-foerstern-a-1294047.html.

119. Nationalpark-Verwaltung Hainich (Hrsg.) (2012). Waldentwicklung im Nationalpark Hainich—Ergebnisse der ersten Wiederholung der Waldbiotopkartierung, Waldinventur und der Aufnahme der vegetationskundlichen Dauerbeobachtungsflächen, Schriftreihe Erforschen, Band 3, Bad Langensalza.

120. Schulze, E. D., Sierra, C. A., Egenolf, V., Woerdehoff, R., Irsllinger, R., Baldamus, C., Stupak, I. & Spellmann, H.(2020a): The climate change mitigation effect of bioenergy from sustainably managed forests in Central Europe, GCB Bioenergy 12, 186-197, https://doi.

org/10.1111/gcbb.12672.
121. HNEE의 홈페이지는 더 이상 제공되지 않는다. 그 대신 '자연 숲 아카데미'의 공저자들에게서 찾아볼 수 있다. https://naturwald-academie.org/presse/pressemitteilungen/waldschutz-ist-besser-fuer-klima-als-holz-nutzung/.
122. https://www.thuenen.de/media/ti/Ueber_uns/Das_Institut/2020-02_Thuenen_Flyer_dt.pdf.
123. 특히 2020년 9월 8일의 트윗으로, 이 계정은 2021년에 '비공개'로 변환되었다. https://twitter.com/BolteAnd.
124. https://www.bmel.de/DE/ministerium/organisation/beiraete/waldpolitik-organisation.html.
125. HNEE의 언론 보도(그사이 수정됨). https://www.hnee.de/de/Aktuelles/Presseportal/Pressemitteilungen/Waldschutz-ist-besser-fr-das-Klima-als-die-Holznutzung-Diskussionsbeitrag-zur-Studie-des-Max-Planck-Instituts-fr-Biogeochemie-E10806.htm. '자연 숲 아카데미' 측이 언론 보도에서 과학 자문단과 관련해 원래 언급했던 내용은 다음을 참조하라. https://naturwald-akademie.org/presse/pressemitteilungen/waldschutz-ist-besser-fuer-klima-als-holz-nutzung/.
126. https://www.carpathia.org.
127. Krishen, P.: Introduction, in: The hidden life of trees, Penguin Random House India, 2016.
128. Evers, M.: Wie ein Ölkonzern sein Wissen über den Klimawandel geheim hielt, https://www.spiegel.de/spiegel/wie-shell-sein-wissen-ueber-den-klimawandel-geheim-hielt-a-1202889.html.
129. 유럽연합에 보낸 공개편지, https://drive.google.com/file/d/0B9HP_Rf4_eHtQUpyLVIzZE8zQWc/view.
130. O'Brien, M. and Bringezu, S.: What Is a Sustainable Level of Timber Consumption in the EU: Toward Global and EU Benchmarks for

Sustainable Forest Use, https://doi.org/10.3390/su9050812.

131. https://de.statista.com/statistik/daten/studie/36202/umfrage/verbrauch-von-erdoel-in-europa/.

132. 연방 헌법재판소, 1990년 5월 31일의 판결, NVwZ1991, p. 53.

133. BVerfG, 2009년 5월 12일 두 번째 법률위원회의 결론-2 BvR 743/01-, Rn.1-74.

134. Bundeskartellamt: Holzverkauf ist keine hoheitliche Aufgabe(목재 판매는 결코 기품 있는 과제가 아니다), https://www.bundeskartellamt.de/SharedDocs/Interviews/DE/Stuttgart_Ztg_Holzverkauf.html.

135. Schmidt, J.: Klage gegen NRW: Sägewerker aus Kreis Olpe machen mit, https://www.wp.de/staedte/kreis-olpe/klage-gegen-nrw-saegewerker-aus-kreis-olpe-machen-mit-id230970318.html.

136. Kartellklage gegen Forstministerium Rheinland-Pfalz(라인란트팔츠주 산림청에 대한 카르텔 고소), in: Forstpraxis, 29.06.2020, https://www.forstpraxis.de/kartellklage-gegen-forstministerium-rheinland-pfalz/.

137. 연방정보센터 농업의 홈페이지, https://www.landwirtschaft.de/landwirtschaft-verstehen/wie-arbeiten-foerster-und-pflanzenbauer/was-waechst-auf-deutschlands-feldern.

138. Der Ökowald als Baustein einer Klimaschutzstrategie(기후 보호 전략의 초석으로서 생태 숲), 그린피스의 위탁을 받아서 실시한 검증, https://www.greenpeace.de/sites/www.greenpeace.de/files/publications/20130527-klima-wald-studie.pdf.

139. https://www.lwf.bayern.de/mam/cms04/service/dateien/mb-27-kohlenstoffspeicherung-2.pdf.

140. 제3차 연방 숲 재고 조사의 결과 중에서 선별함. https://www.bundeswaldinventur.de/dritte-bundeswaldinventur-2012/rohstoffquelle-wald-holzvorrat-auf-rekordniveau/holzzuwachs-auf-hohem-niveau/.

141. https://www.wiwo.de/technologie/green/methan-wie-rinder-dem-

klimaschaden/19575014.html.

142. https://albert-schweitzer-stiftung.de/aktuell/1-kg-rindfleisch.

143. https://www.bmel-statistik.de/ernaehung-fischerei/versorgungs bilanzen/fleisch/.

144. https://www.umweltbundesamt.de/bild/treibhausgas-ausstoss-pro-kopf-in-deutschland-nach.

145. https://www.epo.de/index.php?option=com_content&view=article&id=8430:ein-kilo-fleisch-so-klimaschaedlich-wie-1600-kilometer-autofahrer&catid=99:topnews&Itemid=100028.

146. https://www.agrarheute.com/politik/niederlande-bieten-ausstieg srpaemie-fuer-tierhalter-574652.

147. 2019년 식품 및 농림부의 통계, https://www.bmel-statistik.de/ernaehrung-fischerei/versorgungsbilanzen/fleisch/.

148. Gesetz für den Nationalpark Unteres Odertal, Gesetz- und Verordnungs-blatt für das Land Brandenburg(오데르강 하류 계곡의 국립공원에 관한 법, 브란덴부르크주의 법률 공보 및 명령 공보), 포츠담, 2006.11.16.

149. https://www.wisent-welt.de/artenschutz-projekt.

150. Ein 900 Kilo schweres Problem(900킬로그램의 무거운 문제), taz, 24.05.2020, https://taz.de/Wildtiere-im-Rothaargebirge/!5684424.

151. Daudet, F. et al.: Experimental analysis of the role of water and carbon in tree stem diameter variations, in: Journal of Experimental Botany, Vol.56, Nr.409, pp. 135-144, Januar 2005, doi:10.1093/jxb/eri026.

152. Zapater, M. et al.: Evidence of hydraulic lift in a young beech and oak mixed forest using 18 O soil water labelling, DOI: 10.1007/s00468-011-0563-9.

153. Dawson, T.E.: Hydraulic lift and water use by plants: implications for water balance, performance and plant-plant interactions, in: Oecologia 95, pp. 565-574(1993), https://doi.org/10.1007/BF00317442.

154. Sperber, G. and Panek, N.: Was Aldo Leopold sagen würde, in: Der Holzweg, oekom Verlag, München, 2021.
155. https://www.swr.de/swr2/wissen/waldschutz-nehmt-den-foerstern-den-wald-weg-100.html.
156. GRÜNE LIGA Sachsen und NUKLA./. Stadt Leipzig" 2020년 6월 9일 바우첸 고등행정법원의 판결, https://www.grueneliga-sachsen.de/2020/06/gruene-liga-sachsen-und-nukla-stadt-leipzig-beschluss-des-ovg-bautzen-vom-9-6-2020/.
157. Clusterstatistik Forst und Holz, Tabellen für das Bundesgebiet und die Länder 2000 bis 2013(산림과 목재 클러스터 통계, 2000년부터 2013년까지 연방 및 주 정부의 목록), Thünen Working Paper 48, Hamburg, Oktober 2015, p. 14.
158. 영화 〈나무의 비밀스러운 삶〉에서, Constantin, Januar 2020.
159. https://www.hs-rottenburg.net/aktuelles/aktuelle-meldungen/meldungen/aktuell/2021/gemeinsame-erklaerung/.
160. Baier, T. and Weiss, M.: Es ist nicht der Wald, der stirbt, es sind die Bäume, in: Stuttgarter Zeitung Nr.228, 02.10.2020, pp. 36, 37.
161. https://www.bmu.de/themen/natur-biologische-vielfalt-arten/naturschutz-biologische-vielfalt/gebietsschutz-und-vernetzung/natura-2000/.
162. https://wildnisindeutschland.de/warum-wildnis.
163. Symbiotic underground fungi disperse by wind, new study finds, 시카고에 있는 드폴(DePaul) 대학의 언론 보도, 2020년 7월 7일.
164. Spörkel, O.: Überraschend hohe Anzahl an Pilzsporen in der Luft, in: Laborpraxis, https://www.laborpraxis.vogel.de/ueberraschend-hohe-anzahl-an-pilzsporn-in-der-luft-a-200852/.